大專用書

生產與作業管理

黃峰蕙・施勵行・林秉山　著

三民書局 印行

國家圖書館出版品預行編目資料

生產與作業管理／黃峰蕙，施勵行，
林秉山著. -- 初版. -- 臺北市：三
民，民86
　　　面；　　公分
參考書目：面
ISBN 957-14-2527-3 (平裝)

　　1.生產管理

494.5　　　　　　　　　　　85013687

國際網路位址 http://Sanmin.com.tw

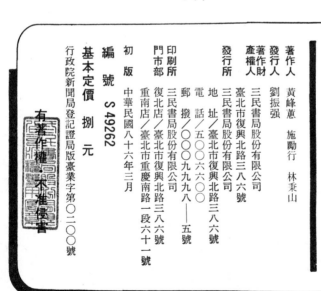

© 生產與作業管理

著作人　黃峰蕙　施勵行　林秉山
發行人　劉振強
著作財
產權人　三民書局股份有限公司
發行所　三民書局股份有限公司
　　　　地址／臺北市復興北路三八六號
　　　　電話／五○○六六○○
　　　　郵撥／○○○九九九八──五號
印刷所　三民書局股份有限公司
門市部　復北店／臺北市復興北路三八六號
　　　　重南店／臺北市重慶南路一段六十一號
初版　　中華民國八十六年三月
編　號　S 49262
基本定價　捌　元
行政院新聞局登記證局版臺業字第○二○○號

ISBN 957-14-2527-3 (平裝)

自　序

　　近年來，臺灣企業的競爭壓力日益增加，企業管理的理論與方法也隨之因應而不斷進展。「生產與作業管理」自也不例外，須時時求新以提昇企業的產品品質、生產力以及競爭力。由於產業結構的調整，流通方式的改變，產業自主研發的增強、電腦應用的普及與服務業比重大幅的增加，今日的生產與作業管理的應用內涵，已不同於往日。雖然基本的解題原理並未大幅改變，但是為了回應上述的諸多挑戰以及隨之而來的問題，生產與作業管理實已推陳出新，開始有不同的詮釋及應用領域。本書即欲在介紹基本生產與作業管理的原理及方法之外，為讀者勾勒近年來這門學問的新趨勢。由作者近年來任教相關課程的心得，並輔以從事實務問題的經驗而寫成。其中第一、十六章的撰寫由林秉山執筆，第三、四、五、七、九、十一、十三、十四章由施勵行負責，其餘各章內容及整體的潤飾則由黃峰蕙總其成。內容之安排係考量大專高年級或研究所一年級之生產與作業管理授課需求。然而，由於各章均佐以實例或實務討論，故應亦可為生產與作業管理實務工作者的參考。

　　本書得以完成需要感謝許多人，包括作者在中正大學企管系、成功大學資源工程系及路易斯安那州立大學管理與行銷系的同仁們，時時給予鼓勵及支持；以及作者授課期間的學生，提供回饋意見並指出含糊不清之處。此外前二位作者也要謝謝智軒、智晟兩兒能忍受我們一年多來的忙碌及反覆謄稿，方能使寫作的工作不致耽擱。最後，要感謝三民書局編輯部的辛苦校對及聯繫協調，方得使本書如此賞心悅目地呈現在讀

者眼前。

　　雖然作者業已盡心撰寫，同時校稿斟酌再三，但由於才學疏淺且時間有限，謬誤之處在所難免，還望讀者諸君及學界先進們多予指正，不吝賜教。

黃　峰　蕙
施　勵　行
林　秉　山
民國 85 年秋

生產與作業管理

目　次

自　序

第一章　生產作業管理導論　　1

第一節　跨世紀的挑戰 …………………………………………… 1

第二節　從機器時代到資訊時代 ………………………………… 2

第三節　生產作業管理的定義 …………………………………… 3

第四節　生產作業 v.s. 服務作業 ………………………………… 4

第五節　結　論 …………………………………………………… 6

習　題 ……………………………………………………………… 7

第二章　線性規劃　　9

第一節　線性規劃問題的特性 …………………………………… 10

第二節　圖解法（Graphical method）…………………………… 12

第三節　簡算法（Simplex method）……………………………… 14

第四節　線性規劃模式之構建 …………………………………… 18

第五節　線性規劃之應用 ………………………………………… 18

第六節　實務中的線性規劃 ……………………………………… 24

第七節　結　論 …………………………………………………………… 26

習　題 ……………………………………………………………………… 27

第三章　多目標決策　29

第一節　多評準決策方法 …………………………………………………… 32

第二節　分析層級法 ………………………………………………………… 38

第三節　多目標規劃法 ……………………………………………………… 40

第四節　多目標規劃——簡算法…………………………………………… 44

第五節　結　論 ……………………………………………………………… 50

習　題 ……………………………………………………………………… 51

第四章　設施選址與佈置　53

第一節　設施位置及佈置之影響因素 ……………………………………… 54

第二節　平面選址的數量方法……………………………………………… 56

第三節　設備佈置與空間決策……………………………………………… 62

第四節　設備佈置規劃方法 ………………………………………………… 65

第五節　結　論 ……………………………………………………………… 69

習　題 ……………………………………………………………………… 71

第五章　網路分析及路徑規劃　73

第一節　網路分析的術語 …………………………………………………… 74

第二節　最短途程問題 ……………………………………………………… 75

第三節　最大流量問題 ……………………………………………………… 79

第四節　以數學規劃解網路問題…………………………………………… 85

第五節　路徑規劃的基本型式……………………………………………… 87

第六節　車輛巡行規劃 ……………………………………………………… 90

第七節　結　論 …………………………………………………… 92

習　題 ………………………………………………………………… 94

第六章　排　程　95

第一節　生產流程結構之分類及其排程問題 …………………… 97

第二節　零工式排程的重要性 …………………………………… 99

第三節　零工式排程的優先順序規則 …………………………… 101

第四節　服務作業的排程問題 …………………………………… 115

第五節　醫院護士的排班問題 …………………………………… 118

第六節　結　論 …………………………………………………… 122

習　題 ……………………………………………………………… 123

第七章　預　測　125

第一節　定性預測方法 …………………………………………… 126

第二節　迴歸模型方法 …………………………………………… 130

第三節　一般時間數列預測 ……………………………………… 134

第四節　ARIMA 時間數列預測 ………………………………… 136

第五節　預測誤差 ………………………………………………… 143

第六節　結　論 …………………………………………………… 144

習　題 ……………………………………………………………… 146

第八章　物料管理　147

第一節　物料管理的重要性及目標 ……………………………… 147

第二節　物料管理的功能 ………………………………………… 150

第三節　存貨問題之分類 ………………………………………… 153

第四節　物料需求計劃 (MRP) …………………………………… 154

第五節　及時生產系統（JIT）的存貨觀念 ……………… 168

第六節　MRP 與 JIT …………………………………… 170

第七節　結　論 ………………………………………… 171

習　題 …………………………………………………… 173

第九章　存貨管理　175

第一節　存貨管理之評準及決策因素 ………………… 176

第二節　宏觀角度下的存貨管理 ……………………… 178

第三節　存貨訂購量模式 ……………………………… 180

第四節　最佳訂購時間模式 …………………………… 186

第五節　系統模擬及整體最佳存貨管理 ……………… 191

第六節　結　論 ………………………………………… 193

習　題 …………………………………………………… 195

第十章　等候線管理　197

第一節　等候系統 ……………………………………… 198

第二節　等候系統的衡量指標 ………………………… 202

第三節　等候理論 ……………………………………… 203

第四節　等候顧客的認知因素考量 …………………… 216

第五節　醫院門診作業系統等候問題之個案分析 …… 218

第六節　結　論 ………………………………………… 229

習　題 …………………………………………………… 231

第十一章　系統模擬　233

第一節　隨機亂數（Random number） ……………… 234

第二節　隨機變數的亂數（Random variate） ………… 238

第三節　蒙地卡羅法（Monte Carlo method） ………… 242

第四節　系統模擬在生產管理之應用 ······················ 243

第五節　系統模擬在企業策略規劃之應用 ················· 250

第六節　輸出統計分析 ····································· 254

第七節　結　論 ··· 255

習　題 ··· 256

第十二章　品質管理　257

第一節　全面品質管理（TQM）························· 258

第二節　品質成本（Quality cost）······················ 268

第三節　品質管理的一般工具 ····························· 269

第四節　ISO 9000 品質保證制度 ························· 276

第五節　結　論 ··· 281

習　題 ··· 282

第十三章　可靠度及風險分析　283

第一節　品質與可靠度 ····································· 284

第二節　可靠度分析方法 ··································· 286

第三節　維修度及可用度 ··································· 290

第四節　風險分析之要素 ··································· 292

第五節　事件樹及故障樹分析 ····························· 296

第六節　結　論 ··· 302

習　題 ··· 303

第十四章　專案管理　305

第一節　專案的生命週期 ··································· 307

第二節　專案的組織形態 ··································· 308

第三節　專案分工體系 ····································· 311

第四節　專案計劃與控制 ……………………………………… 313

第五節　專案進度與成本分析 ………………………………… 322

第六節　結　論 …………………………………………………… 324

習　題 ……………………………………………………………… 325

第十五章　作業策略　327

第一節　企業策略與作業策略之關係 ………………………… 328

第二節　作業策略的重要議題 ………………………………… 331

第三節　作業策略的角色演進 ………………………………… 332

第四節　作業策略的內容 ……………………………………… 335

第五節　實踐作業策略的注意事項 …………………………… 338

第六節　結　論 …………………………………………………… 339

習　題 ……………………………………………………………… 340

第十六章　生產作業管理之新趨勢　341

第一節　資訊科技的影響 ……………………………………… 341

第二節　產業國際化 …………………………………………… 343

第三節　環保課題 ……………………………………………… 344

第四節　擁抱電腦網路 ………………………………………… 345

第五節　結　論 …………………………………………………… 347

習　題 ……………………………………………………………… 348

參考文獻　349
附　錄　357

一、常態分佈機率表 …………………………………………… 357

二、常態分佈累積機率表 ……………………………………… 358

第一章　生產作業管理導論

開章明義，在第一節我們首先來了解面臨跨世紀的挑戰，我國製造業及服務業要如何研討這個課題。其次在第二節裡頭，簡介從機器時代到資訊時代的轉型，及生產作業管理的發展簡史。在第三節，我們給生產作業管理下個簡明的定義。最後在第四節，讓我們比較製造業和服務業的不同點。

第一節　跨世紀的挑戰

臺灣製造業和服務業正面臨空前未有的挑戰。就像美國汽車製造業在八〇年代曾經過慘痛的教訓，臺灣目前的產業和服務業也面臨相當類似的學習經驗。美國汽車製造業的三大龍頭：通用、福特、和克萊斯勒都曾經過市場萎縮和經濟蕭條的困難。但他們能共同一致來更努力於產品創新，更注重品質管制，更加強銷售後的服務，才有今天仍然在世界汽車市場上佔有一席的地位。

產業革命之後，經濟就從勞動力時代進展到機器時代，而目前則已轉型到資訊時代了。當我們愈接近西元 2000 年，我們的產業和服務業也會面臨更大的壓力和挑戰。

國內經濟制度的時代已經被全球經濟制度的時代所取代。換言之，

一國的經濟不再可能在孤立的環境下運作。在全球經濟制度下，消費者是最具影響力的因素，消費者依據本身的自由意願來選擇從世界各地來的最佳產品與服務。商場如戰場，只有能夠生產高品質產品及提供更好服務的業者才能生存下來。

第二節　從機器時代到資訊時代

　　機器時代主要是靠製造業來生產工業產品及消費產品。資訊時代則大幅擴張了知識性商品，於是在今天勞動力當中有八至九成的勞工是用專業性知識來工作，而不是靠體力。由於電腦科技的普及，使產業界的創新力大幅的提昇，整合人類的創造力與人工智慧，專家系統更是擴大了產業的視野。所以組織更需要在人力資源、科技及資源運用等方面有更大的彈性和活力才能適應未來更多更新的變遷。

　　機器時代是一個純技術專家觀點的管理時代，從泰勒（F. W. Taylor）的管理科學到作業研究的訓練，一直到目前熱門的全方位品質管理（Total Quality Management）和企業改造（Reengineering），管理者把自己當作工程師，著重在設計、過程、執行、與改善。管理者的任務是要減少不可計量的部份，而使一切儘可能可以衡量與控制。生產作業管理也像一般管理學分為行為科學和管理科學。前者較偏人文層面，後者較偏技術層面，但在生產作業管理的領域中，兩者並重，相輔相成。

　　生產作業管理的發展史可由表1-1，得知大概。

表 1-1　生產作業管理之發展簡史

西元年	概念與貢獻	重要的影響人物
1911	科學管理論	泰勒（美國）
1913	生產線	亨利福特（美國）
1915	庫存管理的數學模式	哈利斯（美國）
1934	工作分析論	梯伯特（英國）
1935	統計品質管制	史華特（美國）
1947	線性規劃	丹茲瑞革（美國）
1951	數位電腦商業化	優尼貝克（美國）
1975	製造業策略	一群哈佛商學教授
1980s	彈性與品管的強調	日本製造業
1987	ISO 9000	歐洲共同市場
1990s	資訊網路	歐美先進國家

第三節　生產作業管理的定義

　　生產作業管理是實務性與理論性參半，應用範圍則統整工商產業及服務業。有時候大家覺得作業管理無所不在，有時候又覺得它抽象廣泛。很多成功的企業家雖然沒有修過生產作業管理，但是談起作業管理卻比學者來得頭頭是道。

　　作業管理（Operations management）可以簡單的定義成對作業活動有系統性的設計、規劃、與控制。作業管理可運用到製造業就成為生產作業管理，如果運用到服務業就成為服務作業管理。根據這個簡單的定義，作業管理有三個重要涵意：

㈠要有合理性的設計。

㈡要有系統性的方法。

㈢包括設計、規劃、與控制。

一般而言，作業管理包括五個 P's：員工（People），工廠（Plants），物料零件（Parts），過程（Processes），及規劃與控制系統（Planning and control systems）。

㈠People——包括直接或間接有關的作業員工。

㈡Plants——包括工廠或服務的硬體設施。

㈢Parts——包括原料、物料、能源，或是服務的提供者。

㈣Processes——包括完成生產或提供服務的作業流程及步驟。

㈤Planning and control systems——包括一切有關作業管理之資訊管理的使用及運用步驟。

在剛才的定義裡頭，所謂系統性的方法是指在每一個商業功能活動上，最重要的就是把一個組織當作一個隊伍（Team）來整合作業管理決策。美國底特律的三大汽車公司以前在作業上相當的傳統著重串狀流程（In series）：設計者並不很清楚市場的反應，發展工程師並不很清楚生產成本，行銷部門對機械技術並不關心。今天的生產作業管理則首重有團隊精神的系統性方法。本書從第二章到第十五章就包括作業管理最重要的 14 個應用領域，每章均包括探討如何應用系統性的方法來解決實際上生產作業及服務作業上會發生的問題。

第四節　生產作業 v.s. 服務作業

近年來，服務業在我國總生產毛額中，所占的比例已逐年增加，因此服務業的作業管理也變得愈來愈重要。在美國，律師業和醫院是二大

重要的服務業，特別是近幾年瞭解到生產力管理及品質改善的重要性。最近全面品質管理及企業改造這兩股旋風已經在服務業裡面相當的流行。

　　一般而言，國人雖自稱禮儀之邦，但在服務業的語言與行為層面，不是頗難啓齒就是唱作不佳。有人曾說過例如「謝謝光臨」、「歡迎光臨」等賞臉的服務業共同語言，或許還是麥當勞「登臺」後的衝擊效果吧。

　　一流的服務業在作業管理上有三個重要特徵：

一、消費者的接觸

　　與消費者的接觸是服務作業不同於生產作業的特徵之一。一流的服務業要有主動迎合顧客的需要，例如在消費者上門來訪，立刻主動奉上茶水，會讓人印象深刻，也倍感溫馨。

二、生產力的衡量指標

　　服務業並沒有生產出看得見摸得著的產品，它的生產力衡量指標與製造業大不相同。一流的服務作業在生產力上面著重於(1)服務品質，(2)創新，(3)勞動力，(4)第一線的管理。國內有多家銀行已經在這四點衡量指標發展出自己的模式。

三、品質保證

　　服務業的品質保證比製造業更具挑戰性，因為服務的產生和服務的提供是同時發生的。更重要的是，製造業在產品製造完成之後，提供給顧客之前，還可以改善產品不良的品質問題；而服務業所提供的服務若品質不良時，則比製造業還難以改善其品質問題。

第五節　結　論

　　回顧十七世紀的中國在精神文明、物質文明都是世界一流的，當時中國的 GNP 佔世界的 37%！但是到了清代，GNP 只佔全球的 7%！這之間的差距就在西方發生了工業革命。

　　從機器時代一直到今天的資訊時代，回顧生產作業管理的發展簡史，再向前看看面臨跨世紀的挑戰，生產作業管理更顯其重要性。特別是今天的全球經濟體制，我們的製造業和服務業更應加快腳步，迎頭趕上世界一流的產業和世界一流的服務業。

習　題

1. 查閱近一個月來的《工商時報》與《經濟日報》的求職欄，分析有關「生產作業管理」與「服務作業管理」類別需求。

2. 參觀當地一家工廠直營的販賣場，說明作業管理的五個 P's。

3. 參觀學校的師生餐廳，說明作業管理的五個 P's。

4. 列舉作業管理的三個重要涵意。

5. 假設你是一個兒童夏令營的經理，試定義誰是兒童夏令營的「消費者」？如何改進消費者的接觸？

6. 為何服務業的品質保證比製造業更具挑戰性？

7. 什麼是行為科學與管理科學最大的不同點？

8. 訪問當地的觀光旅館經理，分析他們如何衡量生產力。

第二章　線性規劃

　　線性規劃（Linear programming）在作業管理的應用相當廣泛。凡是將有限的資源，以最佳（最適）的方法完成分配及利用的活動中，幾乎都曾經被模式構建（Modeling）爲線性規劃的問題來解決。應用之例諸如，節食食譜問題、員工排班問題、服務生產力分析（又稱資料包絡法，Data envelopment analysis）、產品運送路徑問題、航線時程安排問題、庫房存貨調配問題、投資方案選擇問題、燃料混拌問題等。根據 Ledbetter 及 Cox（1977）的調查報告指出，美國 *Fortune* 雜誌的前 500 家公司於作業研究（Operations Research）中，計量方法的應用，線性規劃佔了首要地位。Morgan（1989）整理了過去 30 年來 12 家公司與 3 個實務工作者的調查報告，歸納出專案計劃法（CPM/PERT）、線性規劃、系統模擬（Simulation）爲作業研究的計量方法中，三種最常用的工具。

　　線性規劃乃由 1940 年代末期由 George Dantzig 所發展出來的。尤其是 Dantzig（1951）所提出的簡算法（Simplex method）更因其簡單及解題的高效率而廣被學習。事實上實務的問題依模式構建爲線性規劃問題後，幾乎都藉由線性規劃的電腦軟體來求解。而且電腦軟體已經普遍存在於各型的電腦系統中。目前的線性規劃電腦軟體大多是採用簡算法的原則所發展出來的。因此本章將簡略介紹簡算法，並介紹一般線性規劃的模式構建要素及其應用，最後討論實務上線性規劃方法之使用情形。

第一節　線性規劃問題的特性

使用線性規劃之前，必先就問題尋求其適當的模型。問題大都應具有如下的五點特性，方適於採用線性規劃法求取最佳解：

㈠單一目標。

㈡決策變數為連續性的（可分割性）。

㈢限制式。

㈣在確定情況下作決策（確定性）。

㈤變數間具線性關係（可加性及固定比例性）。

線性規劃演算法必須有某一特定的單一目標（Single objective），如追求成本之最小化。舉例來說，管理人希望尋求最小的成本、最短的運輸距離及最少的完工時間等。反之，管理人也追求最大的利潤、最高的報酬率及最多的銷貨額。這些利潤或成本等，皆可利用目標函數（Objective function）來表示。

所謂決策變數（Decision variables）代表可供決策者選擇或控制的變數。例如，就各種產出組合選擇其一，使得利潤最大；就各種原料投入組合選擇其一，使得成本最小。另外，決策變數在線性規劃模型中，假設為連續（Continuous）變數；換句話說，決策變數可切分為任意餘數。當決策變數定為整數時，則線性規劃改稱為整數規劃（Integer programming）。

限制式（Constraints）乃是決策者作決策時，受到的資源限制。線性規劃的問題中，通常有三種類型的限制式：小於或等於（≤），大於或等於（≥），以及等於（＝）。小於或等於的限制式表示某些可用資源的上限（如：人工小時、資金、機器小時）。大於或等於的限制式則表示某

些需求的最低滿足量（如每日最低供電量、每月最低銷貨額、最低可接受投資報酬）。等號的限制則指決策變數剛好等於某一數量（如某單位人力需求 20 位）。線性規劃的限制式可為一個或多個。在具有多個限制式的情況下，這些限制式可能是同類型的（如全部為 "≥" 的限制式）；亦可能是混合類型的（如 "≤" 及 "≥" 的限制式並存）。就某一問題而言，其所有的限制式決定了一組決策變數的所有可能的組合，稱之為**可行解的空間**（Feasible Solution Space）。線性規劃之**演算法**（Algorithms）即在於尋找此一可行解的空間，然後就該解空間找出使得目標函數最佳化之解。

　　線性規劃模式的決策歸屬於**確定性**（Deterministic）決策，因為其模式中的**參數**（ c_j 、 a_{ij} 、 b_i ，請參見線性規劃模式的數學式）——皆假設為已知之確定數字。所有機率性參數皆以近似值取代為一特定數。

　　應用線性規劃模型必須要求所有的限制式與唯一的目標函數皆為**線性**。這也就是說，所有變數的指數皆為 1，而且不含變數的組合乘積（如 $x_1 \times x_2$ ），或其他函數（如 $\cos x$ ）。另外，**可加性**（Additivity）的假設，即指總成本為個別成本之總合。換句話說，決策變數間不具互相取代性或交互作用。而**固定比例性**（Proportionality）的假設，則指單位成本不因用量的增加或減少而改變。這也可以說，於啟用一項新活動或新機器時，沒有設置（Setup）成本伴隨發生。若將線性規劃模式寫成數學式，則其**法典型態**（Canonical form）如下：

線性規劃模式的法典型態

求最大之 $Z = c_1 x_1 + c_2 x_2 + \cdots + c_n x_n$

受制於　　　$a_{11} x_1 + a_{12} x_2 + \cdots + a_{1n} x_n \leq b_1$

　　　　　　$a_{21} x_1 + a_{22} x_2 + \cdots + a_{2n} x_n \leq b_2$

$$\vdots$$

$$a_{m1}x_1 + a_{m2}x_2 + \cdots + a_{mn}x_n \leq b_m$$

而且 $x_1,\ x_2,\ \cdots,\ x_n \geq 0$

第二節 圖解法 (Graphical method)

未講解簡算法之前,先介紹圖解法,同時介紹一些線性規劃模式求解中常用之名詞。首先令 x_1 與 x_2 分別代表產品 A 與產品 B 的每日產量,Z 表每日之利潤。因此 x_1 與 x_2 爲此模式之決策變數,而目標爲選擇此二變數之值,以使

$$Z = 8x_1 + 5x_2$$

最大,係數 8 及 5 分別爲生產單位產品的利潤,其受制於有限的可用產能 (請參見表 2-1)。

表 2-1 每單位生產所需產能

	產品 A	產品 B	可用產能
設備甲	3 分鐘	0 分鐘	450 分鐘
設備乙	0 分鐘	2 分鐘	400 分鐘
人 工	2 分鐘	1 分鐘	400 分鐘
單位利潤	$8	$5	

表 2-1 指出,每次生產產品 A 一件需耗用設備甲 3 分鐘之產能,而設備甲每日只有 450 分鐘可資使用。此一限制式可用 $3x_1 \leq 450$ 表之。同理,設備乙所造成之限制式爲 $2x_2 \leq 400$;當兩種產品 A 及 B 之產量達成 x_1 及 x_2 時,所需之人工時間爲 $2x_1 + x_2$,故人工時間造成的資源限制式爲 $2x_1 + x_2 \leq 400$。又產量不可爲負數,故需限制決策變數爲非

負：$x_1 \geq 0$ 及 $x_2 \geq 0$ 。總之，此一生產產量之問題若以線性規劃之數學式表示如下，選擇 x_1 與 x_2 之值，使

$$Z = 8x_1 + 5x_2 \quad \text{最大}$$

受制於

$$3x_1 \qquad \leq 450$$
$$\qquad 2x_2 \leq 400$$
$$2x_1 + \quad x_2 \leq 400$$
$$x_1 \geq 0, \ x_2 \geq 0$$

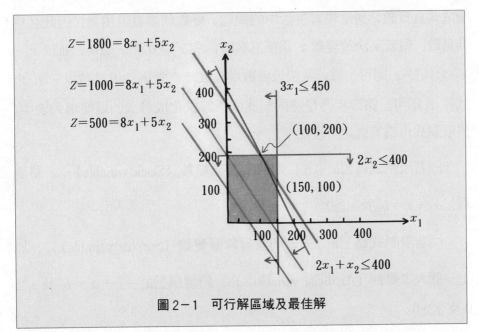

圖2-1　可行解區域及最佳解

此問題僅有兩個決策變數，故為二維決策空間（Decision space），可用圖解法求解。方法為畫一個二維空間圖，以 x_1 為橫軸及 x_2 為縱軸。第一步標明 x_1 與 x_2 之限制式，再求其交集，如圖2-1中的陰影部份即稱為可行解區域（Feasible region）。該可行解區域的各端點解（Extreme point solution）又稱為基本可行解（Basic feasible solution）。而其中之端點解（100，200）為最佳解，又稱為最適解（Optimal solution），其所對應的目標值 $Z = 1,800$ 為最佳函數值，亦即該生產線的每日最大利潤。

總而言之，該公司每日生產 100 單位之產品 A 及 200 單位之產品 B 為最佳決策，可為該公司帶來每日最大利潤 $\$1,800$。

第三節　簡算法 (Simplex method)

本節將介紹簡算法的表列解法 (Tableau method)。首先將決策變數變成非負實數；通常現實生活中的問題，變數代表實際用量，因此必為非負數。假若某決策變數 x_j 為任意數時，令 $x'_j \geq 0$ 及 $x''_j \geq 0$，並以 $x'_j - x''_j$ 來代替 x_j 即可。假若某決策變數為負數時，令 $x'_j \geq 0$，並以 $-x'_j$ 來代替 x_j 即可。第二步乃是將限制式的不等式化成等式，以便填入表中。將限制式化為等式之方法如下：

㈠若限制式為 $\sum_{j=1}^{n} a_{ij} \leq b_i$，則加上差額變數 (Slack variable) s_i，將變為 $\sum_{j=1}^{n} a_{ij} + s_i = b_i$ 及 $s_i \geq 0$。

㈡若限制式為 $\sum_{j=1}^{n} a_{ij} \geq b_i$，則減掉餘額變數 (Surplus variable) s_i，加上一個人工變數 (Artificial variable) a_i，將變為 $\sum_{j=1}^{n} a_{ij} - s_i + a_i = b_i$ 及 $s_i \geq 0$ 及 $a_i \geq 0$。

㈢若限制式為 $\sum_{j=1}^{n} a_{ij} = b_i$，則加上一個人工變數 a_i，將變為 $\sum_{j=1}^{n} a_{ij} + a_i = b_i$ 及 $a_i \geq 0$。

依上述方法將前例之問題化成等號限制式如下：

$$
\begin{aligned}
\max \quad & Z = 8x_1 + 5x_2 + 0s_1 + 0s_2 + 0s_3 \\
\text{s.t.} \quad & 3x_1 \qquad\quad + s_1 = 450 \\
& \qquad 2x_2 + s_2 = 400
\end{aligned}
$$

$$2x_1 + x_2 + s_3 = 400$$

$$x_1 \geq 0,\ x_2 \geq 0,\ x_3 \geq 0$$

$$s_1 \geq 0,\ s_2 \geq 0,\ s_3 \geq 0$$

此處 s_1，s_2，s_3 皆爲差額變數。然後填入表內，如表 2-2。於表 2-2 中，s_1 及 s_2 及 s_3 稱爲基變數（Basic variables）。

表 2-2　啓始簡算表

基變數	方程式	係　　　　數						方程式右端
		Z	x_1	x_2	s_1	s_2	s_3	
Z	0	1	-8	-5	0	0	0	0
s_1	1	0	3	0	1	0	0	450
s_2	2	0	0	2	0	1	0	400
s_3	3	0	2	1	0	0	1	400

其中 "Z" 列中之值爲對應之表中的行向量內積基變數在目標函數中的對應向量，減去該行上變數所對應的目標函數中的係數。例如：$-8 = (3, 0, 2) \cdot (0, 0, 0) - 8$，向量 $(3, 0, 2)$ 爲 x_1 之行向量，向量 $(0, 0, 0)$ 爲基變數 s_1 及 s_2 及 s_3 在目標函數中的係數，8 爲 x_1 在目標函數中的係數。注意，表中基變數的構成，乃爲係數矩陣中呈單位矩陣的對應變數。此表可解讀爲 $x_1 = x_2 = 0$，$s_1 = 450$，$s_2 = 400$，$s_3 = 400$，以及 $Z = 0$，其基底（Basis）乃由 s_1、s_2 及 s_3 三個基變數構成；若選擇 x_1 進入基底，當 x_1 由 0 變爲 1 時，目標函數將增加 8 個單位；若選擇 x_2 進入基底，當 x_2 由 0 變爲 1 時，目標函數將增加 5 個單位。通常我們選擇 Z 列中最小負數所對應之非基變數（Nonbasic variable）爲入基變數（Entering variable）。（當目標爲最小化時，則選擇 Z 列最大正數的變數行。）因

此，x_1 成為此初始簡算表之入基變數。再以方程式右端值（RHS, Right Hand Side）與該 x_1 所對應之行係數（正數）之比例最小者，選定其對應之舊基變數為出基變數（Leaving basic variable），如表 2-3。

表 2-3　決定第一個出基變數

基變數	方程式	Z	x_1	x_2	s_1	s_2	s_3	程式右端	比率
Z	0	1	-8	-5	0	0	0	0	—
s_1	1	0	3	0	1	0	0	450	$\frac{450}{3}=150$
s_2	2	0	0	2	0	1	0	400	—
s_3	3	0	2	1	0	0	1	400	$\frac{400}{2}=200$

本例中 s_1 為出基變數。選定出入基變數後，對應的行及列稱為樞行（Pivot column）及樞列（Pivot row），利用列與列間的運算（Row operation）使樞行及樞列交叉之數為1，且樞行的其他係數為零，本例題之表列結果如表 2-4。

表 2-4　生產量問題的完整簡算表

表次	基變數	方程式	Z	x_1	x_2	s_1	s_2	s_3	方程式右端	比率
	Z	0	1	-8	-5	0	0	0	0	—
—	s_1	1	0	3	0	1	0	0	450	$\frac{450}{3}=150$ *
	s_2	2	0	0	2	0	1	0	400	—
	s_3	3	0	2	1	0	0	1	400	$\frac{400}{2}=200$

									右端值	
二	Z	0	1	0	-5	$\frac{8}{3}$	0	0	1,200	
	x_1	1	0	1	0	$\frac{1}{3}$	0	0	150	—
	s_2	2	0	0	2	0	1	0	400	$\frac{400}{2}=200$
	s_3	3	0	0	$\boxed{1}$	$-\frac{2}{3}$	0	1	100	$\frac{100}{1}=100\,*$
三	Z	0	1	0	0	$-\frac{2}{3}$	0	5	1,700	
	x_1	1	0	1	0	$\frac{1}{3}$	0	0	150	$\frac{150}{1/3}=450$
	s_2	2	0	0	0	$\boxed{\frac{4}{3}}$	1	-2	200	$\frac{400}{4/3}=150\,*$
	x_2	3	0	0	1	$-\frac{2}{3}$	0	1	100	—
四	Z	0	1	0	0	0	$\frac{1}{2}$	4	1,800	
	x_1	1	0	1	0	0	$-\frac{1}{4}$	$\frac{1}{2}$	100	
	s_1	2	0	0	0	1	$\frac{3}{4}$	$-\frac{3}{2}$	150	
	x_2	3	0	0	1	0	$\frac{1}{2}$	0	200	

表次二可解讀為 $s_1=x_2=0$，$x_1=150$，$s_2=400$，$s_3=100$，且 $Z=1,200$。若選擇非基變數 x_2 進入基底，當 x_2 由 0 變為 1 時，則目標函數值增加 5 單位。因此 x_2 選為入基變數。再依右端值與 x_2 對應之行係數之比率可知，s_3 為出基變數。經由列與列間的運算可得表次三。以此類推由表次三演變為表次四。表次四中 s_2 及 s_3 為非基變數，若選擇 s_2 進入基底，當 s_2 由 0 變為 1 時，則目標函數值反而減少 $\frac{1}{2}$ 單位。若選擇 s_3 進入基底，當 s_3 由 0 變為 1 時，則目標函數值也是減少 4 單位。因此，我們已找到最佳解。

簡算法的許多其他議題於此不再深論,有興趣的讀者請參閱有關管理科學或是作業研究之書籍。

第四節　線性規劃模式之構建

雖然線性規劃模式之構建過程本質上乃是一種藝術,而這種藝術通常藉由不斷的練習與經驗之學習而得其真髓。以下的一般指導性原則或步驟將有助於你對線性規劃模式構建之自我學習。

步驟一: 徹底瞭解你所面對之問題。

步驟二: 決定決策變數。

步驟三: 將各種有限資源表達成相對應之限制式。有些限制式可能較難表達與確認。基本原則乃是將有限資源之數量放在方程式右端。方程式左端則代表資源被使用之數量,也就是各個決策變數乘以資源使用率之總合。

步驟四: 確認目標函數,亦即確認目標之最大化或最小化。切記,每一個決策變數擁有剛好一個對應之成本或利潤係數。

步驟五: 確認所以決策變數為非負數之實數,並加上此限制式。

第五節　線性規劃之應用

線性規劃之應用很廣,此節我們將偏重於介紹線性規劃方法在生產與作業管理之應用。透過這些例題之介紹,希望你能抓住線性規劃在作業管理上之實用性,以及認識許多實務問題如何構建成線性規劃模式。

材料切割問題 (Cutting stock problem)

步驟一: 某製造業由供應商處買入固定長度爲 15 呎之木條，其工廠所製造之產品尺寸需求爲 3 呎、5 呎及 6 呎。因此該公司之管理人員的責任乃是決定如何來切割這些木條，以便滿足各尺寸之定單需求量，同時追求最少之浪費（亦即剩餘不合尺寸之木條）。假設 3 呎、5 呎及 6 呎木條之需求量各爲 150、200 及 250，我們應當如何切割這些木條?

步驟二: 決定決策變數。各種切割組合可列示如表 2－5。

表 2－5 各種切割組合

切割組合	1	2	3	4	5	6	7
3 呎	5	3	3	1	1	1	0
5 呎	0	1	0	2	1	0	3
6 呎	0	0	1	0	1	2	0
下脚料	0	1	0	2	1	0	0

因此各種切割組合即爲決策變數。因此我們有七個決策變數。

令 x_j ＝採用第 j 種切割組合的 15 呎木條數量

令 y_i ＝第 i 種尺寸之多餘數量

步驟三: 3 呎木條之生產量 $= 5x_1 + 3x_2 + 3x_3 + x_4 + x_5 + x_6$

3 呎木條之需求量 $= 150$

因此　　$5x_1 + 3x_2 + 3x_3 + x_4 + x_5 + x_6 - y_1 = 150$

同理　　　　　$x_2 + 2x_4 + x_5 + 3x_7 - y_2 = 200$

　　　　　　　$x_3 + x_5 + 2x_6 - y_3 = 250$

步驟四: 下脚料之木條長度 $= x_2 + 2x_4 + x_5$

多餘之 3 呎、5 呎及 6 呎之木條總合長度 $= 3y_1 + 5y_2 + 6y_3$

因此目標函數爲追求下腳料及多餘之 3 呎、5 呎及 6 呎木條之最小化, 亦即

min $x_2 + 2x_4 + x_5 + 3y_1 + 5y_2 + 6y_3$

步驟五: 所有變數爲非負實數。

$x_j \geq 0$, $j = 1$, 2, $\cdots$, 7

$y_i \geq 0$, $i = 1$, 2, 3

完整之線性規劃模式整理如下:

min $x_2 \quad + 2x_4 + x_5 + 3y_1 + 5y_2 + 6y_3$

s.t. $5x_1 + 3x_2 + 3x_3 + x_4 + x_5 + x_6 \qquad - y_1 = 150$

$\qquad\qquad x_2 \qquad + 2x_4 + x_5 \qquad + 3x_7 - y_2 = 200$

$\qquad\qquad\qquad x_3 \qquad + x_5 + 2x_6 \qquad - y_3 = 250$

$x_j \geq 0$ for $j = 1$, 2, $\cdots$, 7

$y_i \geq 0$ for $i = 1$, 2, 3

原料混拌問題 (Blending problem)

混拌問題在石油業、化工業及食品業乃是常見的日常決策問題。假設目前擁有之三種原料 A、B 及 C, 其單價成本及最大可供應量如表 2-6。表 2-7 則顯示所欲製造之兩種汽油之各種原料之比率規定。其中一般汽油之最低需求量爲 40,000 公升。

表 2-6 石油原油成本及供應量

石油原油	成本／公升	供應量
A	6 元	20,000 公升
B	8 元	40,000 公升
C	11 元	40,000 公升

表 2-7 汽油之各種原料混合比率

產 品	比率規定	售 價
一般汽油	原油 A 最多佔 35%	12.5 元
	原油 B 最少佔 42%	
	原油 C 最多佔 25%	
高級汽油	原油 A 最少佔 25%	13.5 元
	原油 B 最多佔 45%	
	原油 C 最多佔 30%	

　　我們所面對的問題，則是原油 A、B 及 C 各應使用多少公升於混拌中以製造一般用油；而且各種原油 A、B 及 C 又應使用多少公升於混拌製造高級汽油。其最佳解應追求公司之最大利潤。

　　令 x_{ij} = 原油 i 用於混拌製造汽油 j

　　　　其中 $i = A$、B 及 C 以代表原油 A、B 及 C

　　　　及 $j = 1$ 代表一般汽油，$j = 2$ 代表高級汽油

依決策變數 x_{ij} 之定義，則

　　　　一般汽油產量 $= x_{A1} + x_{B1} + x_{C1}$

　　　　高級汽油產量 $= x_{A2} + x_{B2} + x_{C2}$

　　　　原油 A 耗用量 $= x_{A1} + x_{A2}$

　　　　原油 B 耗用量 $= x_{B1} + x_{B2}$

　　　　原油 C 耗用量 $= x_{C1} + x_{C2}$

由於原油之供應量有限，因此形成以下三限制式：

　　　　$x_{A1} + x_{A2} \leq 20,000$

　　　　$x_{B1} + x_{B2} \leq 40,000$

　　　　$x_{C1} + x_{C2} \leq 40,000$

爲求符合比率之規定所形成之六項限制式：

$$\frac{x_{A1}}{x_{A1}+x_{B1}+x_{C1}} \leq 0.35 \Rightarrow \quad 0.65x_{A1} - 0.35x_{B1} - 0.35x_{C1} \leq 0$$

$$-0.42x_{A1} + 0.58x_{B1} - 0.42x_{C1} \geq 0$$

$$-0.25x_{A1} - 0.25x_{B1} + 0.75x_{C1} \leq 0$$

$$0.75x_{A2} - 0.25x_{B2} - 0.25x_{C2} \geq 0$$

$$-0.45x_{A2} + 0.55x_{B2} - 0.45x_{C2} \leq 0$$

$$-0.3x_{A2} - 0.3x_{B2} + 0.7x_{C2} \geq 0$$

為滿足一般汽油之最低需求量，形成之限制式為

$$x_{A1} + x_{B1} + x_{C1} \geq 40,000$$

目標函數可表為如下：

$$\text{max} \quad 12.5(x_{A1} + x_{B1} - x_{C1}) + 13.5(x_{A2} + x_{B2} + x_{C2}) - 6(x_{A1} + x_{A2})$$
$$- 8(x_{B1} + x_{B2}) - 11(x_{C1} + x_{C2})$$

經整理，目標函數為

$$\text{max} \quad 6.5x_{A1} + 4.5x_{B1} + 1.5x_{C1} + 7.5x_{A2} + 5.5x_{B2} + 2.5x_{C2}$$

此原料混拌問題經整理則完整列述如下：

$$
\begin{aligned}
\text{max} \quad & 6.5x_{A1} + 4.5x_{B1} + 1.5x_{C1} + 7.5x_{A2} + 5.5x_{B2} + 25x_{C2} \\
\text{s.t.} \quad & x_{A1} + x_{A2} \leq 20,000 \\
& x_{B1} + x_{B2} \leq 40,000 \\
& x_{C1} + x_{C2} \leq 40,000 \\
& 0.65x_{A1} - 0.35x_{B1} - 0.35x_{C1} \leq 0 \\
& -0.42x_{A1} + 0.58x_{B1} - 0.42x_{C1} \geq 0 \\
& -0.25x_{A1} - 0.25x_{B1} + 0.75x_{C1} \leq 0 \\
& 0.75x_{A2} - 0.25x_{B2} - 0.25x_{C2} \geq 0 \\
& -0.45x_{A2} + 0.55x_{B2} - 0.45x_{C2} \leq 0 \\
& -0.3x_{A2} - 0.3x_{B2} + 0.7x_{C2} \geq 0 \\
& x_{A1} + x_{B1} + x_{C1} \geq 40,000 \\
& x_{A1}, x_{B1}, x_{C1}, x_{A2}, x_{B2}, x_{C2} \geq 0
\end{aligned}
$$

運輸問題（Transportation problem）

假設倉庫 W_1 及 W_2 之供貨量爲 200 及 500，而零售商據點 D_1、D_2 及 D_3 之需求量爲 150、300 及 250。表 2-8 給予各倉庫運送產品至各零售商之單位運送成本，我們應如何決定此運輸問題的指派數量，以追求最低運送成本？

表 2-8　運輸成本

從倉庫	到零售商			供應量
	D_1	D_2	D_3	
W_1	10	20	35	200
W_2	75	30	40	500
需求量	150	300	250	

令 x_{ij} = 由倉庫 i 運送到零售商 j 之貨品數量

限制式

$$x_{11} + x_{12} + x_{13} \leq 200$$
$$x_{21} + x_{22} + x_{23} \leq 500$$
$$x_{11} + x_{21} = 150$$
$$x_{12} + x_{22} = 300$$
$$x_{13} + x_{23} = 250$$

$$x_{ij} \geq 0 \quad \text{for} \quad \forall i \quad \text{and} \quad \forall j$$

目標函數則爲

min　　$10x_{11} + 20x_{12} + 35x_{13} + 75x_{21} + 30x_{22} + 40x_{23}$

第六節　實務中的線性規劃

　　實務中的線性規劃問題不可能手解來求得答案。在此特別解說圖解法與簡算法之目的，只爲讓你較易了解電腦軟體所提供的解答。而實務上，選用電腦軟體應注意

　　㈠選用專業用軟體則具較廣之應用空間，但是也需較多專業知識。

　　㈡選用應用型軟體雖簡單易學（不需太多專業背景即會使用），但其提供之功能較特定化。

　　其次，作業管理經理於使用線性規劃時，應注意，公司內一定要有人知道如何將問題構建爲線性規劃模式，以及瞭解線性規劃方法之相關假設，以免誤用。對於大型或複雜問題之線性規劃模式構建，應可延請外來專家以建立完整之模式。

　　在臺灣，線性規劃方法被企業界使用的頻率尚且不高。在高強 (1994) 的報告中，發出 2,005 份問卷於臺灣之製造業、水電煤氣業、營造業、商業、運輸與倉儲通訊業、金融、保險、不動產及工商服務業、社會團體及個人服務業等，回收問卷 245 份。線性規劃的使用頻率爲 48 次。各種作業研究/數量方法之使用頻率請參見表 2-9。由此可知，臺灣企業使用線性規劃方法尚未普及，反觀國外已開發國家之普遍使用現象（請參見表 2-10）。國內的管理教育尚待加強線性規劃方法之應用，以引導企業界從事實際的應用。

表 2-9　企業界目前每一管理領域較常使用之「作業研究/數量方法」之頻率

次　數		應用電腦從事決策分析	線性規劃	網路分析	其他數學規劃	等候理論	馬可夫決策程序	其他機率模式	決策理論	系統模擬	統計預測	合計
						方　　　　　法						
功能	生產與作業管理	33	10	19	4	1	3	16	13	11	13	123
	財務管理	39	10	13	2	1	3	20	14	13	33	148
	行銷管理	32	9	12	2	1	3	18	12	8	29	116
	人力資源管理	16	7	7	2	1		10	9	5	14	72
	資訊管理	38	12	16	4	1	3	19	14	11	32	150
	合　計	158	48	67	14	5	15	83	60	48	121	609

註：網路分析包括 PERT/CPM
　　其他數學規劃包括 IP、NLP、DP
　　其他機率模式包括存貨、可靠度
資料來源：高強，《作業研究於管理之課程規劃》，行政院國科會專題研究計劃成果報告，
　　　　　NSC 84-2416-H-006-009, p.7, 1995。

表 2-10　管理科學/作業研究方法之使用率（回答者之比率：%）

	統計	電腦模擬	PERT/CPM	線性規劃	等候理論	非線性規劃	動態規劃	競局理論
從來不用	1.6	12.9	25.8	25.8	40.3	53.2	61.3	69.4
中度使用	38.7	53.2	53.2	59.7	50.0	38.7	33.9	27.4
經常使用	59.7	33.9	21.0	14.5	9.7	8.1	4.8	3.2

資料來源：Forgionne, G. A., "Corporate Management Science Activities", *Interfaces*, V.13,
　　　　　No.3, pp. 20-23, 1983.

第七節   結   論

　　本章略述線性規劃問題之求解方法——圖解法及簡算法。關於簡算法的理論部份則未詳述，有興趣之讀者可參見 Bazaraa，Jarvis 及 Sherali (1990) 及 Hillier 及 Lieberman (1991) 等書。此外對偶理論 (Duality theory) 與敏感度分析 (Sensitivity analysis) 兩主題也未深入探討，原因除了限於篇幅之外，由於晚近已普及之商業軟體，在實際解決問題時，敏感度分析已是程式中必備之功能，因此不一定要涉及敏感度分析之理論。常用的商業軟體可參考 LINDO (Schrage，1991) 之使用手冊。至於對線性規劃的模式建構及其應用有興趣之讀者，請參考 Williams (1994) 及葉若春 (1986) 兩書。

習　題

1. 試利用圖解法以求得下列問題之最佳解。

max　　　$3x_1 + 5x_2$

s.t.　　　$2x_1 + 3x_2 \leq 6$

　　　　　$3x_1 + 4x_2 \leq 8$

　　　　　$x_1 \quad\quad \leq 2$

　　　　　$x_1,\ x_2 \geq 0$

2. 試利用圖解法以求得下列問題之最佳解，再使用簡算法求解，並比較之。

max　　　$x_1 + 4x_2$

s.t.　　　$2x_1 + 5x_2 \leq 10$

　　　　　$3x_1 + 7x_2 \leq 21$

　　　　　$x_1,\ x_2 \geq 0$

3. 試利用簡算法求得下列問題之最佳解。

max　　　$3x_1 + 2x_2 + 5x_3$

s.t.　　　$x_1 + 3x_2 + x_3 \leq 12$

　　　　　$3x_1 + 2x_2 + 4x_3 \leq 16$

　　　　　$x_1,\ x_2,\ x_3 \quad \geq 0$

4. 試利用簡算法求得下列問題之最佳解，再利用電腦軟體 LINDO（或任何線性規劃軟體）求解，並比較之。

max　　　$x_1 + 2x_2 + 4x_3 + 5x_4$

s.t.　　　$2x_1 + 3x_2 + 7x_3 + x_4 \leq 6$

　　　　　$x_1 + 2x_2 + 5x_3 + 3x_4 \leq 8$

$$3x_1 + x_2 + 4x_3 + x_4 \leq 10$$

$$x_1,\ x_2,\ x_3,\ x_4 \geq 0$$

5. 某遊樂場於暑期間需要雇用一些暑期大專工讀者。暑期間共分為七月、八月及九月。七月份需人力 3,000 小時、八月份需人力 4,200 小時及九月份需人力 3,600 小時。每個新手需要訓練一個月才能正式工作,而且每個新手要花費有經驗員工的 40 小時教導時間。一個月內的這 40 小時教導時間使得此有經驗員工不能發揮於正常工作。每個有經驗員工的每月工作時間假設為 160 小時。假如員工數超出人力需求,則每個員工減少工作時數,但不減少薪水。假設有經驗之員工每月薪水為 20,000 元,而新手受訓為之每月薪水為 14,000 元。假設七月初有經驗員工數共有 21 人,請為此公司經理建議一份暑期雇用計劃,如何雇用及訓練員工,以追求最低雇用成本。

6. 假設某投資人手中擁有 50 萬臺幣,面對以下各種投資管道及收益率。市府股票的年利率為 8.5%,一年定存的銀行利率為 6.5%,國庫債券的年利率為 7%,成長股基金的年利率為 15%。但是每種投資也伴隨不同之投資風險。對此投資人而言,為降低風險,股票及基金的投資額不可超過一半現有資金,至少 40% 的現有資金要投資於低風險的銀行定存及國庫債券。在高風險的基金投資額不可超過現有資金的 15%。請建立線性規劃模式來幫助此投資人追求最佳的投資組合。

7. 請到圖書館翻閱期刊 *Interfaces*,並找出過去廿年來線性規劃在實務上的應用 15 件個案。

第三章　多目標決策

多目標決策（Multiple criteria decision making）是近二十年來發展極為快速的學問。究其原因有二，第一是隨著時代的進步，決策問題的本質，越趨複雜，決策者追求的目標，不再是單一目標，而是多種目標。往日的僅僅追求利潤的鵠的，也逐漸擴充到其他目標的滿足，例如時間、環保、及顧客的滿意度，都是決策者在追求利潤最高之餘，可能尋求的目標。第二個造成多目標決策分析進展的原因，是決策分析及管理科學兩門學問的長足進步，決策分析中能夠使用的多目標決策分析方法及工具日益增多，使得在問題需求與工具提供兩相增進的情況下，造成此項學問的進步。因此不論是一般的管理學者或是生產及作業管理的從事者，均應對多目標決策有所了解，而這也是本章的立意所在。

首先我們介紹幾個名詞：

(A)目標（Objective）或評準（Attribute）：表示評估或衡量的基準，或決策者期望達到的程度，例如最小成本，最小污染，最少時間，最小風險……等等，當然如果能將這些評準全部化成金錢的單位（元）而不致招惹非議的話，傳統的單一目標決策方法仍可派上用場。

(B)限制式：限制式是用來規範出可行方案的。當方案為有限而且已知時，很可能模式中不需要限制式。

(C)優良解或非支配解（Efficient or non-dominated solutions）：這些解不被任何其他的解「支配」，換句話說這些解固然可能在某些評估準則尚

不如其他解，但它一定有其他的優點凌駕於其他解上。當某甲方案的各
項評準都優於某乙方案時，我們稱之爲甲支配（Dominate）乙。

(D)最優解（Optimal solution）：最優解是決策者依據各人的喜好及取
捨，在非支配解中選取的最優者。換句話說，非支配解通常有許多個，
但是最優解通常只有一個。求解非支配解可不需要決策者參與；但是欲
求最優解則常需決策者參與分析的過程，而解題步驟又分㈠決策者在分
析後參與，及㈡決策者在分析過程中即參與（Interactively）尋求最優解
兩種類型。

(E)理想解（Ideal solution）：即爲不可企及之解。由於目標之間的衝
突，決策者需在取捨的過程中，忍痛犧牲理想解的部份，因此理想解應
不在可行解區域內。以通俗的例子解釋，理想解即所謂的「白馬王子」
或是「夢中情人」。

近年來，多目標決策分析發展快速，在管理學，政策制定，醫療規
劃，工程管理各方面都有不少應用研究。若要將解題程序分門別類，則
可略分爲多目標數學規劃及非數學規劃兩類。以多目標數學規劃爲主的
解題途徑多用於當候選方案爲無限多時。而此類研究又可再分成兩種：
㈠主張以數學規劃方法求得非支配解即可，決策者對多目標之間的主觀
取捨過程，則不在主要的討論範圍。㈡則主張決策者的取捨過程應該融
入數學規劃的求解程序中，使求得最佳解的速度增快，此類的學者多以
交談式程式爲發展的終端產品。此兩種方法的差異，除了解題方法不同
外，其根據的哲學也各有不同。如果認爲決策者的參與，常會造成解題
的困擾，因而主張在整體求解之中，不要由決策者（Decision maker）涉
入其中，令決策者在求解完畢後，才在非支配解中篩選最佳的方案。因
此這種保持求解過程中的嚴謹與單純性的想法，使得部份學者贊成以非
支配解爲求解的目標。反之，認爲若待非支配解求出才邀請決策者加入，
似嫌太晚，因此主張在求解過程中，即邀決策者加入，使最後所得之答

案，即是符合決策者意向的最佳解。此兩種途徑，各有優缺點，前者解題過程單純，但可能得出大量的非支配解，造成無所適從的現象；反之，後者直接求取最佳解是一大優點，但中途邀決策者加入，將增加決策者的負擔，此外決策者是否能與分析者充分溝通，確實表達其對不同目標、不同方案的意向，亦易受人詬議。

至於採用非數學規劃法求解多目標決策分析問題，則並無一定脈絡可尋，各個演算法之間也可能毫無關係。一般而言，較偏向決策分析及人類心理的評價分析。因此也不似目標規劃研究者講求數學模式的建立及繁複求解。像本章所介紹的 ELECTRE 法，即自成一家，在不斷的修改之下，已經到了接近成熟的階段了。有趣的是，研究多目標數學規劃的學者大多具有數學系，作業研究或工業工程的背景；而研究非數學規劃的多目標決策方法的則屬心理學，管理學的背景較多。

國內有學者，將數學規劃之多目標決策依其功能稱之為規劃類 (Planning) 決策，而非數學規劃的多目標決策則稱為評估類 (Evaluation) 決策。如此將多目標決策的應用一下子分成兩個功能上的領域，頗有快刀斬亂麻之功。由於多目標數學規劃多是處理無限的可能方案的情形，因此可視為決策仍在混沌未明的計劃階段 (Planning)，譬如選定倉儲的設備位置，可以視為區域中任何一點都有可能，故能以數學規劃法來求解最佳解。反之當已有數個候選方案時，決策者只是就這幾個候選方案中挑選最合意的，因此可以採用非數學規劃的決策方法。學者曾國雄君，並以兩者混用的方式，先以多目標數學規劃求出一些非支配解，然後再挑出較具代表性，或是希望最濃的非支配解，當做候選方案。這些候選方案，即可運用非數學規劃型態的決策方法，由決策者配合其不可量化的價值取向，逐步尋求最優解。

本章即分兩大部分介紹多目標決策，首先介紹多評準方法，其中包括有名的 ELECTRE 法；其次，由於分析層級法 (AHP, Analytic Hierarchy Process) 具有相當的重要性, 因此, 獨立一節討論之。隨後則以多目標規劃的方法爲討論主體, 先行介紹兩種常用的多目標規劃方法, 定量限制法 (ε-constraint method) 及目標規劃法 (Goal programming method)。最後則以一個小節的篇幅介紹多目標簡捷法 (Multi-criteria simplex method)。

第一節　多評準決策方法

由於多評準決策 (Multi-attribute) 的應用方法繁多, 不易一一介紹。在此僅介紹 ELECTRE 及其他幾種配對比較 (Pairwise comparison) 的決策方法。所幸此類的方法均由人類面對多評準決策的思維體系而演進, 因此讀者在面對其他方法時, 應不致有太大的困難。

一、ELECTRE 法

ELECTRE (Elimination and (et) choice translating algorithm) 已發展至今日的第 5 代與模糊邏輯等方法結合。而 ELECTRE I 是 Benayoun, Roy 及 Sussam 在 1966 年所發表的方法, 用以尋求當方案有限時的多目標決策解, 其好處在於能使決策者找出各方案優劣的關係, 同時訂定優劣的容忍界限標準, 使排定方案優劣順序時, 容許決策者的不一致性。

ELECTRE I 之後還有 ELECTRE II 以及陸續發展的修正版本, 基本上這些是常用的多目標決策演算的一支, 其電腦程式可見 Goicoechea et.al. (1982)。

本節將介紹一例以說明 ELECTRE I 法的演算過程, 整個過程可分:

㈠先給各評準加權, 然後求出滿意指數 (Concord indices)。

㈡將各衡量數據設定尺度, 求取不滿意指數 (Discord indices)。

㈢最後由決策者決定一個滿意下限常數 P ，及一個不滿意上限常數 Q ，配合㈠㈡所建立一**優劣關係圖** （Outranking graph） 舉例：評估買車的決策問題，共有 7 種車種可供選擇，評估準則爲價錢，舒適，速度以及美觀的程度。

方　案	1	2	3	4	5	6	7
價錢 P:	45	40	40	35	35	35	25
舒適 C:	H	H	M	M	M	L	L
速度 S:	F	S	F	F	S	F	S
美觀 B:	B	B	B	A	B	B	A

評　準	水　準	評　分	不滿意度
價　錢	＜2,700	25	20
	2,800～3,200	30	40
	3,300～3,700	35	60
	3,800～4,200	40	80
	4,300～4,700	45	100
舒　適	High	H	20
	Medium	M	40
	Low	L	60
速　度	Fast	F	25
	Slow	S	50
美　觀	Beautiful	B	20
	Acceptable	A	40

其中不滿意度在不同**評準** （Attribute） 中的上下限，即已表示這些準則的相對重要性。例如價錢的最大不滿意度可達 100，而舒適一項的不滿意度最多也只有 60。可見舒適與價錢相較之下，是一次要的評準。

接下來即依此例子，逐步說明 ELECTRE 的計算過程。

㈠求滿意指數（Concord index）

1.由決策者給評估準則加權

$$\left.\begin{array}{l} 價錢：5 \\ 舒適：3 \\ 速度：1 \\ 美觀：1 \end{array}\right\} = 10$$

2.計算滿意指數（Concord index）

$c(i,j)$爲方案i對j的滿意指數。其數量顯示方案i中較方案j爲佳的評準的程度，$c(i,j)$值愈大表示在方案i優於方案j的評準愈顯著。

$$c(2,\ 4) = \frac{1}{10}(0 + 3 + 0 + 1) = 0.4$$

$$c(7,\ 6) = \frac{1}{10}(5 + \frac{3}{2} + 0 + 0) = 0.65$$

$$c(6,\ 7) = \frac{1}{10}(0 + \frac{3}{2} + 1 + 1) = 0.35$$

3.滿意矩陣（Concord matrix）由和諧指數構成

$$C = [c(i,j)] = \begin{bmatrix} - & 0.3 & 0.4 & 0.45 & 0.45 & 0.4 & 0.5 \\ 0.7 & - & 0.6 & 0.4 & 0.4 & 0.35 & 0.45 \\ 0.6 & 0.4 & - & 0.3 & 0.3 & 0.4 & 0.5 \\ 0.55 & 0.6 & 0.7 & - & 0.5 & 0.6 & 0.45 \\ 0.55 & 0.6 & 0.7 & 0.5 & - & 0.6 & 0.45 \\ 0.6 & 0.65 & 0.6 & 0.4 & 0.4 & - & 0.35 \\ 0.5 & 0.55 & 0.5 & 0.55 & 0.55 & 0.65 & - \end{bmatrix}$$

㈡求不滿意指數（Discord index）

1.由決策者（DM）給各準則中滿意到最不滿意之間的程度訂定一

幅度

$$\text{DM}\begin{bmatrix} 價錢 & 100 \\ 舒適 & 60 \\ 速度 & 50 \\ 美觀 & 40 \end{bmatrix}$$

2.不滿意指數（Discord index）

$$d(2,4)_{Price} = (80-60)/100 = 0.2$$

$$d(2,4)_{Speed} = (50-25)/100 = 0.25$$

是故　　$d(2,4) = 0.25 = \max(0.2, 0.25)$

$$d(2,6)_P = (80-60)/100 = 0.2$$

$$d(2,6)_s = (50-25)/100 = 0.25$$

所以　　$d(2,6) = 0.25 = \max(0.25, 0.2)$

3.不滿意矩陣（Discord Matrix）

$$D = [d(i,j)] = \begin{bmatrix} - & 0.2 & 0.2 & 0.4 & 0.4 & 0.4 & 0.8 \\ 0.25 & - & 0.25 & 0.25 & 0.2 & 0.25 & 0.6 \\ 0.2 & 0.25 & - & 0.2 & 0.2 & 0.2 & 0.6 \\ 0.2 & 0.2 & 0.2 & - & 0.2 & 0.4 & 0.6 \\ 0.25 & 0.2 & 0.25 & 0.25 & - & 0.25 & 0.4 \\ 0.4 & 0.4 & 0.2 & 0.2 & 0.2 & - & 0.4 \\ 0.4 & 0.4 & 0.25 & 0.25 & 0.2 & 0.25 & - \end{bmatrix}$$

㈢由決策者訂定 P 及 Q

例如 $P = 0.6$，$Q = 0.2$，P 為滿意指數的下限，Q 為不滿意指數的上限，兩者合起來定義新的「優於」（Outranking）的關係。在兩矩陣中，找出 $c(i,j) \geq 0.6$ 同時 $d(i,j) \leq 0.2$ 的 i「優於」j 的關係，我們可以得到 $(3,1)$、$(4,2)$、$(4,3)$、$(4,6)$、$(5,2)$ 及 $(6,3)$ 這6個「優於」的關係。各方案之間的優劣圖可繪成

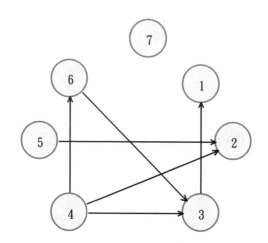

這種「優於」（Outrank）的關係，表示當甲「優於」乙時，其中乙在各項準則中較甲為佳的部份不能超過某一程度，Q。而甲須在許多方面較乙為佳超過某一設定的程度，P。

ELECTRE 方法的優點，即在考量具「彈性」的方式，將方案之間的「優劣」關係重新定義。藉由不同門檻 P，Q 的設定，可以得出不同的「優於」（Outrank）關係，應是其主要貢獻。

二、配對比較方法

以下討論三種可以採用的方法，用以解決有限方案下的多目標決策分析問題，首先介紹所用的符號。

$$\begin{cases} f_{ij} & \text{第 } i \text{ 個方案（Alternative）的第 } j \text{ 個目標（Criterion）值} \\ i=1,\ 2,\ \cdots,\ n & n \text{ 是所有可供決策者選擇的方案數目} \\ j=1,\ 2,\ \cdots,\ p & p \text{ 是所有考慮目標的數目} \end{cases}$$

舉例來說，我們要選擇設廠的地址，考慮臺中及高雄兩個方案（$n=2$），$i=1$ 代表臺中，$i=2$ 代表高雄。又假設有兩個目標：一個增加獲利率（$j=1$），一個是減少環保抗爭（$j=2$），所以總目標數 $p=2$。f_{12} 就表示廠設在臺中，所可能有的環保抗爭指標，f_{11} 表示設廠在臺中的獲

利率。f_{ij} 構成的矩陣將是所有解題步驟中的已知值。在解題的過程中，可經由變號，使得所有 f_{ij} 越受決策者喜好其值越大，以增加解題的便利。

　　第一種方法，由決策者提供給每一個目標（Criterion）一個值 v_j（從 1 到 10），愈重要的目標，對應的 v_j 值越大，然後可算出加權值（Weight）w_j

$$w_j = \frac{v_j}{\sum\limits_{j=1}^{p} v_j}$$

然後每一個方案可以求出總得分（Score）S_i

$$S_i = \sum_{j=1}^{p} w_j f_{ij}$$

　　這裡 f_{ij} 的區域（Range）也需經過正常化（Normalized）的處理。S_i 值越大的方案，就表示受決策者歡迎的程度越高。

　　第二種方法，由決策者觀察 f_{ij} 後，回答任兩兩方案的配對比較（Paired comparison）的問題，所以若有 n 個可供選擇的方案，則決策者需回答 $n(n-1)/2$ 個配對比較的問題。例如總共有 3 個方案，假定決策者認為 1 比 2 好，1 比 3 好，2 比 3 好（記成 1≥2，1≥3，2≥3），然後計算各方案在 "≥" 左邊的次數，即可依出現在左邊次數的多寡排列出最受決策者喜好的方案。

　　第三種方法，也是根據決策者對配對比較的回答。配合線性規劃的模式，來解出加權值並列出最佳解，為了容許決策者之不一致性，我們在決策者回答方案 $i \geq k(i$ 比 k 好$)$ 後，寫出一限制式 $S_i - S_k + x_{ik} \geq 0$，此處 x_{ik} 是一誤差變數，用以容許決策者在回答許多配對比較問題的先後不一致性，如此若有 n 個方案，就會有 $n(n-1)/2$ 個限制式（Constraints），這些限制式又可寫成

$$\sum_{j=1}^{p} w_j f_{ij} - \sum_{j=1}^{p} w_j f_{kj} + x_{ik} \geq 0 \quad i = 1, \ 2, \ \cdots, \ n$$
$$k = i, \ i + 1, \ \cdots, \ n$$

同時爲了避免不必要解（Trivial solution），還加上一限制式

$$\sum_{j=1}^{p} w_j = 1$$

這些 w_j 是加權值（Weight）此一線性規劃的目標函數是 Z，使誤差變數之和最小化

min $\quad Z = \sum_{i=1}^{n} \sum_{k=i+1}^{n} x_{ik}$

求解這個線性規劃問題，可得加權值的解，然後經計算各方案的總加得分（Score），排列出最佳方案的順序。此法的優點在於容許決策者在回答配對比較時的不一致性，並能求解出各目標的相關權數。

第二節　分析層級法

分析層級法（Analytic Hierarchy Process，AHP 法）爲 Saaty 創於 1971 年的方法，原始目的在解決埃及國防部之應變計劃評估。其方法利用層級結構，將複雜問題加以層級結構化，利用系統中含有次系統的觀點，將多評準問題分解，使具結構性。AHP 方法的決策程序可分成四個階段，分別爲：㈠建立層級關係，㈡建立各層級中之配對比較結果矩陣，㈢求解各層級中之權重並檢定其一致性，㈣就整體架構，尋求各方案之優勢比重，以便排列各方案之優劣次序。

以下即以一例，說明 AHP 的計算過程，在此僅考慮含蓋單一層級的簡單問題，作示範之用。此例以一新鮮人尋求初階的工作爲決策示範。假設共有四個評準：

㈠薪水高低。

㈡城市的生活品質。

㈢是否具有升遷前景。

㈣與親友的鄰近程度。

假設我們根據 Saaty 建議的評量表，建立配對比較的矩陣，而評量的數字根據下表：

數值 a_{ij}	詮　釋
1	i 與 j 具相同的重要性
3	i 略比 j 重要
5	i 明顯地比 j 重要
7	i 的重要性比 j 要高出許多
9	i 絕對地凌駕 j

依據此表，介乎其中的偶數則恰表示其間的重要程度。在建立配對比較矩陣時，只需建立一半的係數即可，另一半則恰是倒數。在此假設配對比較矩陣為

$$
\begin{array}{c}
\begin{array}{cccc}\text{薪水} & \text{品質} & \text{升遷} & \text{鄰近}\end{array}\\
\begin{array}{c}\text{薪水}\\[6pt]\text{品質}\\[6pt]\text{升遷}\\[6pt]\text{鄰近}\end{array}
\begin{bmatrix}
1 & 5 & 2 & 4 \\
\dfrac{1}{5} & 1 & \dfrac{1}{2} & \dfrac{1}{2} \\
\dfrac{1}{2} & 2 & 1 & 2 \\
\dfrac{1}{4} & 2 & \dfrac{1}{2} & 1
\end{bmatrix}
\end{array}
$$

權數的求法可分成兩部分：首先將各係數除以該行之和，如此可得一新的矩陣：

$$
\begin{bmatrix}
0.5128 & 0.5000 & 0.5000 & 0.5333 \\
0.1026 & 0.1000 & 0.1250 & 0.0667 \\
0.2564 & 0.2000 & 0.2500 & 0.2667 \\
0.1282 & 0.2000 & 0.1250 & 0.1333
\end{bmatrix}
$$

其次則求取各列的平均數，即是各評準的權重，本範例可得權重向量為 (0.5115, 0.0986, 0.2433, 0.1466)。這組權數可透過 Saaty 的建議方法，檢視其一致性（Consistency）。

接著將求取各評準之下的方案得分，首先舉薪水為例，假設三個候選工作 A, B, C 在薪水考量之下的配對比較矩陣為

$$
\begin{array}{c}
\ \ A\ \ \ \ \ B\ \ \ \ C \\
\begin{array}{c}
A \\[2ex] B \\[2ex] C
\end{array}
\begin{bmatrix}
1 & 2 & 4 \\[1ex]
\dfrac{1}{2} & 1 & 2 \\[1ex]
\dfrac{1}{4} & \dfrac{1}{2} & 1
\end{bmatrix}
\end{array}
$$

我們可依據前述的計算得到三個方案在薪水的評量準則下，分別的得分為 (0.571, 0.286, 0.143)。

如此依序類推，即可得到各候選工作在生活品質，升遷潛力，及鄰近親友三項評準下的得分，最後將各評準在稍早求得的權數與這些個別得分數相乘，即可得每個候選工作的總得分（Total score），供給決策的社會新鮮人參考。

第三節　多目標規劃法

多目標規劃（Multi-criteria programming）是數學規劃的延伸。多目

標數學規劃可以包含線性規劃，整數規劃和非線性規劃。本節僅介紹多目標線性規劃及求解過程。多目標線性規劃是一般線性規劃的擴充，其基本形式爲

$$
\begin{aligned}
&\min \text{ (or max)} \qquad f_1(x)\\
&\min \text{ (or max)} \qquad f_2(x)\\
&\qquad\qquad\qquad\quad\ \vdots\\
&\min \text{ (or max)} \qquad f_k(x)\\
&\text{s.t.} \qquad\qquad\quad\ g_1(x) \le b_1\\
&\qquad\qquad\qquad\quad\ g_2(x) \le b_2\\
&\qquad\qquad\qquad\quad\ \ \vdots\\
&\qquad\qquad\qquad\quad\ g_n(x) \le b_n
\end{aligned}
$$

這些模式與前述線性規劃模式最大的不同在於目標式不只一個；而最大的相同點爲這裡的 $f(x)$ ， $g(x)$ 都是線性函數。目標式 $f_1(x)$ ， $f_2(x)$ ， $\cdots$ ， $f_k(x)$ 可以是最大利潤，最小污染量，最小風險等的數學表示式。至於求解多目標線性規劃問題的途徑很多，但基本上可分爲兩種：㈠求解非支配解（Efficient solution），㈡求解最優解（Optimal solution）。本節將概述兩種非支配解的求解方法， ε － 限制法及目標規劃法，以及調合規劃法（Compromise programming），以求得最優解。

一、定量限制式及目標規劃法

定量限制法及目標規劃法兩種求解過程，均是將多目標規劃問題，化簡成爲傳統的單目標數學規劃問題，可以利用常用的應用軟體如MPSX,LINDO 等求解，因此在此一併介紹。

定量限制法亦稱 ε － 限制法，其主旨在於將部份目標式置於限制式內，然後以虛設的限制值——ε 值，進行求解。舉一雙目標規劃的問題

爲例：

max　　$f_1(x)$

max　　$f_2(x)$

s.t.

　　　　$x \in S$

其中 S 表示所有原本問題的可行解集合。下圖則是表示此雙目標規劃問題的**目標域空間**（Objective space）。

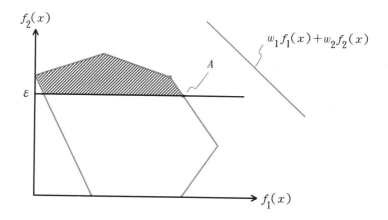

而斜線的部份表示非支配解所對應的目標值。因爲這些非支配解不易求得，故以一新增的限制式如 $f_2(x) \geq \varepsilon$。置於模式中，因此可得一單目標線性規劃之問題，問題型式如下：

max　　$f_1(x)$

s.t.　　$f_2(x) \geq \varepsilon$

　　　　$x \in S$

求解的結果，可得一 A 點。而此點即爲一非支配解。持續改變此定

量 ε 之值，即可逐步求取線性規劃之解，逐得所有非支配解的集合。

目標規劃法（Goal programming）在此亦可稱為權重法（Weighting method），其方式是將不同目標乘上各項權重，然後求得其中之一非支配解。其問題型態如下：

$$
\begin{aligned}
\max \quad & w_1 f_1(x) + w_2 f_2(x) \\
\text{s.t.} \quad & \\
& x \in S
\end{aligned}
$$

求解的宗旨在將兩個目標函數化成一個目標函數，因此求解的過程中僅需利用單目標數學規劃的方法即可。其求解之精神有如上圖中斜線的平行移動，終將覓得一非支配解。然後，藉由調整權重之比例，即可陸續求得不同的非支配解，達到組合所有非支配解集合的目的。

二、調合規劃法

調合規劃法（Compromise Programming），其方法則是將多個目標值利用特殊的函數結合起來。下面便舉一例說明之：假設，原來目標式為 $f_1(x)$，$f_2(x)$，$\cdots$，$f_k(x)$，若逐一的求各個目標的最佳目標值，可得理想解以及 f_1^*，f_2^*，$\cdots$，f_k^*，而多目標問題可化成單一目標問題

$$
\min \quad Z = \left(\sum_{i=1}^{k} w_i^p (f_i^* - f_i(x))^p \right)^{\frac{1}{p}}
$$

w_i 是權數，而 p 則為指定參數，p 通常可令之為 1 或 2。在此（f_1^*，f_2^*，$\cdots$，f_k^*）對應一不可企及的理想解，而新的目標 $\min Z$ 則可看做將可行解的目標值與理想解的「距離」最小化。當 $p = 2$ 時代表找出與理想解之幾何距離（在目標空間）最小者為最佳解。以下則為一示意圖。

因此當 $p = 1$ 時，所謂的「距離」是到理想解的垂直距離與水平距

離的加權和；當 $p = 2$ 時則是歐幾里德距離，換言之，可就理想解爲中心劃一逐步增大的圓，最先碰觸到的非支配解，即是最優解。在示意圖上看出原理較爲容易，眞正求解時，只要 $p > 1$ 的狀況，都是不易求解的，很可能需賴非線性規劃方法，方能尋求最優解。

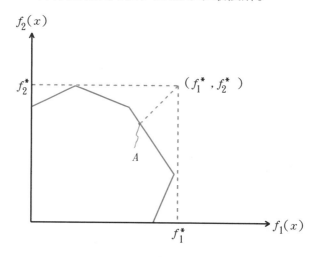

第四節　多目標規劃──簡算法

多目標規劃之求解的方法中，仍以修正線性規劃求解法──**簡算法**（Simplex method）爲最常用，利用多目標簡算法可以直接求得非支配解中的**角點**，然後利用組合法可以求取所有的非支配解。此法在求解多目標線性規劃問題中，應是最有效最常用的方法。修正簡算法而爲多目標規劃問題所用，有幾種不同的步驟，其中如 Zeleny 及 Philip 兩人的方法最爲人們所認可。本節即以 Zeleny 所建議的多目標簡算法爲討論的主體。

Zeleny 的多目標簡算法可分成以下的幾個步驟，下圖顯示多目標線

性規劃的表列情形，以及此後將採行的數學符號。

Z_1	Z_2	...	Z_p	x_1	x_2	...	x_n	x_{n+1}	x_{n+2}	...	x_{n+m}	右端值
1	0	...	0	r_1^1	r_2^1	...	r_n^1	0	0	...	0	0
0	1	...	0	r_1^2	r_2^2	...	r_n^2	0	0	...	0	0
		⋮									⋮	
0	0	...	1	r_1^p	r_2^p	...	r_n^p	0	0	...	0	0
				a_{11}	a_{12}	...	a_{1n}	①	0	...	0	b_1
				a_{21}	a_{22}	...	a_{2n}	0	①	...	0	b_2
	0			⋮							⋮	⋮
				a_{m1}	a_{m2}	...	a_{mn}	0	0	...	①	b_m

㈠利用差額變數，構成初始**基本解**（Initial basic feasible solution）。

㈡設計變數 $d = 1$，$c = 0$。同時計算初始解 x^d。

㈢判斷此初始解是否為非支配解。判斷的方法有很多種，其中一種是檢查**消去成本**（Reduced cost）列，若有某一列均為正數，則表示此解使該對應的目標函數為最大，是為一非支配解。

㈣尋求**非基解**（Nonbasic）的**對應行**（Column），其中所有對應的消**去成本**（Reduced cost）若均為非正值，則顯示此為被支配解，可試圖將此代入**基解**（Basis）。

㈤檢查此**基解組合**（Basis）是否未曾被考慮過，若答案為是，則可計算新的答案，x^{d+1}。

㈥若步驟㈣的答案為否定的，則需檢查當時的解答 x^d 是否為非支配解，其判定方法可藉由求解下列問題而得到解答。

$$\max \quad Z_0 = \sum_{k=1}^p d_k$$

$$\text{s.t.} \quad Z_k(x) - d_k = Z_k(x^d)$$

$$x \in X$$
$$d_k \geq 0, \ k = 1, 2, \cdots, p$$

　　求解此問題的立意所在，是因為若 x^d 不是一非支配解，則必存在一 k，使得 $Z_k(x) \geq Z_k(x^d)$。因為在此求解差額變數 d_k 之最大化問題。一旦所求之最佳解對應 $\sum d_k^* = 0$，則表示 x^d 是一個非支配解。

　　(七)當比較不同非基解的消去成本行（Colume of reduced cost），如 r_j 及 r_q 時，若得 $\theta_j r_j \leq \theta_q r_q$ 兩者。此處之 θ_j 及 θ_q 分別表示 x_j 及 x_q 欲進入基解（Basis）所得的值。則由此可得何者先進入基解。

　　(八)若第(七)步驟無法判定何者進入基解，作進一步的運算，則需尋求具有又有正又有負值的消去成本所對應的行，做為潛在評定的進入變數。

　　(九)當所有尋求非支配解的運算終止，同時並無潛在尚未評估的基解（Basis）時，本方法即告一段落。

　　為求說明清晰起見，以下即援引一例題，說明此多目標簡捷法的計算過程。此例題的問題型態如下：

$$\max \quad Z_1(x) = x_1 + 3x_2$$
$$\max \quad Z_2(x) = -3x_1 - 2x_2$$

限制式　$\dfrac{1}{2}x_1 + \dfrac{1}{4}x_2 + x_3 = 8$

$\dfrac{1}{5}x_1 + \dfrac{1}{5}x_2 + x_4 = 4$

$x_1 + 5x_2 + x_5 = 72$

$x_1, \ x_2, \ x_3, \ x_4, \ x_5 \geq 0$

　　進行第一步驟求得初始基解 $(0, 0, 0)$，其對應之表格則是

				↓ 進入				
	Z_1	Z_2	x_1	x_2	x_3	x_4	x_5	右端值
	1	0	-1	-3	0	0	0	0
	0	1	3	2	0	0	0	0
x_3	0	0	$\frac{1}{2}$	$\frac{1}{4}$	①	0	0	8
x_4	0	0	$\frac{1}{5}$	$\frac{1}{5}$	0	①	0	4
離開 ← x_5	0	0	1	⑤	0	0	①	72

樞位

由於第 2 列的消去成本均為非負的, 因此可斷言 $x^1 = (0, 0, 0)$ 之解使 Z_0 最大化。同時由於 $r_1^2 > 0$, $r_2^2 > 0$, 可得知其為唯一的。令 $c = 1$ 。接下來, 評斷兩個兩基解 x_1 及 x_2 使得 θ_1 及 θ_2 能滿足

$$\theta_2 r_2^1 \leq \theta_1 r_1^1$$

$$\theta_2 r_2^2 \leq \theta_1 r_1^2$$

其中 $\theta_2 > 0$ 表示 x_2 所能達到的最大值, 同時又能進入基解 (Basis), 保持一個**基本解** (Basic feasible solution)。這裡

$$\theta_2 = \min \left(\frac{8}{\frac{1}{4}}, \frac{4}{\frac{1}{5}}, \frac{72}{5} \right) = \frac{72}{5}$$

$$\theta_1 = \min \left(\frac{8}{\frac{1}{2}}, \frac{4}{\frac{1}{5}}, 72 \right) = 16$$

使得上述兩式確實成立, 也就是

$$\left(\frac{72}{5} \right)(-3) < (16)(-1)$$

$$\left(\frac{72}{5}\right)(2) < (16)(3)$$

因此，可將 x_2 引入基解，進而得到新的簡算表格（Tableau）。

	Z_1	Z_2	x_1	x_2	x_3	x_4	x_5	右端值
	1	0	$-\dfrac{2}{5}$	0	0	0	$\dfrac{3}{5}$	$\dfrac{216}{5}$
	0	1	$\dfrac{13}{5}$	0	0	0	$-\dfrac{2}{5}$	$-\dfrac{144}{5}$
x_3			$\dfrac{9}{20}$	0	①	0	$-\dfrac{1}{20}$	$\dfrac{22}{5}$
x_4	0		$\dfrac{4}{25}$	0	0	①	$-\dfrac{1}{25}$	$\dfrac{28}{25}$
x_2			$\dfrac{1}{5}$	①	0	0	$\dfrac{1}{5}$	$\dfrac{72}{5}$

此處得到之解為 $x^2 = \left(0, \dfrac{72}{5}\right)$。利用步驟㈥所示，判斷 x^2 是否為非支配解。問題型式為下：

$$
\begin{aligned}
\max \quad & Z_0 = d_1 + d_2 \\
\text{s.t.} \quad & x_1 + 3x_2 - d_1 = \frac{216}{5} \\
& -3x_1 - 2x_2 - d_2 = -\frac{144}{5} \\
& x \in X \\
& x_1, \ x_2, \ d_1, \ d_2 \geq 0
\end{aligned}
$$

此問題以線性規劃軟體求解可得解 $d_1 = d_2 = 0$，因此確認 x^2 是一非支配解。因此令 $c = 2$，表示已有兩個非支配解尋獲。

在比較第 1 及第 5 行中得到 $\theta_1 = 7$ 及 $\theta_5 = 72$ 使得

$$(7)\left(-\frac{2}{5}\right) = \frac{-14}{5} < (72)\left(\frac{3}{5}\right) = \frac{216}{5}$$

$$(7)\left(\frac{13}{5}\right) = \frac{91}{5} > (72)\left(-\frac{2}{5}\right) = \frac{-144}{5}$$

顯然無法由此評估何者應引入基解。但是引入 x_5 會導致已經計算過的表格，因此逐行引入 x_1，其計算後的表格為：

	Z_1	Z_2	x_1	x_2	x_3	x_4	x_5	右端值
	1	0	0	0	0	$\frac{5}{2}$	$\frac{1}{2}$	46
	0	1	0	0	0	$-\frac{65}{4}$	10	-47
x_3			0	0	①	$-\frac{15}{8}$	$\frac{1}{16}$	$\frac{5}{4}$
x_1	0		①	0	0	$\frac{25}{4}$	$-\frac{1}{4}$	7
x_2			①	0	$-\frac{5}{4}$	$\frac{1}{4}$		13

解答為 $x^3 = (7, 13)$，由於所有對應於第 1 列的消去成本均為非負值，故可知 x^3 使 f_1 最大化，故應是一非支配解，令 $c = 3$。此後由於 $r_5^1 > 0$，$r_5^2 > 0$ 因此知道一旦引入 x_5，則必得一被支配解（Dominated solution）。而引入 x_4，將得到已計算過的基解。因此整體尋求非支配解的計算，可告一段落。

利用手算表格的方式，進行多目標簡算法，將是一耗費時日的過程，而且出差錯的機會頗高，故一般均鮮以表格法計算非支配法。若以電腦軟體求解，則有 Steur 等人所發展的 ADBASE 軟體，可茲利用。可惜似未商業化，不若線性規劃的簡算法求解軟體的普遍。

第五節　結　論

多目標決策的研究及應用實例正蓬勃發展，求解的演算法也在快速的推廣中，不論是利用㈠微電腦迅速計算非支配解，或㈡透過決策者的參與找出最優解，都是極具挑戰性的問題。到目前爲止多目標決策已應用的範圍有：醫療，能源，運輸，都市計劃，生產管理，廠址選定，環境評估……等等，近年來更結合**模糊理論**（Fuzzy theory）建立更廣泛的應用領域。

就前面各節所述，應用多目標決策在生產及作業管理上，應可分成兩個層面。多評準決策方法可以實際運用在方案評估，投資評估，廠址選定等問題，只要候選的方案是有限的，均屬適用範圍。至於多目標規劃方法則可協助解決如生產規劃、運輸調配、能源使用比例等問題。只要是決策變數爲實數，候選方案衆多時，即可考慮採用之。但值得注意的是，目標與目標之間，或是各評準之間須是不協調的（Conflict），方能以多目標決策問題視之，否則各個目標全能化成同一評量尺度，則應是單一目標問題，而不必費心將問題太過複雜化了。

近來，臺灣地區由於社會多元化及環境保護意識抬頭，更是適合應用多目標決策分析法解決問題。例如產業發展的決策，常需兼顧最大效益及最小環境衝擊（核四，五輕，水泥業東移，……等等均是實例）。又如能源需求大增（如電力），一般民衆卻排斥高污染的能源資源的使用，因此如何決定各種能源資源（核能，燃煤，燃油）之間的配比，而能顧及效益及環保，亦是一多目標決策應用的佳例。總而言之，地球資源有限，而人類的期望卻日益增加，因此便造成了使用多目標決策的必然趨勢，相信人類能力之所及，必將解決多目標問題視爲重要目標。

習　題

1.何謂決策空間（Decision space）？何謂目標空間（Objective space）？

2.何謂多評準決策？與多目標決策有何不同？

3.ELECTRE 法的優於關係（Outrank）有何優點？

4.配對比較法有何缺點？

5.在第一節的例題中，若 ELECTRE 法的 p 值改為 0.5，對其答案求解有何影響？

6.試以圖解法求出下列雙目標規劃的非劣解。

max $\quad Z_1 = 4x_1 + 5x_2$

max $\quad Z_2 = 2x_1 + x_2$

s.t. $\quad 4x_1 + 9x_2 \leq 30$

$\qquad 7x_1 + 5x_2 \leq 32$

$\qquad x_1 + 2x_2 \geq 4$

$\qquad -x_1 + 6x_2 \leq 40$

7.以 ε－限制法求解以上之雙目標規劃問題。

8.以多目標簡算法求解第 6 題。

9.說明調和規劃法中，當 $p = \infty$ 時之求解步驟。

第四章　設施選址與佈置

　　中國的古諺有云:「近水樓臺先得月」,除了衍伸成追求者因地利之便而先得美人芳心的隱喻之外,也正道出了「距離」遠近的重要性。人類因行動的侷限性,受到空間距離的影響至鉅,由於空間的差距而有版圖之分,有文化差異、有語言的隔閡。同理,企業的經營決策中,位置的選定及細部的佈置方式,亦是首先面臨的問題。決策的好壞也常牽涉企業管理的成功與否,這種說法,不獨對製造業在決定其工廠、倉庫、或生產線的位置顯出重要性;對服務業而言,也常是重要的課題。

　　管理決策中的第一步往往就是設施的位置及佈置,位置及佈置的好壞,常能決定初步投資的多寡及成功與否,同時也對日後營運的經常成本,甚至是否招徠顧客,有舉足輕重的影響。舉近來甚為普遍的加盟店的經營為例,加盟店分店的擴張固然是企業成功的指標,但良好位置的分店店面更是加盟體系成功的保證,這些加盟店面(如速食店)在進行位置選定的時候考慮多項的因素,例如附近居民的生活型態,道路便利程度,是否在主要動線之交會處,附近是否方便停車等等,考量層面的周詳及完整,不僅為加盟事業的發展奠下良機,甚至可帶動周遭的發展,使周遭居民及交通型態改變,成為繁榮的指標。

　　本章即就企業經營中的設施選址(Location)及設施佈置(Layout)進行探討。其中設施選址表示企業設施的位置選定,偏向較宏觀的選址問題,例如倉庫設立的位置、零售店的分佈、及醫院的設置等等。而設

施佈置或設備佈置則是較微觀的位置選定的問題，主要針對工廠或公司內部的設備位置安排，例如工廠內生產機器的安排、維修部門的位置安排、及學校中分發信件中心的位置等等。其實兩者之間的宏觀抑或微觀尺度並無絕對的分野，面對問題的本質也相同，只要有關決策空間位置的決定，即應是本章的討論範疇。

然而就決策的層次而言，決定位址及決定細部佈置，確是分屬兩個層次。決定較大設施的位址及所在地，是宏觀的、也是策略性的決策，一般為較高層次的管理階層在投資評估階段的責任。而決定細部佈置及設備位置，則是作業管理的工作項目，較屬技術層次。也正因此，關心兩種位置決策的人員，略有不同。一般從事位址選定的不只是企業的高層經營者，其他如社區規劃、交通經建規劃、及戰略分析人士均屬之。而從事細部佈置的人士則包括工廠管理員、室內設計者、及建築規劃等。

第一節　設施位置及佈置之影響因素

在未從事定量方法討論設施位置及佈置之前，本節先就定性地、綜合性略述各項影響位置及佈置決策的因素與值得注意的課題。這些要項及考慮因素有下列幾項：

一、成本

所謂在商言商，就個別企業經營者而言，設置及佈置的成本，自然是首要考慮的因素。其中含固定成本，如土地購置、使用權取得、興建設施成本。變動成本如設施完成後的運輸成本、倉儲成本或租賃成本等，均是應整體核算的成本。這些成本常因地因區域而異，故在位址選定時，應特別做好背景調查及估算。

二、鄰近設施

除了計劃中將設的設施，其他鄰近的設施如交通設施、電力設施、通訊設施或政府規劃中的基本建設亦是值得注意的重點。這些鄰近的設施直接影響位置選定的成敗。周遭的環境設施齊全，可以相對地減少本身的投資量。此外，基本的交通建設也影響日後營運的方式及難易度。

三、政治因素

政治的影響程度，可大可小，但絕不容忽視，舉凡政權的穩定度、租稅的制度、優惠措施及年限等均可能造成選址的失敗；反之也能在設施選定後，成為獲利的決定因素。

四、經營環境

就企業經營環境而言，可分有利及不利兩層考慮。有利的經營環境包括上游原料供應的難易度、協力廠商的位置、顧客所在地等。在位置選定時，自然是以有利因素越多越佳，可以節省成本、時間及營運量。至於不利的因素除了為上述因素的反面之外，如商業競爭者的是否就在鄰近也是值得注意的。但是這些考慮常因時、因地、因個案而異，如某些類型的商店即會因聚集在一起（如傢俱街），進而吸引消費者集中消費，造成營運有利的環境。

五、環保法令

近年來，由於環境保護的意識昇高，許多設施的選定及興建都受到環境保護因素的影響，有些候選的廠址各方面的條件都符合理想，但卻可能因單一的環保考量，而功虧一簣。例如化工業、水泥業、鋼鐵業等在近年來的設廠歷程，即是明顯的例子。

六、人力因素

對需要較多就業人力的企業而言，人力的因素相當重要，人員的教育程度、數量的多寡甚至工作態度，均需加以考量。考慮人力因素對在不同國度中設立營運機構的企業而言，可能更為重要，因為還需留意語言、文化及工作習慣等問題。

七、其他因素

除了以上的影響因素之外，還有許多影響設施選址及佈置規劃的因素，如氣候、居民生活習慣、是否鄰近特別設施（如學校）等，雖是微小的影響因素，但卻常會因個案而異，造成決定性的影響。例如最近在臺南縣籌劃中的大鋼鐵廠，即將遭遇缺水的問題，由於近年南部地區氣候不同往常，加上消費日眾，本已缺水嚴重，一旦籌設需要大量水源的鋼鐵廠，自需考慮水源問題，否則再好的規劃可能也是徒負空言。

第二節　平面選址的數量方法

一、數學規劃模式

數學規劃法（Mathematical programming）是最佳化方法之一，將決策問題化成目標函數及限制函數的組合，然後求解。對設施位址問題而言，設施的平面座標 (x, y) 是所欲求取的決策變數，而限制式則可在限定的平面內任一選址。在稍後將討論限制較嚴的情況，也就是只在若干有限的候選位址中，選擇適合的設施位置。至於目標式則最具變化性，在此僅討論兩種類型，作為介紹。

首先我們定義目標函數是新設施到各相關點的距離的加權值之和

$$f(x, y) = \sum_{i=1}^{m} w_i d_i(x, y)$$

此處的 i 表示現有相關點的記號, m 表示其總數, 這些相關點的意義因個案而不同。若新設的是發貨倉庫, 則 i 點即表示第 i 個零售需求點, 而此新設的發貨點需能供應所有 m 個銷售的需求。函數 $d_i(x, y)$ 則表示第 i 個零售點到新設施位置 (x, y) 的「距離」, 這個函數的型態不同, 可代表不同的意義。同時, 也意味解題的難易程度不同。

至於 w_i 則是評估各種距離的衡量加權值, 它可以是重量, 也可以是運費, 也可以是其他的衡量值。因為 w_i 可以因不同的相關點 i 而異, 故其意義可以就個別需求點與新設施的關係, 而給予不同的數值。總之 $f(x, y)$ 是加權值 w_i 與「距離」相乘後所得的總和函數, 它意味著因選定位置 (x, y) 所帶來的效益或成本。當 $f(x, y)$ 表示效益時, 此問題就是一極大化 (Maximization) 問題; 反之當 $f(x, y)$ 表示成本時, 我們即在解一極小化 (Minimization) 問題。以下即以 $f(x, y)$ 為成本函數, 進行討論。一般的通式可寫成

$$最小化 \quad f(x, y) = \sum_{i=1}^{m} w_i [(x - a_i)^p + (y - b_i)^p]^{\frac{1}{p}}$$

此處的 $[(x - a_i)^p + (y - b_i)^p]^{\frac{1}{p}}$ 就是常用的「距離」函數, 其 p 表示乘方, 而 a_i 及 b_i 分別是第 i 個需求點的水平及垂直座標。在此先行討論 p 等於 1 的情況, 由於 p 值為 1, 故需加上絕對值, 方能表示「距離」。因此

$$最小化 \quad f(x, y) = \sum_{i=1}^{m} w_i (|x - a_i| + |y - b_i|)$$

是數學規劃模式中的目標式。加上絕對值之後的「距離」, 其實就是矩形距離 (Rectilinear distance), 又可稱為曼哈頓距離 (Manhattan distance),

表示距離的計算只能依平行於水平軸或平行於垂直軸作爲基準，就好像紐約的曼哈頓區中由於所有街道均垂直相交，且相互平行。因此由一地至另一地的距離，勢必需水平移動或垂直移動方能抵達。這樣定義而成的距離其實是兩個獨立函數相加而成，易言之，我們可分別求解以下兩個問題。

最小化　　$f_1(x) = \sum_{i=1}^{m} w_i |x - a_i|$　　　　及

最小化　　$f_2(y) = \sum_{i=1}^{m} w_i |y - b_i|$

　　因此，原先較大的問題可就此分解成兩個較小的最小化問題，以利求解。求解過程中，可先就水平距離爲主，求得設施的最佳水平位置 x，然後再就第二小題求取設施的最佳位置 y，然後兩者合併起來，即是設施的最佳平面位置座標。

　　求解的方式也有兩種，第一種是利用線性規劃的商用軟體，將絕對值的部分，透過虛擬的變數例如：

$$x - a_i = Z_i^+ - Z_i^- \quad Z_i^+, Z_i^- \geq 0$$

其中 Z_i^+ 及 Z_i^- 分別代表 $(x - a_i)$ 值中的正值或負值兩種情況。而目標函數中的絕對值 $|x - a_i|$ 即可由 $(Z_i^+ + Z_i^-)$ 表示之。

　　第二種求解途徑則是利用此問題的特性以圖解法進行求解。由於 x 值的改變會造成的目標值變化是線性的，因此可將總成本的變化與 x 值的改變之間的關係圖繪出，即可得具最小成本的 x 位置，以下即以一範例說明之。

例題一

　　如圖，設有一輸送帶路線計畫設在倉庫內，輸送帶路線由點 $(5, 0)$ 開始，並平行於 Y 軸進入倉庫。輸送路線上的物品進入倉庫內，在輸送帶尾端直接運送到點 $P_1(7,10)$，$P_2(15,7)$，$P_3(15,3)$，$P_4(12,0)$ 任一個卡

車停車站。我們要從輸送帶的設置成本與停車站的運輸成本作一些取捨，我們可以選擇一條很短的輸送帶，然後花費較高的運費運到停車站，或使用很長的輸送帶，然後花費較低的運費運到停車站，總之我們要尋找一個最佳狀況。

　　每一點的人工費（加權值）是輸送帶 180 元/公尺，P_1 為 160，P_2 為 40，P_3 為 60，P_4 為 140。試求出成本最低的一點，並算出最少需花費多少錢?

解:

$$f_2(y) = 180\,|\,y - 0\,| + 160\,|\,y - 10\,| + 40\,|\,y - 7\,| + 60\,|\,y - 3\,| +$$
$$140\,|\,y - 0\,|$$
$$= 320\,|\,y - 0\,| + 160\,|\,y - 10\,| + 40\,|\,y - 7\,| + 60\,|\,y - 3\,|$$

1.當 $0 \leq y \leq 3$ 時，

$$f_2(y) = 320y + 160(10 - y) + 60(3 - y) + 40(7 - y)$$
$$= 60y + 2{,}060$$

2.當 $3 \leq y \leq 7$ 時，

$$f_2(y) = 320y + 160(10 - y) + 60(y - 3) + 40(7 - y)$$
$$= 180y + 1{,}700$$

3.當 $7 \leq y \leq 10$ 時，

$$f_2(y) = 320y + 160(10 - y) + 60(y - 3) + 40(y - 7)$$
$$= 260y + 1{,}140$$

4.當 $10 \leq y$ 時，

$$f_2(y) = 320y + 160(y - 10) + 60(3 - y) + 40(7 - y)$$
$$= 580y - 2{,}060$$

由此計算及結果曲線顯示，不須建立輸送帶是最經濟的方式。讀者可將輸送帶的單位成本調整，視此最佳解是否改變。

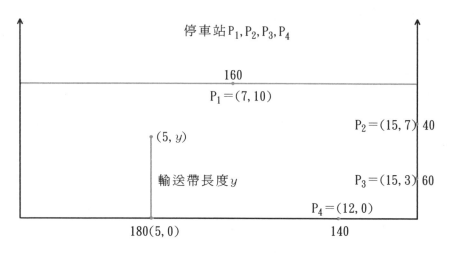

停車站 P_1, P_2, P_3, P_4

160

$P_1 = (7, 10)$

$P_2 = (15, 7)$ 40

$(5, y)$

輸送帶長度 y

$P_3 = (15, 3)$ 60

$P_4 = (12, 0)$

$180(5, 0)$　　　　　　140

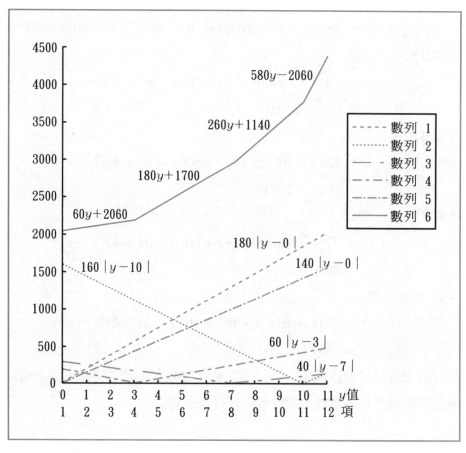

$580y - 2060$

$260y + 1140$

$180y + 1700$

$60y + 2060$

$180 | y - 0 |$

$160 | y - 10 |$

$140 | y - 0 |$

$60 | y - 3 |$

$40 | y - 7 |$

數列 1
數列 2
數列 3
數列 4
數列 5
數列 6

y 值
項

　　另外一種目標函數是由歐幾里德距離所構成，以兩點之間的直線距離表示距離函數，換言之 $f(x)$ 可寫成

最小化　$f(x, y) = \sum_{i=1}^{m} w_i [(x - a_i)^2 + (y - b_i)^2]^{\frac{1}{2}}$

　　理論上此非線性的目標函數，須由非線性規劃方法（Non-linear programming）求解，進而造成求解上的困擾。但另有一常用的方法為懷士斐爾德（Weiszfeld）所提出，故稱之為懷士斐爾德法（Weiszfeld algorithm）。在此章則不詳述，有興趣的讀者可參考專書。

　　然而將上一問題略為簡化後，可將最小化問題改成

最小化　$f(x, y) = \sum_{i=1}^{m} w_i [(x - a_i)^2 + (y - b_i)^2]$

　　經過對 x 及 y 分別地偏微分後，可發覺此最小化加權距離問題的解，其實正是所謂的重心位置（Centroid），換言之若將各點所在位置 (a_i, b_i) 上置以一質量為 w_i 的物體，則可得其重心位置 (x, y) 正是此問題的最佳解。因此我們可得問題之解的表示式。

$$x = \frac{1}{W} \sum_{i=1}^{m} w_i a_i$$

$$y = \frac{1}{W} \sum_{i=1}^{m} w_i b_i$$

　　其中大寫的 W 為權重之和，也就是 $\sum_{i=1}^{m} w_i$。若以上述之例題求解，可得最佳解。其計算過程，就有如在各個點質量之間求取重心一般。

二、積分評判法

　　當考慮設施位置時，經常由於其他非經濟因素的影響，僅能得到有限的候選位址以供選擇。例如都市計劃的分區，用電及用水的取得，或僅限於有優惠措施的工業區內等等，均能使設施位置選定時，祇須考慮有限的幾個位置，因此在分析時，僅須就少數的位址進行評估，然後做成決策。

積分評判法即是應用於當候選位址極爲有限時的較佳方法，其基本精神是當非成本及不易量化的因素如環保因素、勞力、優惠措施等因素存在時，即適用於此方法。今假設某公司決定在 3 個地點擇一較佳的位址興建廠房，而評估的因素中除了成本之外，尙有作業便利性、勞工、能源，及社區因素等共 5 項。這些不可化成成本的因素分別有其重要性：

作業便利性：是否接近原料市場，是否接近協力廠商，是否有便利的交通設施等皆是考慮的重點。

勞工：考慮勞工的素質，工會的健全性及流動性。

能源：能源如電力等是否不虞匱乏及穩定度。

社區因素：附近居民的生活習慣及風俗、社區的發展前景等。

評估的過程可將以上 5 項因素分別就三個候選位址進行評分，評分時特別留意非成本的因素，可利用相對的尺度進行評估，例如前章論及多評準方法（Multi-attribute）時的 ELECTRE 法或 AHP 法均能應用。

一旦取得各候選位置的個別評分後，即可進行綜合加總積分，以作爲評判孰者較優的決策。假設其個別評分矩陣爲 s_{ij}，$i = 1$, 2, 3 而 $j = 1$, 2, $\cdots$, 5，其中 i 表示 3 個候選方法，而 j 則表示評選時所考量的各項因素。各候選位址的**總積分**（Total score）則可表示成

$$Ts_i = \sum_{j=1}^{5} w_j s_{ij} \quad i = 1, 2, 3$$

此處的 Ts_i 表示第 i 個候選位址的總積分（Total score），分別比較排序之後即可得到較佳的設施位置。

第三節　設備佈置與空間決策

事實上不論是**設施位置**（Location）或是**設備佈置**（Layout），都是有關於空間的決策，只要牽涉到空間的位址，不論是絕對的位置或是相

對的位置，其問題的基本論點都是一致的。亦即，設備或是設施的所在地及其相關設施的位置，需待決策。決策中，需考慮該設施或設備的功能、角色、使用人，及重要性，並涉及與其他相關設施的關連性、相互影響及交相往來的密切程度。這些決策在不同的學問領域有著不同的發展重點，行銷學可能以市場區隔來進行探討，交通管理則以運具決定做為重點，儲運學則以配銷點為重要決策變數，而工業管理則稱其學問為工廠佈置。

此外，可以企業或工廠內部或外部做為分野，討論企業外部的、較為宏觀的、較偏重於大型設施的決策，在前兩節中，以設施位址之名進行討論；反之較屬於企業內部的、較為微觀的、較偏重於中小型設備（Equipment）的決策類型，將在未來兩節中，進行探討。這些討論不僅可用於工廠佈置，亦可應用於企業中其他的設備安排及室內空間規劃。

一個成功的設備佈置，將兼具成本較小、操作容易等優點，以下即是幾個良好設計的參考準則：

㈠場地最大利用。

㈡較少的人工搬運。

㈢較少不必要的裝卸及搬運。

㈣最小的運輸距離。

㈤最少的在製品。

㈥搬運及裝卸時間最少。

㈦噪音、灰塵及其他公害影響最少。

㈧流程路線單純化。

㈨重視各部門間之相關性。

㈩預留擴充空間。

一、設備關連性指標

一般利用相關圖（Relationship chart）表示各設備、各部門之間的關

係。使用相關性英文字母表示部門中各設備之相關性及重要程度，字母
A、E、I、O、U、X被填入類似以下的菱形圖中。同時並以阿拉伯數字
做爲代號，用以評述其間的關連屬性。下圖中兩兩部門的相關性由一菱
形空格顯示出來，上方的三角形填以英文字母，而下方則以評分代號數
字1～8表示：

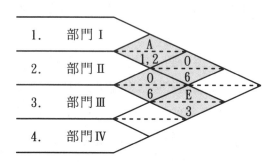

字母	意　　義
A	絕對必要
E	特別重要
I	重要
O	一般關連
U	不重要
X	不要關連

代號	理　　由
1	用共同記錄
2	用共同人員
3	有共同的空間
4	文件往返多
5	人員溝通多
6	工程流程順序
7	有相似工作
8	有相互危害可能

　　這種相關圖事實上是一種定性的描述，用以了解相互關係的程度，
其中英文字母A、E、I、O、U、X因分別爲英文的字頭，因此不可更
改，以免造成溝通上的誤解。至於數字代號則因應用場合的不同，有改
動的空間。這種關係圖，只描述兩兩設備或部門間的關係，具有指標的

效果，但無法指示方向性，至於，進一步的指出部門至部門的流動性及量化的效果則需由流動關係圖方能顯示。

二、流動關係圖

流動關係圖建立部門間實質傳遞文件、訊息、人員、原料及產品的量化關係，其間並有方向性。舉例而言，我們研究部門 A 及部門 B 之間的關係不僅要考慮自部門 A 流向部門 B 的文件、原料及產品等之總量，同時需考慮逆向的自部門 B 流向部門 A 的流量。因此兩兩部門具方向性的流量程度即可建成一類似矩陣型態的資料 $[F_{ij}]$。

其中 F_{ij}，i，$j = 1$，$\cdots$，n，表示部門 i 到部門 j 的流量，而 n 為部門的總數。部門並無自己流向自己的情況，因此 $F_{ii} = 0$。F_{ij}的計算方式，可以下式說明：

$$F_{ij} = \sum_{k=1}^{p} N_k M_{kij}$$

此處 k 為產品類別，表示共有 p 種最終產品，N_k 代表單位時間內生產第 k 種最終產品的數量，而 M_{kij}則表示第 k 種最終產品的製造流程中，需由部門 i 到部門 j 的流動量。因此兩者相乘後，再就不同產品製造需要相加之後，即可得單位時間內部門 i 到部門 j 的總流量。

同時，值得留意的是在設備佈置規劃時，需考慮 i 到 j 以及 j 到 i 兩種方向流量的總和，也就是 $F_{ij} + F_{ji}$。方能獲得總體部門 i 與部門 j 的流量關係。

第四節　設備佈置規劃方法

設備佈置規劃與前述設施位址規劃略有不同，此處較著重設備及設備之間的密切關連。前述的一對一或一對多的關係，例如倉庫及零售點

的空間關係。在此已進入兩兩之間交錯複雜的密切關係。在解題方法，自然格外不易。事實上，目前並無完整的數學解析方法可資應用。實用上，甚至以紙片（Template）依設備所需的面積或空間，做成比例大小的形狀，粘貼在所有的空間上，進行初步評估，然後移動紙片，以求得較佳的設備佈置規劃。這種方式，頗似建築設計或室內設計中的評圖過程，可使不同決策者明瞭空間的相關位置，然後提出修正或修改。

　　本節則略過此種紙片製作及粘貼的方法，討論啓發漸進解法、電腦軟體及指派規劃方法，系統性地介紹設備佈置規劃方法。

一、啓發漸進解法

　　如果將設備佈置規劃問題視為最佳化（Optimization）問題，則應是一非線性規劃的問題。因為設備的位置及兩兩之間的「距離」均將納入成本函數中，以評量該佈置是否為一較優之佈置。而一如前述「距離」本身即是位置的非線性函數，如何將之以解析（Analytical）的方式，並結合前節之關係圖，寫成各個佈置方案的成本函數，是一難題，更遑論尋求適當的解題演算法以求得最佳解了。

　　因此一般遇此問題均以啓發式的漸進解法，將問題分成較小的問題逐步求解，其求解的過程與邏輯，可以下圖表示。

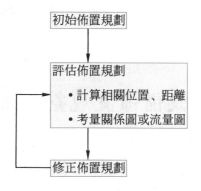

　　一般初始佈置規劃是先選取局部較爲重要的部門或部門關係圖建立的。例如將與其他各部門互動最頻繁的部門置於場地的中央即是經常的做法。其次就現有的佈置，進行計算，估計相關距離及成本，並利用部門間的關係圖及流量圖估算之。第三步驟是利用某些啓發法則（Heuristic），修正佈置，一般常用的原則是「局部」修正規劃，例如兩三個部門的互換位置，期能是成本函數變小或是效益函數增大。事實上步驟二及步驟三是漸進迭代的方式（Iteration）進行的，直到佈置規劃進入可接受的門檻，方才停止。事實上前述的紙片（Template）粘貼法也是此一邏輯的化身，只不過是以具象的方式爲之，由決策者以目視佈置規劃做爲評量佈置優劣的基準。而下節所介紹的電腦解法，基本上亦是依此邏輯爲之，只不過是充分利用電腦的高速計算能力，使得啓發漸進求解的過程加速而已。

二、電腦化佈置規劃

　　運用電腦的高速搜尋及計算能力，可以有效的幫助設備佈置的規劃，特別是個人電腦大量盛行以來，電腦協助設備佈置規劃，已成了不可避免的趨勢。本節僅介紹幾個常用的應用軟體，而不細究其計算方法及過程，有興趣的讀者可以參見其軟體使用手冊及相關的文獻。

　　軟體中 CRAFT（Computerized Relative Allocation of Facilities Technique），最早出現於 1963 年，是相當廣泛使用的軟體，利用物料的流量矩陣、搬運成本，將兩兩部門間的搬運成本最小化做爲目標。藉著部門或設備間的成對互換，而逐步改進設備佈置。

　　CRAFT 的輸入資料包括了：

㈠起始佈置圖。

㈡流量（Flow）資料。

㈢成本資料。

㈣固定部門的數目及位置。

CRAFT 將會搜尋較佳的佈置規劃，直到其總成本無法降低爲止。由於其基於實質物流成本的考量，可被歸類爲完整的計量解法。

ALDEP（Automated Layout Design Program）以及 CORELAP（Computerized Relationship Layout Planning），則著重於佈置的結構，依照關係圖（Relationship Chart）及評分等第，考量部門間關係的深淺，進行佈置規劃。ALDEP 是由 IBM 開發成功，最早見諸於 1967 年，由 Seehot 及 Evans 所發展的。ALDEP 可處理 60 個以上的部門設計，並規劃多層樓房的立體佈置，其輸入的資料則包括了部門數、部門所佔面積、各部門的相關關係圖、各樓層的限制大小等等。

CORELAP 則由 Moore 及 Lee 最早於 1967 年發表，亦是應用關係圖及其評分（Rating）做爲評斷設備佈置的基準，處理的部門數目可高達 70 個。整個設備佈置的計算過程是依關係圖與鄰近評分值（Closeness rating），進行部門的安插及配置，越是重要的部門關係，越受到重視，也越先進行位置選定。目的是在使總鄰近評分值最大化（Total closeness rating）。

綜而言之，CRAFT 是植基於流量關係，進行的定量化分析；而 CORELAP 及 ALDEP 則以關係鄰近評分作爲基準，尋求最佳設備佈置，量化分析的程度較低，其鄰近評分的可信度也較易受到挑戰。

三、設備指派規劃

設備佈置問題可以相當程度的簡化，使之較易求解。一般文獻中較常提及的方式，即是將設備佈置問題視爲指派問題（Assignment problem）。換言之，將可置放的空間，事先分隔成幾個特定的區域或相關位置，然後再將相當數目的設備指定到這些特定的區域之中。如此，問題即可化簡成一指派問題，其數學形式如下：

最大化 $E = \sum\limits_{i \neq j}^{n} \sum\limits_{j=1}^{n} e_{ij} x_{ij}$

限制式為 $\sum\limits_{i=1}^{n} x_{ij} = 1$ $(j = 1, 2, \cdots, n)$

$\qquad\qquad \sum\limits_{j=1}^{n} x_{ij} = 1$ $(i = 1, 2, \cdots, n)$

其中 e_{ij} 為效益係數，表示第 i 部設備置於第 j 區域中的效益。而 x_{ij} 為零壹整數變數，當 $x_{ij} = 1$ 時表示第 i 設備被置於第 j 個位置上，反之，當 $x_{ij} = 0$ 時則否。

　　事實上，效益係數是新設備置於某位置上的效益，一般可表示對原有既存設備或部門間因鄰近而產生的效益。例如，有三部機器 A、B、及 C 將置於工廠中，則其與現有 5 部機器的相互關聯性，與其所置的位置，有密切的關係，這種關係以效益係數表示出來後，即可以線性規劃應用軟體求解之。其中

$$[e_{ij}]_{3\times3} = [T_{ij}]_{3\times5} \times [D_{ij}]_{5\times3}$$

$[e_{ij}]_{3\times3}$ 為效益矩陣，$[T_{ij}]_{3\times5}$ 為交通矩陣，其間的元素 T_{ij} 為第 i 個設備到第 j 個現有設備的交通量或影響程度。而 D_{ij} 則是第 i 個現有設備所在位置到第 j 個未定區域的距離。兩者相乘即可得效益矩陣，最後則代入指派問題中，進行求解。一般指派問題可利用**匈牙利法**（Hungarian）求解，或逕以商用的線性規劃軟體求解之。

第五節　結　論

　　不論是設施位址還是設備佈置，都是探討位置所在的相關決策，其原理及基本精神應是相類似的。然而由於空間與成本的關係相當複雜，

有時更加入時間的因素，使得問題的解決，仍在進步的階段。相關的決策，常須由人類判斷輔以決策的工具及方法，方能完成。展望未來，由於科技及文明的進展，雖使得空間的距離感縮小，天涯若比鄰的感覺日益加深；但是有關設施位置及佈置的決策內容卻日形擴大，由過去的區域觀點，演變成今日的全球觀點，相信未來仍有許多機會與挑戰。

習 題

1. 設施佈置須考慮的因素有哪些?

2. 國外設廠的特點為何? 與在國內設廠的考慮要素有何不同?

3. 求解設施區位時,僅考慮水平或垂直距離有何優缺點?

4. 在地圖上確立臺南、嘉義、竹山、斗南、埔里等地的位置, 假設各需求中心的需求量依序為 100, 80, 60, 80, 40, 求 解一最適當的倉儲地點做為發貨中心的所在地。

5. 工業設廠的區位選擇問題與服務業的區位選擇有何不同?

6. 以就讀學校之空間位置以及各科系的往來郵件處理量,試決 定最佳的收發 (信件) 中心的位置?

7. 就貨櫃吞吐量而言,高雄港和基隆港與其他太平洋環圍各港 (如新加坡、上海及香港等) 各有何競爭優勢?

8. 工廠內部設備佈置的設計方法能否應用在服務業,甚或一般 室內設計?

第五章　網路分析及路徑規劃

　　網路分析（Network analysis）及路徑規劃（Route selection）早期應是運輸管理的重要問題，但是近來由於企業的整合以及重新定位，現在也是企業管理中作業管理的重要一環。這幾年來，物流業在臺灣迅速地興起，亦帶動了多數人對這門學問的重視，如何做好配送、包裝、分選、運送、車隊規劃，便成了一時的顯學。所謂「貨暢其流」的理想，要待實現，就更須講究網路分析學問的應用，以及發揚光大了。網路及配送系統的良窳，就好像人類輸送血液的循環系統是否健康一樣，如果沒有健康的血液系統將養份輸配給身體各部門，則很難有健康的身體。人類社會的貨物配送亦是相同的道理，如何適時、適法、適途徑的將貨物運送到消費者手中，是一門高明的學問及藝術。

　　事實上，將網路分析應用在實體貨物的輸運及配送之外，晚近，為求環境保護的更高效果，亦可將這門學問用在廢棄物或污染物的回收及處理上。兩者的功用，就如同人體的動脈及靜脈網路系統一般，使得社會運作保持平順、健康。

　　網路分析的應用例子很多，以下就舉幾個例子：

1. 就現有兩城市連接的運輸網路中，求解最短的路程。
2. 求解煤礦與發電廠每年輸送煤漿最大量的管路網（煤漿可利用水泵由煤礦區輸送至目的地）。
3. 求解自油田至煉油廠，以至於最後分配中心具有最低運送成本的

流程。原油及汽油產品的輸運可利用運油輪，油管或卡車。除油田最大供應能量及分配中心最低需求量以外，煉油廠的能量限制以及運輸型態都應一併考慮。

根據以上各種代表性範例的檢討，可發現應用的問題一般可歸納為下列三種基本模式：

㈠最短途程模式（Shortest route model）如情況 1.。

㈡最大流量模式（Maximum flow model）如情況 2.。

㈢限量網路最小成本模式（Minimmum cost capacitated network model）如情況 3.。

以上所述各項情況，都是考慮物體運送的空間距離，但是在很多應用方面，問題中的變數也可代表其他性質如運送時間或是資金的流動等。本章除了第一節介紹網路分析的一般術語之外，就依上述三種問題類型進行討論。

至於路徑規劃問題，則簡單介紹兩種基本的路徑規劃問題，包括了旅行推銷員問題（Traveling salesman problem）以及中國郵差問題（Chinese postman problem），最後一節則簡略討論求解車隊路徑規劃問題的基本型式，作為全章的結尾。

第一節　網路分析的術語

在圖論（Graph theory）的術語中，圖（Graph）或網路是由一組稱為節點（Nodes，簡稱點）以及連接各點的線所構成，連接每對節點的線稱為枝（Arcs，或「線」）。通常加圈字表示節點，而連接各點的線路則為枝。合乎此廣義的網路定義的系統有很多，如表 5–1 即為一些典型的例子。

表 5-1　數種典型網路之成分

節　點	枝	流通物
交叉路口	道　路	車　輛
機　場	航　路	飛　機
電信局	電線傳送途徑	電　訊
抽汲站	管　路	液　體
工作中心	加工路線	零　件

　　每對節點，若能連通的圖形，稱爲連圖 (Connected graph)。無閉鎖之環的連圖稱爲樹圖 (Tree)。若有 n 個節點之圖，且有 $(n-1)$ 枝而又無環（此圖爲樹），則將這些性質的圖稱爲展樹 (Spanning tree)。

　　圖的各枝若有方向，其中一節點稱爲起點，另一節點稱爲終點，則稱此枝爲有向 (Oriented 或 Directed) 枝。若圖的各枝皆爲有向，則稱該圖爲有向圖 (Oriented graph)。有向圖之各枝的方向爲該各枝流通的可行方向。然而，網路未必有向，因可能其雙向均可流通。一枝在某一方向的流通容量 (Flow capacity)，是該枝流通量的上限。例如橋樑（道路）的載重上限，水管的孔徑等等皆是。圖論的應用領域很廣，除了運輸管理之外，還包括有電訊傳播、流線管制、生產線佈置、……等等。

第二節　最短途程問題

　　最短途程問題的目的，是在運輸網路中尋求一個由起點至終點連接路徑組成的最短路程。專案管理中常用的關鍵路徑 (Critical path) 亦是類似的問題，只不過它所求得是途程最長的路徑，並稱之爲關鍵路徑。本節首先說明可利用最短途程模式求解的其他應用問題，然後在應用問題之後討論求解方法。

一、最短途程問題應用之例

例題一　裝備更新問題

　　某貨運公司對於所屬車隊擬定一項五年的更新計劃。表 5-2 為每車的更新成本（單位千元）及使用的年齡。更新成本中包括購買成本、老舊售出殘餘成本，以及維護成本。

表 5-2

	1	2	3	4	5
1		4	5.4	9.8	13.7
2			4.3	6.2	8
3				4.8	7.1
4					4.9

（左側標示「年限」）

　　下列網路可以代表此車輛更新的流程。每年以一個節點表示，連接兩節點的弧線長度表示表 5-2 中車輛的更新成本。圖 5-1 將此問題簡化為網路分析問題，用以求解節點 1 至節點 5 的最短路線，然後可得最具效益的車隊更新計劃。

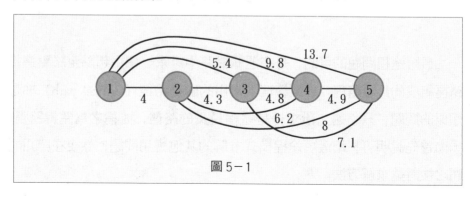

圖 5-1

本題在求解之後的最適途徑為 $1-2-5$，全部成本為 $4+8=12$ 仟元。此項結果說明每輛車應在使用 2 年後翻修，使用五年則予報廢。

例題二 最可信賴的途程

某運送化學廢料的公司，負責將該廢料自地點 1 送往地點 7，假設以下是各可能途徑的安全度（可靠度）以網路圖表示。其中各路線不發生事故的機率，P_i。

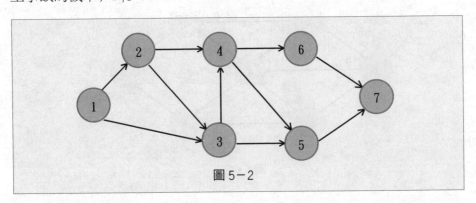

圖 5-2

若欲求最可靠的路徑，即是求地點 1 到地點 7 之間路徑機率乘積的最小值。

min $\prod_{i \in k} P_i$

其中 k 為可能路徑（Possible paths）中枝（Arc）的集合。上式可在取對數後化為

min $\sum \log (P_i)$

的問題。而此問題也正是另一種形式的最短途程的求解問題。因為發生事故機率的對數之和若為最小，則該運送路徑最為安全。

二、最短途程的求解

本小節將介紹網路分析中求最短途程的方法，此法屬於一種遞迴計

算（Recursive computation）的方法。爲求說明方便，我們直接以例題說明之。

　　圖 5-3 中網路之節點 1 爲起點，節點 7 則爲終點。注意，因其中並無連線連接回節點本身，此項網路並非環迴型。

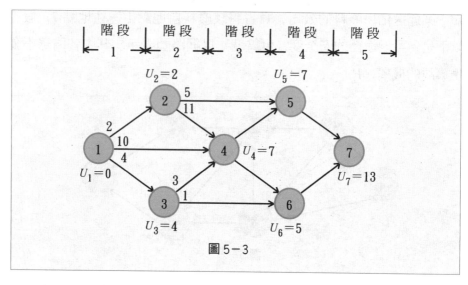

圖 5-3

在說明計算方法之前，符號的定義如下：

d_{ij} ＝ 網路中鄰接節點 i 與 j 之間的距離

u_j ＝ 由節點 1 至節點 j 的最短距離，其中 $u_1 = 0$

而 u_j 的遞迴計算公式爲

$$u_j = \min \begin{bmatrix} \text{自節點 1 到達前面緊鄰節點 } i \text{ 的最短距離} \\ \text{加上} \\ \text{現在節點 } j \text{ 與它前面節點 } i \text{ 之間的距離} \end{bmatrix}$$

$$= \min \left[u_i + d_{ij} \right]$$

上列公式中到達節點 j 的最短距離，只有在計算緊鄰節點 j 之前所有節點 i 的最短距離之後，才可得出最小值，並令之爲 u_j。

　　設由節點 1 開始，我們可以看出在此處只有 u_2 及 u_3 可以計算（雖然節點 4 與 1 相連。但 u_4 之計算必須等到 u_2 及 u_3 已知之後才可計算）。

計算程序按步驟進行如下：

階段一： $u_1 = 0$

階段二： $u_2 = u_1 + d_{12} = 0 + 2 = 2$（由節點 1）

　　　　 $u_3 = u_1 + d_{13} = 0 + 4 = 4$（由節點 1）

階段三： $u_4 = \min [u_1 + d_{14}, u_2 + d_{24}, u_3 + d_{34}]$

　　　　　　 $= \min [0 + 10, 2 + 11, 4 + 3] = 7$（由節點 3）

　　根據上項計算由左而右，逐一的計算各點的 u_i 值，最後可得起點至各點的最短途程，其中由節點 1 至節點 7 為 13，路線則可經由反推而得 1→2→5→7。

　　上項計算方式之特點在於它採用一種遞迴的計算方式，其特性是利用到達前面節點的最短距離，然後據之算出該點的最短距離。例如節點 5，u_5 的計算是根據節點 1 至節點 2 與 4 的最短距離，即 u_2 與 u_4。如此持續的利用緊臨的節點的計算結果，可以建立前述的演算程序，在演算方法（Algorithm）及程式寫作上，這種遞迴計算的程序可納入一模組型態使用之，有利用運用計算機求解。

第三節　最大流量問題

　　假設我們想儘可能的由起點 O 將資源（物品）運到終點 T。而圖 5－4 表示 O 與 T 之間的道路網，各線旁所表示的數字為所能運送貨品量的上限（如車次，航次），例如 A 到 D 的上限是 3，而 D 到 A 的上限則為 0。

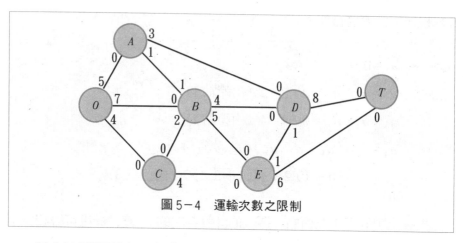

圖 5-4　運輸次數之限制

　　最大流量問題中，有唯一的起點及唯一的終點。假定起點及終點以外的每一節點皆遵守流量守衡（Conservation of flow）（即節點流入量與節點流出量相等）。設由節點 i 至 j 沿枝 (i,j) 的流通量，不可超過特定流通容量（Flow capacity）c_{ij}。求解之目標即在於求取由起點至終點的最大總流量（Maximizes the total flow）。

　　雖然，最大流量問題常可製作為線性規劃問題模式，繼而用簡算法解之。但由於此類問題具有的特性，可以數種比簡算法更具效率的演算法求解。在此即介紹一種求解程序，在此程序下，每次僅須選定由起點至終點的路徑，在此路徑上配置最大可行流量，如此繼續增加流量，直至無法找到正向流通量之路徑為止。此外，每當在某枝某方向分配一流量時（其剩餘流通能量將隨之減少），該枝反方向的剩餘流通容量則予同量增加。總之，此演算法之每一階段包含下列三步驟：

最大流量問題之演算法

　　㈠尋求由起點至終點具有正向流通容量之路徑（若無法找到任何路徑，則已得最優流量型態）。

　　㈡由此路徑各枝中尋求各枝所剩容許流通量之最小者（以 c^* 表示此容許量），將此路徑之流量增加 c^*。

　　㈢將此路徑每枝的剩餘流通容量減少 c^*，將此路徑各枝反方向的剩餘流通容量增加 c^*。返回步驟㈠。

例題三

　　將此演算法應用於圖 5-4 的運輸問題上，各階段計算結果如下。其中各枝上所列數字爲剩餘流通容量（Remaining flow capacities）。

階段一：分配流量 5 予 $O \rightarrow B \rightarrow E \rightarrow T$，得下列網路

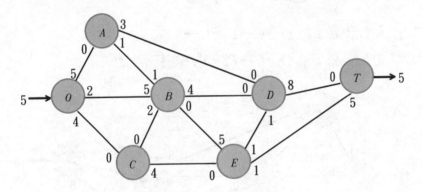

階段二：分配流量 3 予 $O \rightarrow A \rightarrow D \rightarrow T$，並更新（Update）各弧之正逆向的流通容許量，得下列網路

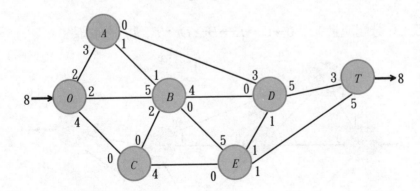

階段三：分配流量 1 予 $O \rightarrow A \rightarrow B \rightarrow D \rightarrow T$。

階段四：分配流量 2 給 $O \rightarrow B \rightarrow D \rightarrow T$，得下列網路

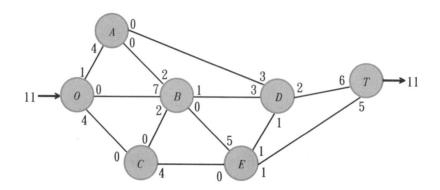

階段五：分配流量 1 給 $O \rightarrow C \rightarrow E \rightarrow D \rightarrow T$。

階段六：分配流量 1 予 $O \rightarrow C \rightarrow E \rightarrow T$，得下列網路

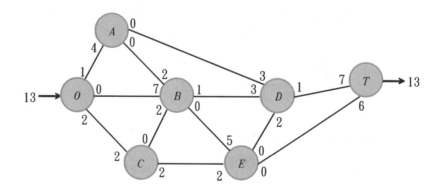

階段七：分配流量 1 予 $O \rightarrow C \rightarrow E \rightarrow B \rightarrow D \rightarrow T$，得下列網路

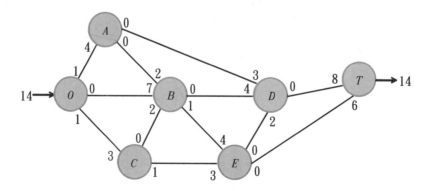

至此已無正向流通容量的路徑。因此，目前的流通型態已是最優解。

將各階段指定的流量相加，即可得最終之網路流量。除了最大總流量之外，亦可知各枝中之流量型態，圖 5－5 所示即爲最優流通型態。

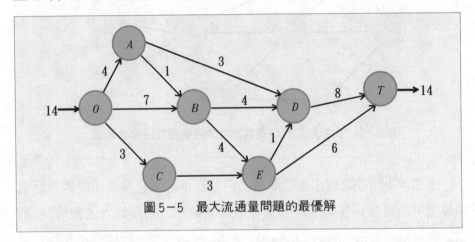

圖 5－5　最大流通量問題的最優解

在階段六完成時，若僅由左至右尋找路徑，似已無正向流通容量之路徑（因 $E \rightarrow B$ 路徑之眞實流通量爲零）。但若考慮反向時，則可由階段六完成時的網路中再增一流量分配：在階段七分配流量 1 於 $O \rightarrow C \rightarrow$ $E \rightarrow B \rightarrow D \rightarrow T$。此項流量分配實際上在撤銷階段一所分配流量中之一單位（$O \rightarrow B \rightarrow E \rightarrow T$），而代之以在 $O \rightarrow B \rightarrow D \rightarrow T$ 及 $O \rightarrow C \rightarrow E \rightarrow T$ 二路徑各分配一單位之流量。

在處理巨大網路時，困難的部分在於尋找起點至終點間有正向流通容量之路徑。克服之法在於自起點處逐步徹底搜索可能之節點及可行流量，而不要僅限於由左而右的方式尋找可行流量。如此持續找出仍有剩餘容許流量的所有節點，即可得一展樹，此樹之節點爲由起點循正向流通容量之路徑到達的所有節點。茲以上例階段六完成後之網路爲例，如圖 5－6 所示。

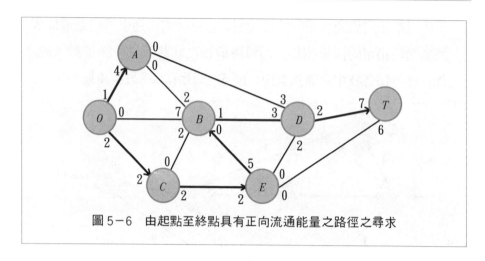

圖 5-6　　由起點至終點具有正向流通能量之路徑之尋求

　　雖然以上所述之程序頗為簡單。但若能不經徹底搜尋即能確認已求得最優解則更佳。在網路理論上有一重要定理，稱為最大流量/最小割值定理（Max-flow min-cut theory），割集（Cut）是一組切開由起點至終點有向枝的鍊所構成的集合。而割集各枝的流通容量之和，稱為割值（Cut value）。最大流量/最小割值定理即：就單一起點和單一終點的網路而言，由起點至終點的最大可行流量（Maximum feasible flow），會等於該網路的最小割值。若令 F 表示任一可行流通型態中由起點至終點的流量，則存在一割值為 F 的一上限。更進而言之，這些割值中的最小者即等於 F 的最大值。若簡要敘述則為

最大流量（Maximum flow）＝最小割值（Minimum cut value）

　　所以，若能在網路中求得一割集，將起點和終點分開，而其割值等於上述求解階段中之一的對應 F 值，則該階段流通型態即為最優。

第四節　以數學規劃解網路問題

最短路徑與最大流量問題都可列成混合整數規劃求解，但是由於網路問題本身的特性，使用簡算法求解並不是最有效率的方式。我們甚至可以將某些特殊線性規劃的問題化成網路問題，然後以特別的網路分析的演算法求解，也許會更有效率。反之，由於個人電腦的普及與運算速度的提高，將網路分析問題化做零壹整數規劃問題，以便利用如 MPSX, LINDO 等軟體求解，亦是另一趨勢。

典型最短途程問題的線性規劃模式可建立如下：

變數 x_{ij} 對應於 i 節點到 j 節點之線，$x_{ij}=1$ 表示該線屬於最短路徑。反之 $x_{ij}=0$ 表示該線不在最短路徑上。一個具有 n 個節點的最短途程模式可列為：

$$\min \quad \sum_{\substack{網路中 \\ (i,j)}} \sum d_{ij} x_{ij}$$

$$\text{s.t.} \quad \sum_{\substack{網路中 \\ (1,j)}} x_{1j}=1 \quad （起點）$$

$$\sum_{\substack{網路中 \\ (i,k)}} x_{ik}=\sum x_{kj} \quad （所有 k\neq 1 \text{ 或 } n）$$

$$\sum_{\substack{網路中 \\ (i,n)}} x_{in}=1 \quad （終點）$$

$$x_{ij}\geq 0 \quad 所有 i 及 j$$

上項混合整數規劃模式可用以求解最短途程問題，其中假設一個單位流量由節點 1 至節點 n。第一個與最後一個限制條件說明離開點 1 的全部流量（所有變數和）為 1，同時終點節點 n 所接收的全部流量也是

一個單位。在中間的任一節點 n 所接收及所流出的數量相等。模式之目標是要求該單位流量所經途程總距離必須最短。

上列的模式中只有在 $x_{ij} = 1$ 或 0 時才有意義，然而我們在線性規劃模式中，卻不必硬性規定 x_{ij} 爲 0/1 變數。因爲此項模式具有**完全單元性質**（Totally unimodulary property），此性質可保證數學規劃之解恆爲 x_{ij} ＝0 或 1。

最大流量問題亦可依同樣方法列成數學規劃模式。模式中以 y 代表開始節點 1 與最終節點 n 之間的流量，而符號 x_{ij} 代表連線 (i, j) 中的流量，線性規劃模式爲：

$$
\begin{aligned}
\max \quad & Z = y \\
\text{s.t.} \quad & \sum_{\substack{網路中 \\ (1, j)}} x_{1j} = y \qquad （起點） \\
& \sum_{\substack{網路中 \\ (i, k)}} x_{ik} = \sum x_{kj} \qquad （所有 k \neq 1 \text{ 或 } n） \\
& \sum_{\substack{網路中 \\ (i, n)}} x_{in} = y \qquad （終點） \\
& 0 \leq x_{ij} \leq u_{ij} \quad 所有 i 及 j
\end{aligned}
$$

上式中 u_{ij} 代表連線 (i, j) 的運輸上限。我們可看出限制方程式與最短途程的線性規劃模式邏輯相同，均是流量守衡之限制。然而此模式之目標式係將總流量最大化，而非求取最無途程。

至於限量網路最小成本問題，其實是上述兩種問題的**擴充問題**（General form），它所關切的是，如何在限定的網路上，以最小的成本滿足各需求點的需要量。一般所稱的流量網路問題，即是此種問題。若將此問題寫成數學規劃型態，則如下型態：

最小化 $\sum_j \sum_i c_{ij} x_{ij}$

限制式 $\sum_j x_{ij} \leq S_i$

$\sum_i x_{ij} \geq D_j$

$\sum_i x_{ik} = \sum_j x_{kj}$

$l_{ij} \leq x_{ij} \leq u_{ij}$

模式中的 c_{ij} 為單位運費，也是成本係數，x_{ij} 則是節點 i 至節點 j 的最佳運量，至於 S_i 及 D_j 分別為供應量的上限及需求量的下限。最後兩種限制式，一為質量平衡限制式 (Conservation of flow)，顯示各節點並不致貯存、洩漏任何流經的流量。另一則為各網路分支可能具有的承載上下限。這樣的線性規劃模式應可容易利用商用軟體進行求解。由於晚近個人電腦普及，中小型問題求解所耗費的電腦時間，幾乎不納入求解的考慮。對於一些專為網路問題所發展的特殊迅捷解法，例如無秩解法 (Out-of-kilter)，似乎越發不受重視。然而真實世界中的網路問題，又時常偏向大型問題，這些大型問題求解時，常非一般商用軟體在短時間內所能解決，因此這些複雜問題所需的解題技巧，便成為作業研究專家的份內事，而非一般作業管理決策所能兼任的了。

第五節　路徑規劃的基本型式

網路分析的另一領域，即是路徑規劃 (Routing)。問題中將欲造訪的節點確定之後，即進行規劃造訪的順序及途徑，一般稱此基本問題型式為旅行推銷員問題 (Traveling Salesman Problem，簡稱 TSP)。若應用數學規劃法求解，則此問題可寫成以下的型態：

(一)目標函數

最小化　$Z = \sum\limits_{i=1}^{n} \sum\limits_{j=1}^{n} d_{ij} \cdot x_{ij}$

(二)限制式

$\sum\limits_{j=1}^{n} x_{ij} = 1, \ i = 1, \ 2, \ \cdots, \ n$

$\sum\limits_{i=1}^{n} x_{ij} = 1, \ j = 1, \ 2, \ \cdots, \ n$

$x_{ij} \in S$

$x_{ij} = 0$ 或 1

各變數的定義如下：

N　節點（欲造訪的顧客）數

d_{ij}　在節點 i 及節點 j 的最短距離

x_{ij}　1 表示銷售員將取道 i 至 j 節點

x_{ij}　0 則表示銷售員並不會由節點 i 至 j

S　破解內圍路線（Subtour）之限制式

　　因此整體問題的目標在於使旅行的總距離最小化。第一種及第二種限制式則表示每個節點均被訪問一次。而 $x_{ij} \in S$ 則目的在防止旅行推銷員的巡迴路線，發生內圍的現象（Subtour），內圍現象可以下圖解釋之：

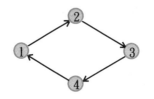

　　其中旅行推銷員原訂造訪顧客 1 到顧客 7，但是若無內圍破解的限制式，很可能數學規劃求解出來的路徑會如上圖中所顯示的，因為其總旅行距

離是最小的。但是由於其中的節點 5，6 及 7 形成了封閉的環狀，亦稱
「內圍」，因此他並不是旅行推銷員原意中所要求得的規劃路徑。

　　因此此問題的重點至此便成了如何破解內圍的方法，其中一種解決
的辦法，即是在 $x_{ij} \in S$ 的限制式群中代入如下的一組限制式：

$$u_i - u_j + nx_{ij} \geq (n-1) \quad i, j = 1, 2, \cdots, n$$

其中 u_i，u_j 為新設的虛擬的變數，可以令其為實數，但求解的過程中，
它們自然成為整數變數。以上述之圖做為例子，這樣的限制式的功能如
何，可以下列三個限制式之效果顯示：

$$u_5 - u_6 + 7 \cdot x_{56} \leq 6$$
$$u_6 - u_7 + 7 \cdot x_{67} \leq 6$$
$$u_7 - u_5 + 7 \cdot x_{75} \leq 6$$

假設原先問題中的內圍情形真的發生時，會有

$$x_{56} = x_{67} = x_{75} = 1$$

的解答產生，但我們若將上述三個限制式相加，會得到一個限制式

$$21 \leq 18$$

這是不合理的。因此上述的一組限制式會令內圍的相關解成為不可行解
(Infeasible Solution)。易言之，這些限制式可以破解內圍解的發生。

　　另一種路徑規劃的基本問題，常稱為中國郵差問題 (Chinese post-
man problem)，其問題在於網路中的某些街道由於特殊的原因 (如送
信)，必需貫穿行過其街道，因此稱為中國郵差問題。此問題頗類似常見
遊戲中的「一筆劃」遊戲，如何在錯綜複雜的街道中，最有效率的走完
特定的街道，是相當有趣且具挑戰的問題。但是由於其應用較為有限，
本章在此並不細述其解題方法。

第六節　車輛巡行規劃

　　將路徑規劃問題擴而言之，可以進而討論多種車輛的巡行規劃問題（Vehicle routing problem）。此問題是假設顧客位置及配送中心的位置為已知，然後由配送中心求出不同車輛的最佳巡行路徑，使能滿足顧客的需求，並使整體成本降至最低。

　　事實上，此種問題可有多種變化，例如由不同的發車中心（Depot），派出車輛，即可使此問題更加複雜。而且此種類型的問題，隨著顧客數目及車輛數目的增加而大幅增加，常見的求解方法，多以啓發法（Heuristic method）尋求路徑規劃。在此為求簡化，同時更深究此種問題的本質，因此列出兩種基本模型，加以討論。

　　第一種問題，為單一配送中心，多輛運具所構成的車輛巡行問題，其模式為 Golden 等人在 1977 年所提出：

(一)目標函數

最小化　$Z = \sum_{r=1}^{N} \sum_{s=1}^{N} \sum_{k=1}^{K} d_{rs} x_{rsk}$

(二)限制式

$$\sum_{r=1}^{N} \sum_{k=1}^{K} x_{rsk} = 1, \quad s = 2, 3, \cdots, N$$

$$\sum_{s=1}^{N} \sum_{k=1}^{K} x_{rsk} = 1, \quad r = 2, 3, \cdots, N$$

$$\sum_{r=1}^{N} x_{rsk} - \sum_{r=1}^{N} x_{srk} = 0, \quad k = 1, 2, \cdots, K$$

$$s = 1, 2, \cdots, N$$

$$\sum_{r=1}^{N} q_r (\sum_{s=1}^{N} x_{rsk}) \leq c_k, \quad k = 1, 2, \cdots, K$$

$$\sum_{r=1}^{N} t_{rk} \sum_{s=1}^{N} x_{rsk} + \sum_{r=1}^{N} \sum_{s=1}^{N} t_{rsk} x_{rsk} \leq t_k, \quad k=1, 2, \cdots, K$$

$$\sum_{s=2}^{N} x_{1sk} \leq 1, \quad k=1, 2, \cdots, K$$

$$\sum_{r=2}^{N} x_{r1k} \leq 1, \quad k=1, 2, \cdots, K$$

$$x_{rsk} \in S$$

$$x_{rsk} = 0 \text{ 或 } 1$$

其中各變數的意義如下：

N　　節點數

K　　車輛總數

d_{rs}　　在節點 r 及 s 之間最短距離

x_{rsk}　　1 表示第 k 輛車將經過節點 r 至節點 s

x_{rsk}　　0 表示第 k 輛車將不經節點 r 至節點 s

q_r　　在節點 r 上之需求量

c_k　　車輛 k 之裝載上限

t_{rk}　　車輛在節點 r 上送貨、取貨等業務處理所需耗費的時間

t_{rsk}　　第 k 輛車在由節點 r 至節點 s 所需的時間

t_k　　車輛 k 的最大巡行時間

S　　破解內圍（Subtours）之限制式

　　整個模式中是以所有車輛巡行總距離最小化為目標，第一及第二項限制式表示任一節點只被一輛車子服務。而第三項限制式表示質量守衡，也就是限制駛往某節點的車子，一定會駛出。第四種限制式表示車輛總載重容量是有上限的；而第五種限制式則使得各車輛在節點停留時間及路上行駛的總時間，不會超過車輛的總服務時間上限。第六及第七項限制式表示每次只發一輛車，且須發自同一場站（Depot），也就是第一個

節點，同時也須駛回該場站。最後一組限制式則是如上一小節所討論的破解內圍的限制式，使此車輛巡行問題，獲得真正的可行解。

　　場站數目及車輛派出的數目若有變化，原則上，亦可以上述之模式變化而成。舉例而言，若單一場站每次所能派出的車輛數目等僅於 NV（Number of Vehicles），則上述的模式仍然適用，目標在使車輛總巡行距離最小化，而限制式則可增加如：

$$\sum_{s=2}^{N} \sum_{k=1}^{K} x_{1sk} = NV$$

$$\sum_{r=2}^{N} \sum_{k=1}^{K} x_{r1k} = NV$$

即可將此單一場站多種車輛的巡行問題求解出來。

第七節　結　論

　　不論是扮演人類社會動脈系統的物流配送業，或是扮演靜脈系統的回收業，整個企業的規劃及管理，都缺少不了前一章所講的位置選定、設備佈置，以及本章所討論的網路分析、路徑規劃，以及車輛巡行決策。因此對於配送業者、運輸業者、物流業者、零售業者以及資源回收處理業者，這兩章的討論內容都極為重要。

　　本章僅概略性的介紹網路分析及路徑規劃的基本問題型態及常見的解題法，在真實世界中，尚有許多更繁複、更龐大的問題，留待作業管理工作者去發掘、解決。值得留意的是，求解這方面的問題常隨著問題的擴大而加倍的困難，在演算法學問中（Algorithm），這些問題常被稱為 NP 型（Non-polynomial hard）的問題。換言之，這些問題求解的困難度，常隨著問題的規模（如節點數目）的增大而呈指數（Exponential）的速度增大，讀者在實際解決問題當不難發覺此一特性。舉例言之，就

一個 40 個節點的旅行推銷員問題，即可能有近千個限制式，其規劃模型的龐大及解題的困擾，也以此可以想見。一般而言，若問題規模大到一定程度時，也許採用**啓發解法**（Heuristic），是較爲實際且便捷的方法，本章並未以啓發解法爲主要對象，有興趣的讀者，可以進一步參考相關進階的文獻。

習　題

1.比較旅行推銷員問題與中國郵差問題的差異。

2.何謂最短途徑問題？有何實際應用？

3.在何種時機下，我們須解最長途程問題？與最短途程問題之求解有何不同？

4.何謂「內圍」(Subtour)？如何避免內圍？

5.運用本章所介紹的旅行推銷員問題求解臺南、嘉義、斗南、竹山、埔里等地的最快周遊順序。

6.試列出單項運具，具容量限制下之車輛巡行規劃問題，並以數學規劃型態寫出。

7.何謂啟發解法？本章所介紹的最短途程求解法是否為啟發解法？

第六章 排 程

　　整個工作負荷的安排可從長短期之角度來分類。長期性的工作負荷安排即稱為**產能規劃**（Capacity planning），通常規劃一年以上的每年工作負荷。中期性的工作負荷安排稱之為**集群規劃**（Aggregate planning），通常考慮 2 個月後到一年之間的各月工作負荷。短期性的工作負荷安排則需詳細提供 2 個月內的每週及每日之工作負荷安排表。

　　產能規劃的考量通常必須顧慮**設計產能**（Design capacity）、**有效產能**（Efficient capacity）與**實際產出**（Actual output）之間的差異性。設計產能可能因為機器的損壞而需維修，以致不可能 24 小時運轉，因而其真正運轉的有效產能會比設計產能來得低些。而有效產能又往往因為各種產品生產順序之互相搭配，可能導致機器閒置而降低其運轉時間，因此實際產出耗用之產能又比有效產能為低。例如，某名牌汽車設計之車速可達時速 150 公里到 200 公里，但是法律限定最高時速為 100 公里，實際之平均時速往往視交通狀況而定，當塞車時，時速往往只有 10 公里。

　　而我們於集群規劃時，通常採用過去的平均實際產出作為每個月份的工作負荷能力預估值。集群規劃之工作為，依**需求預測**（Demand forecasting）的結果來安排各個月份，各種產品組合生產量、各種產品存貨量、員工需求量等之決策。在製造業而言，集群規劃的結果就是**主生產排程表**（Master Production Schedule, MPS），也就是每個月的產量預定表。而集群規劃通常受到以下四種因素之影響：㈠可用資源：設備的

產能，㈡需求的預測，㈢勞動力的改變政策：是否外包、員工加班、利用存貨來調節產量、缺貨的計劃等，㈣成本的因素：追求各項成本之最小總合，包括存貨持有成本、缺貨成本、僱用/革職員工之成本、加班成本、轉包成本等。因為影響因素之多，且各因素之間的交錯關係，使得集群規劃往往落於「錯誤嚐試法」（Try and error），而且相當多公司還是用手動調整各方案之影響，或是用試算表亦可。更有系統地錯誤嚐試法則進一步演化為模擬法，並加上一些評估準則。當然也有許多線性規劃方法或網路流量規劃等方法之應用於解決此一集體規劃問題，有興趣之讀者請參見 Bowman (1956) 及 Singhal (1977)。在服務業而言，集群規劃之結果接著就是短期的排程問題。對製造業而言，通常主生產排程表還要用以排定其物料需求計劃（Material Requirement Planning，MRP），才進入短期的生產排程。

生產排程在服務業及製造業是相當不同的。服務業的排程問題，通常因為設備及設施已固定，可考量員工人數與顧客到達情形的配合，此一部份的問題可歸類為等候線問題，我們另闢專章討論之。也有的只考量員工人力搭配及排班問題，我們將於最後一節討論之。

製造業的生產排程問題則依產量、產品種類多寡及生產程序之標準化程度，而分為各種類型。我們將先介紹各類型的生產程序，然後討論各生產流程結構的生產排程問題特性，再討論零工式排程的各種順序優先律（Sequencing priority rules）的利弊。接著介紹零工式排程的電腦軟體 OPT（Optimized Production Technology）之基本哲學及其實用性。最後討論服務業的員工排班問題，並且介紹臺灣的醫院護士排班問題。

第一節 生產流程結構之分類及其排程問題

生產排程在製造業裏，隨著生產程序的標準化程度、產量大小、產品種類多寡，而予以不同的安排考量。所以我們將簡單介紹四種生產程序。第一種為**轉換程序**（Conversion processes），將某種物質改變其物理性質及形狀之過程，例如將鐵礦經過提煉而作成鋼板。第二種為**製造程序**（Fabrication processes），將某些原材料改變其形狀（但不改變其物理性質），例如將黃金製成皇冠。第三種為**裝配程序**（Assembly processes），將幾種物品組合在一起，例如利用螺絲釘將兩塊木板釘合。第四種為**檢驗程序**（Testing processes），測試某成品（半成品）是否達設計之功能。

接著介紹四種**生產流程結構**（Process flow structures）。第一種為**零工式生產**（Job shop），生產許多種不同產品，而且各種產品的生產數量為小批量，大部份各產品之生產程序也不相同或是各加工順序不同。例如傳統的木工師傅，可向其訂製各式各樣的木桶、木器。第二種為**批量式**（Batch）生產，較零工式生產之生產程序較為標準化，通常企業擁有較穩定之各產品需求量，所以生產程序是固定的，各產品依訂單或為存貨而不定期地輪流生產。例如重工機械業。第三種為**裝配線**（Assembly line）式生產，各零件由各**工作站**（Workstation）逐一組合而成一最終產品，因此其流程為固定，產量通常較大。例如組裝各式玩具及家電用品。第四種為**連續性**（Continuous flow）生產，其生產之原料、物品通常為大量且難以單獨計數或切割，且其生產程序或轉換程序之各步驟是固定的。例如鍊鋼作業、化工產品、石油產品通常屬於此類。

認識這四種不同生產流程結構之後，我們要來逐一討論其生產排程問題。第四種連續性生產之排程問題，幾乎是固定的，並不需要太多考

慮，因為通常是 24 小時之不間斷生產。主要的問題反而是產能與市場需
求的配合，或是各種原料的採購、運送如何適時通達以便順利連續不斷
地生產，因為中斷生產的成本通常很高。因此連續性生產的產業主要的
考量反而在於物料管理、產能規劃等。

　　第三種裝配線生產可說屬於大量生產系統，第一種零工式生產則屬
小量生產系統，而介乎其間的第二種批量生產則屬中型規模產量系統。
在第二種批量生產之排程問題通常考量，各種產品因需求量不大，不宜
長期生產同一產品，因此多半為間歇性地批量生產各類產品。所以通常
需要決定各種產品的**生產規模**（Run size）及其**耗用時間**（Runout time）。

　　生產規模也可以說相當於某一時間內的需求量。通常我們可以利用
經濟訂購量（EOQ）來估計每次的生產規模。例如，令 S＝每次設置成
本，H＝每年每單位產品之持有成本，D＝每年需求量，β＝每日產品之
生產量，α＝每日產品之耗用量，則產品 i 粗估的最適生產規模 Q 為

$$Q_i = \sqrt{\frac{2SD}{H}} \sqrt{\frac{\beta}{\beta - \alpha}}$$

而此生產規模 Q_i 之耗用時間

$$t_i = \frac{Q_i}{\alpha}$$

生產此數量 Q_i 所需的生產時間

$$T_i = \frac{Q_i}{\beta}$$

　　當有數種產品時，如何搭配這些產品的生產時間則已超出本課程範
圍，有興趣之讀者，請參閱排程之專書。

　　裝配線生產系統的排程，因為對同一產品而言，其加工程序已經固
定，通常只考量每日產量與需求量的搭配。換句話說，考量的重點在於

生產線的平衡，期使單位產出量之最佳化，其次考量是否事先存貨或是加班以應付額外的需求量了。

第二節　零工式排程的重要性

在零工式工廠裏，機器依其功能而分類與排列，而每種產品之加工程序及加工方式可能都不相同。因此每種產品各有其每次**生產批量**(Production lot size)，而且其流動的加工路徑也不一樣。

零工式排程的重要性在於它的普遍性，尤其具有創造性或個人訂作的產品，高科技產品的最初小量生產。或是服務業裏的醫療事業單位、各種專業服務部門(例如律師、建築師、會計師等事務所)、百貨公司等。

而零工式排程的目標在於：

㈠在預定交貨日能準時交貨。

㈡追求前置時間之最小化。

㈢追求設置時間及設置成本之最小化。

㈣追求最少量之半成品存貨。

㈤減少不必要的機器閒置時間（傳統上以追求最大機器使用率為目標，但是新的觀念已逐漸改變此觀念）。

零工式排程的工作包括了：

㈠指派訂單、設備及人員於特定工作地點。

㈡決定各訂單的加工優先順序。

㈢發出各訂單之派工令。

㈣檢視各訂單之加工進度，並對緊急訂單或是進度落後之訂單予以特別處理。

㈤必要時要隨時修改各工令單之加工優先順序。

至於決定零工式排程的考量因素則通常包括：

㈠各種產品抵達工作現場的型式。

㈡在工廠中機器之種類及數量。

㈢工作人員與機器之比例值。

㈣各種產品的加工流程。

㈤各產品的加工優先順序。

㈥評估排程優劣時採用之評估標準。

各種產品抵達工作現場的型式通常分為兩種。第一種為靜態的，第二種為動態的。所謂動態指的是，每一訂單一接到手即行處理，並且與現行各訂單一起考量，馬上決定此新訂單之加工順序。靜態則指，每隔一週（或數天）才檢視過去一週累計之新訂單，再予以一起決定這些新訂單之加工優先順序。機器的種類及數量一定影響排程方式。當只有一種機器時，排程的方法幾乎是簡易的，而且也往往存在最佳排程規則。當機器種類愈多，且機器數量愈大，則排程方法愈複雜，也難以找出最佳排程了，通常只能提供一個相當不錯的可行排程。員工數與機器數之比例可約分為兩類，一種是以機器為主，員工人數多而機器數少，因此排程的重點在於機器之使用率，在過去的研究中，此類型為主流。而近來則強調一名員工管理數部機器。通常零工式加工的順序，因產品不同而不同，但是偶有特例，亦即所有產品之加工順序都一樣。當只有兩部不同型機器，且各產品之加工順序相同時，Johnson 的排程法則可以提供最佳安排。加工的優先順序乃用於決定那個產品在那部機器有優先加工權利，而這些優先順序可以由簡單的規則來決定，例如最短加工時間法（SPT 法），也可能需綜合考量許多條件才能決定，我們將於下一節仔細討論。而用來評估各排程方法的優劣時，通常以下列數項標準來考量：

㈠準時交貨能力。

㈡追求完工時間（一件工令發出到完成的時間）的最小化。

㈢追求半成品的最小量。

㈣追求機器或員工的不必要閒置時間的最小化。

第三節　零工式排程的優先順序規則

零工式排程的問題，可從簡單的單一機器排程，到複雜的數部不同類型機器之排程。不管機器類型多寡及各**工件** (Job) 的加工順序是否相同，已知的排程優先順序規則可說多達一百多種以上（請參見 Panwalker 及 Iskander, 1977）。在這裏我們只提列數種優先順序以供讀者參考，並依機器種類及多寡，由簡單之單一機器排程，逐一介紹各種狀況之較適優先順序規則。

假設我們有 n 個工件 $\{J_1, J_2, \cdots, J_n\}$ 等待加工，而加工的機器有 m 部 $\{M_1, M_2, \cdots, M_m\}$。並令 p_{ij} 爲工件 J_i 在機器 M_j 上所需的**加工時間**（包括設置時間——Set up time）。令 c_i 表示工件 J_i 完全加工完畢的時間 (Completion time)，d_i 表示工件 J_i 之**預定交貨日** (Due date)，L_i (Lateness) 表示 J_i 之完工日與預定交貨日之差距 $= c_i - d_i$，T_i (Tardiness) 表示 J_i 與預定交貨日遲交的日數 $= \max\{L_i, 0\}$。常用的評估準則包括：追求**平均完工時間** (Average completion time) 的最小化，追求**平均遲交日** (Average lateness) 的最小化，追求最大 $L_i(T_i) = L_{\max}$ $(T_{\max}) = \max_i\{L_i\}$ $(\max_i\{T_i\})$ 的最小化，追求**延遲交貨工件數** n_T (The number of tardy jobs) 的最小化。

一、n 個工件單一機器之排程

例題一

假設我們有六件等待影印的文件，而我們只有一部影印機，各工件所需的加工時間 p_i 及預定交貨日 d_i 列示如下：

J_i	J_1	J_2	J_3	J_4	J_5	J_6	
d_i	7	3	8	12	9	4	（依到達順序排列）
p_i	5	1	2	4	7	3	

若我們追求平均完工時間的最小化，則那個排程優先順序規則 (Priority rule) 可給予最佳結果呢？我們將考慮嚐試

(一)SPT 法：以愈小的加工時間 p_i 為優先加工之工件。

(二)EDD 法：以愈早的預定交貨日為優先加工之工件。

(三)FCFS：先到先服務法則。

(四)SO 法：剩餘加工作業的平均剩餘時間愈短的工件優先加工

$$= \frac{(到預定交貨日之剩餘時間 - 尚待完成的總加工時間)}{尚未加工的作業次數}。$$

(一)SPT 法

J_i	J_2	J_3	J_6	J_4	J_1	J_5
p_i	1	2	3	4	5	7
d_i	3	8	4	12	7	9
c_i	1	3(=1+2)	6(=3+3)	10(=6+4)	15(=10+5)	22(=15+7)

完工時間總和 $= 1+3+6+10+15+22 = 57$

平均完工時間 $= \bar{c} = \frac{57}{6} = 9.5$

而各工件的遲交日 L_i 為：$L_2 = 1-3 = -2$，$L_3 = 3-8 = -5$，$L_6 = 6-4 = 2$，$L_4 = 10-12 = -2$，$L_1 = 15-7 = 8$，$L_5 = 22-9 = 13$。因此，平均遲交日 $\bar{L} = (-2-5+2-2+8+13)/6 = \frac{14}{6} = 2.33$。

(二)EDD 法

J_i	J_2	J_6	J_1	J_3	J_5	J_4
d_i	3	4	7	8	9	12
p_i	1	3	5	2	7	4
c_i	1	4	9	11	18	22

完工時間總和 $= 1 + 4 + 9 + 11 + 18 + 22 = 65$

平均完工時間$\bar{c} = \dfrac{65}{6} = 10.83$

各工件的遲交日 L_i 爲：$L_2 = -2$，$L_6 = 0$，$L_1 = 2$，$L_3 = 3$，$L_5 = 9$，$L_4 = 10$。因此平均遲交日 $\bar{L} =$（$-2 + 0 + 2 + 3 + 9 + 10$）$/6 = \dfrac{22}{6} = 3.67$。

(三)FCFS 法

J_i	J_1	J_2	J_3	J_4	J_5	J_6
p_i	5	1	2	4	7	3
d_i	7	3	8	12	9	4
c_i	5	6	8	12	19	22

完工時間總和 $= 5 + 6 + 8 + 12 + 19 + 22 = 72$

平均完工時間$\bar{c} = \dfrac{72}{6} = 12$

各工件之遲交日 L_i 爲：$L_1 = -2$，$L_2 = 3$，$L_3 = 0$，$L_4 = 0$，$L_5 = 10$，$L_6 = 18$。因此平均遲交日 $\bar{L} = (-2 + 3 + 0 + 0 + 10 + 18) /6 = 4.83$。

(四)SO 法

當決定第一加工工件時，令 $T = 0$，令 $SO_i =$ 工件 J_i 在時間 T 的剩餘加工作業的平均剩餘時間。$SO_1 = \dfrac{7-5}{1} = 2$，$SO_2 = \dfrac{3-1}{1} = 2$，$SO_3 = \dfrac{8-2}{1}$ $= 6$，$SO_4 = \dfrac{12-4}{1} = 8$，$SO_5 = \dfrac{9-7}{1} = 2$，$SO_6 = \dfrac{4-3}{1} = 1$。因此 J_6 得第一優

先。而 J_6 加工完成後之決策時間點 T 已增至 3。當 $T=3$，$SO_1 = \dfrac{(7-3)-5}{1} = -1$，$SO_2 = \dfrac{(3-3)-1}{1} = -1$，$SO_3 = \dfrac{(8-3)-2}{1} = 3$，$SO_4 = \dfrac{(12-3)-4}{1} = 5$，$SO_5 = \dfrac{(9-3)-7}{1} = -1$。因 J_1、J_2 及 J_5 都為最小值之 SO，隨意取 J_1 為第二加工之工件。依此類推可知第三加工工件為

J_i	J_6	J_1	J_2	J_5	J_3	J_4
d_i	4	7	3	9	8	12
p_i	3	5	1	7	2	4
c_i	3	8	9	16	18	22

完工時間總和 $= 3+8+9+16+18+22 = 76$

平均完工時間 $\bar{c} = \dfrac{76}{6} = 12.67$

各工件之遲交日 L_i 為：$L_6 = -1$，$L_1 = 1$，$L_2 = 6$，$L_5 = 7$，$L_3 = 10$，$L_4 = 10$。因此平均遲交日 $\bar{L} = (-1+1+6+7+10+10)/6 = 5.5$。

將四種方法之排程整理而成下表。

排程規則	平均完工時間 $\bar{c}$	平均遲交日 $\bar{L}$
SPT	9.5	2.33
EDD	10.83	3.67
FCFS	12	4.83
SO	12.67	5.5

由上表，清楚可見 SPT 法給予最小的平均完工時間，也給予最小的平均遲交日。事實上，理論已證明，SPT 法即是追求最小 $\bar{c}$ 及最小 $\bar{L}$ 之最佳排程規則，也是追求最小平均等候時間的最佳排程規則。有興趣之讀者可參見 French（1982）。

如果我們要追求最大遲交日 L_{max} 及最大延遲日 T_{max} 的最小化，則

SPT 法並不能保證爲最佳排程規則。請考慮上述例題，各方法之 L_i 整理如下表：

排程法	L_1	L_2	L_3	L_4	L_5	L_6	L_{max}	T_{max}
SPT	8	-2	-5	-2	13	2	13	13
EDD	2	-2	3	10	9	0	10	10
FCFS	-2	3	0	0	10	18	18	18
SO	1	6	10	10	7	-1	10	10

由上表可知，Due Date 法及 SO 法給予最小之 L_{max} 及 T_{max}。依理論證明，Due Date 法是追求最小 L_{max} 及 T_{max} 的最佳排程法。

但是，當完工時間只要晚於預定交貨日，不管晚幾天都是一樣的不適當時，我們要衡量的排程標準，即從追求最小的平均遲交日（$\bar{L}$），或追求最小的最大遲交日（L_{max}）而轉向追求延遲交貨工件數（n_T）的最小化。此時以上的四種排程規則都不是最佳排程法，已被證明的最佳排程法乃是 Moore's Algorithm。

Moore and Hodgson 演算法

步驟一： 依照 EDD 法排序爲 $(J_{i(1)}, J_{i(2)}, \cdots, J_{i(n)})$ 而且

$d_{i(k)} \leq d_{i(k+1)}$　　其中 $k = 1, 2, \cdots, n-1$

步驟二： 找到第一個延遲的工件（亦即其 $T_i > 0$），假設爲 $J_{i(l)}$。若無此延遲工件，則請跳至步驟四。

步驟三： 從前面 l 個加工工件 $(J_{i(1)}, J_{i(2)}, \cdots, J_{i(l)})$ 找尋具最大的加工時間 $p_{i(m)}$，而且將此工件 $J_{i(m)}$ 排除於加工序列之外。重回步驟二，此時之加工工件數將減少，而且其總加工時間也將減少。

步驟四： 將上述定案之加工順序，再加上被排除的一些工件組合在一

> 起。這些在步驟三中被排除的工件將放在最後的加工順序，
> 但是其彼此之間的加工順序並不重要，因爲這些工件都是延
> 遲的工件。

再考慮上述之例題，依 EDD 法先排列出之順序如下：

加工順序	J_2	J_6	J_1	J_3	J_5	J_4
d_i	3	4	7	8	9	12
p_i	1	3	5	2	7	4
c_i	1	4	9			

工件 J_1 是第一個延遲工件（$c_1=9 > d_1=7$），而且在 p_2、p_6、p_1 之間，$p_1=5$ 的加工時間最大，因此將 J_1 排除而形成以下新的加工順序：

加工順序	J_2	J_6	J_3	J_5	J_4	排除之工件
d_i	3	4	8	9	12	J_1
p_i	1	3	2	7	4	
c_i	1	4	6	13		

工件 J_5 是新的第一個延遲工件（$c_5=13 > d_5=9$），而且 p_5 的加工時間最大，因此將 J_5 排除而形成新的加工順序如下：

加工順序	J_2	J_6	J_3	J_4	排除之工件
d_i	3	4	8	12	J_1 及 J_5
p_i	1	3	2	4	
c_i	1	4	6	10	

至此我們完成加工順序的決定，最佳之排序爲 $(J_2, J_6, J_3, J_4, J_1, J_5)$ 或是 $(J_2, J_6, J_3, J_4, J_5, J_1)$。若將上述各步驟綜合列示如下：

EDD 加工順序 J_2	J_6	J_1	J_3	J_5	J_4	排除之工件
d_i	3	4	7	8	9	12	
p_i	1	3	5	2	7	4	
c_i	1	4	9				J_1
c_i	1	4	*	6	13		J_5
c_i	1	4	*	6	*	10	

若將 SPT 法、EDD 法、FCFS 法、SO 法及 Moore's 演算法之各工件延遲日數（T_i）及延遲交貨工件數（n_T）綜合整理如下，亦可得知 Moore's 演算法給予最小延遲交貨工件數。

排程法	T_1	T_2	T_3	T_4	T_5	T_6	n_T
SPT	8	0	0	0	13	2	3
EDD	2	0	3	10	9	0	4
FCFS	0	3	0	0	10	18	3
SO	1	6	10	10	7	0	5
Moore's	8	0	0	0	13	0	2

　　綜合而言，當評估排程之準則爲平均完工時間（$\bar{c}$）及平均遲交日（$\bar{L}$）時，*SPT* 法爲最佳排程規則。當評估排程的準則轉爲最大遲交日（L_{max}）及最大延遲日（T_{max}）時，EDD 法給予最佳排程。若關心的是追求延遲交貨之工件數（n_T）的最小化時，則 Moore's 演算法將提供最佳排程。

二、*n* 個工件兩架機器之排程

　　零工式排程中，當各工件在所有機器的加工順序相同時，我們稱爲**同序流程式**（Flow shop）排程問題。在 *n* 個工件，兩架不同機器的同序流程式排程問題，當排程的目標爲追求最大完工時間（$c_{max} = \max \{c_1,$

…, c_n｝）的最小化時，Johnson's 的演算法提供了最佳排程法則。令 $a_i = p_{i1} =$ 工件 J_i 在機器 1（M_1）的加工時間，$b_i = p_{i2} =$ 工件 J_i 在機器 2（M_2）的加工時間。Johnson's 的演算法在決定加工優先順序時，乃是由兩端（最先及最後）的加工工件逐漸推展至中間的加工工件。假設總共有 n 件工件等待加工，我們將決定第一、第二、第三、……之遞增加工順序，同時也決定第 n 個、第（$n-1$）個、第（$n-2$）個、……之遞減的加工順序。詳細之決定步驟如下：

Johnson's 演算法

步驟一： 令 $k=1$，$l=n$。

步驟二： 列示出 n 個待安排加工順序的工件 ｛$J_1, J_2, \cdots, J_n$｝。

步驟三： 在尚待安排加工順序的工件中，找出具有最小加工時間的 a_i 及 b_i。

步驟四： 若是步驟三的最小加工時間為 a_i，則

　　（一）將 J_i 排定於第 k 個加工順序。

　　（二）將 J_i 排除於待安排的工件列表中。

　　（三）令 k 增加為 $k+1$。

　　（四）到步驟六。

步驟五： 若是步驟三的最小加工時間為 b_i，則

　　（一）將 J_i 排定於第 l 個加工順序。

　　（二）將 J_i 排除於待安排的工件列表中。

　　（三）令 l 減少為 $l-1$。

　　（四）到步驟六。

步驟六： 若仍有尚待安排的工件，則跳至步驟三。否則，停止，已完成所有工件的加工順序之安排。

例題二

假設我們有 7 件等待影印及裝訂的文件，而我們只有一部影印機及裝訂機，各工件所需的加工順序都是先影印完成再裝訂，其加工時間 a_i 及 b_i 列示如下：

J_i	J_1	J_2	J_3	J_4	J_5	J_6	J_7
a_i (M_1)	6	2	4	1	5	4	7
b_i (M_1)	3	8	3	7	1	5	6

依據 Johnson's 演算法可得以下結果：

排定工件 J_4	4 _ _ _ _ _ _
排定工件 J_5	4 _ _ _ _ _ 5
排定工件 J_2	4 2 _ _ _ _ 5
排定工件 J_1	4 2 _ _ _ 1 5
排定工件 J_3	4 2 _ _ 3 1 5
排定工件 J_6	4 2 6 _ 3 1 5
排定工件 J_7	4 2 6 7 3 1 5

因此加工的優先順序爲 $(J_4, J_2, J_6, J_7, J_3, J_1, J_5)$。當我們做以上排定時，可有兩次自由選擇的機會。第一次是我們可以先排定工件 J_5 於最後加工序位，再排定工件 J_4 爲最先加工序位。第二次機會是我們可以選擇工件 J_3 爲第六加工序位，以取代工件 J_1。換句話說，新的加工排序爲 $(J_4, J_2, J_6, J_7, J_1, J_3, J_5)$。若將此兩種加工排序以**甘特圖** (Gantt Charts) 表示，如下：

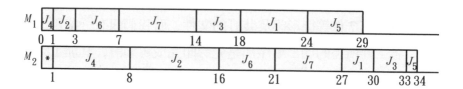

機器 2（M_2）從時點 0 至 1 之間是處於閒置狀態，而機器 1（M_1）從時點 29 之後雖然閒置，但是已可用於其他工件之加工。總完工時間 c_{max} = 34，此爲最早之完工時間，也可以說是機器閒置時間最短的排序法則。

Johnson's 演算法可推廣於一般零工式（Job-shop）排程，也就是不需限制所有工件之加工順序都是相同的。我們將加工的工件分爲四類如下：

類型 A：只需在 M_1 加工即可之工件。

類型 B：只需在 M_2 加工即可之工件。

類型 C：先於 M_1 加工之後，再於 M_2 加工之工件。

類型 D：先於 M_2 加工之後，再於 M_1 加工之工件。

則簡單的應用如下：

㈠將類型 A 之工件依任意順序排序爲 S_A。

㈡將類型 B 之工件依任意順序排序爲 S_B。

㈢將類型 C 之工件依 Johnson's 演算法排序爲 S_C。

㈣將類型 D 之工件依 Johnson's 演算法排序爲 S_D。

則最佳排序規則如下：

機器	加工排序
M_1	$(S_C,\ S_A,\ S_D)$
M_2	$(S_D,\ S_B,\ S_C)$

此法保證所求得的排序，可使得最大完工時間（c_{max}）最小化。我們也舉例來說明此排序規則之應用。

例題三

　　假設我們有 10 件工件等待加工，其所需之加工順序及加工時間列示如下：

工　件		J_1	J_2	J_3	J_4	J_5	J_6	J_7	J_8	J_9	J_{10}
加工順序及時間	第一機器	M_1	M_1	M_1	M_2	M_2	M_2	M_1	M_1	M_2	M_2
		8	5	3	2	4	1	3	2	4	6
	第二機器	M_2	M_2	M_2	M_1	M_1	M_1	—	—	—	—
		7	4	5	6	3	5				

則　類型 A 工件：J_7 及 J_8，任意決定加工順序為（J_8, J_7）。

　　類型 B 工件：J_9 及 J_{10}，任意決定加工順序為（J_9, J_{10}）。

　　類型 C 工件：J_1、J_2 及 J_3，依 *Johnson's* 規則，其加工順序為（J_3, J_1, J_2）。

　　類型 D 工件：J_4、J_5 及 J_6，依 *Johnson's* 規則，其加工順序為（J_6, J_4, J_5）。

最佳排序規則綜合如下：

　　　M_1：（J_3, J_1, J_2, J_8, J_7, J_6, J_4, J_5）

　　　M_2：（J_6, J_4, J_5, J_9, J_{10}, J_3, J_1, J_2）

而其甘特圖整理如下圖，由此圖可知 $c_{max} = 35$ 給予最佳的排序。

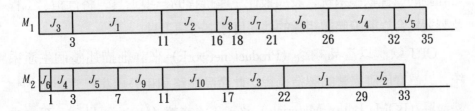

三、n 個工件 m 架機器之排程

Johnson's 演算法雖可以用於解決 n 個工件在三架機器上的某種特殊
狀況下的排程問題，但是已超出本書範圍，不在此繼續討論，有興趣的
讀者請參見 French (1982)。

至於一般性的 n 個工件在 m 架機器上加工順序的決定，總計有
$(n!)^m$ 種排序。當 m>4 之後就沒有任何排序方法可以保證給予最佳解
了。而 $(n!)^m$ 種的可能排序，即使 n 及 m 不大的情況下，就已經難以
完全計算排列出來了。因此，模擬（Simulation）方法成為實用的工具，
用來評估各種優先順序規則。例如 Bunnag 及 Smith (1985) 即利用模擬方
法提出，以四種排序規則的組合為評估準則，來展示其結果優於 SPT 法
及 SO 法等。在 1977 年，Panwalker 及 Iskander 的文獻整理中，綜合而
論發現，通常組合各種排序規則所訂出之排序法則，比單一排序法則所
得之結果為佳。事實上隨著不同排程問題的特質，應選用一些排序規則，
再透過模擬方法來篩選出較佳的排序法則。商業上所發展出來的排程軟
體（OPT，Optimized Production Technology）也是採用模擬方法來求取
近似最佳排程。對於排程軟體 OPT，我們將於下一節給予較詳細敘述。

四、OPT 排程軟體之簡介

OPT 於 1979 年由美國創意產出公司 COI（Creative Output, Inc.）所
發展的一種生產計劃及排程之電腦軟體。廣泛而言，OPT 可說是排程的
一套哲學論，描述及建構（Modeling）製造作業的一種語言，製造資源
之計劃的一種軟體系統，發展最佳生產排程的一項工具，將行銷、工程
及製造結合以明瞭整體組織的共同目標之一項工具。

OPT 軟體以產品網路（Product network）來詳細描述整個生產系
統，以真實反應完整的製造過程。此產品網路利用公司裏已常存有的物
料清單（BOM, Bill of Materials）及加工流程檔（Routing files），來展示

每項產品如何被製作出來的。每項加工作業都標明其所需耗用的資源、設置時間及單位加工時間。而且 OPT 的模式允許各項作業擁有其指定的期望存貨水準、最大存貨上限、最小批量、設定的忍受延遲數量、訂貨量及預定交貨日。對於各資源的資訊還要包括，各項資源的相對效率、可提供的加班時間、以及是否需要額外的資源以便設置某項作業之準備工作。

OPT 主要由 COI 根據其所發展出來的九大項哲學觀而逐步建立一群排程規則，進而電腦化而成的軟體。這些規則的主軸則是瓶頸作業 (Bottleneck operation) 的觀念。在系統中的瓶頸即是此項作業將限制了整體系統的總產出 (Throughput)。而這九項哲學項目將逐條列示如下 (Lundrigan，1986)：

㈠平衡流量，而不是產能。換句話說，整個流程應力求各加工物件的平穩流動，而不是積存許多半成品在一些機器之間。在傳統的觀念中，零工式生產多半是追求最少的工作人員及最少的機器，以便其產能使用率 (Activation Rate) 愈高愈好。但是，日本的規則是「如果不需要的產品，不要製造它」。

㈡瓶頸作業決定了非瓶頸作業的有效產出率 (Utilization rate)。非瓶頸作業的單位時間產出半成品量雖然可以大於瓶頸作業的單位時間製造量，但是只會造成非瓶頸作業的半成品繼續的閒置地堆積，等待瓶頸作業的再加工。

㈢產能使用率並不是永遠等於有效產出率。產能使用率是我們能動用的產能，而有效產出率則是能為公司帶來利潤的產能使用率。因此，過度動用的產能只會製造過多的存貨。

㈣在瓶頸作業的一小時損失，即是整個系統的一小時損失。假若我們擁有一個瓶頸作業，在已經使用了其最大潛力的產能情況下，倘若這個瓶頸作業的機器突然損壞，則此停機不能生產的損失是無法彌補。而

整個系統的產出也遭受同量的損失。

㈤在非瓶頸作業所節約的 1 小時，好像是海市蜃樓。非瓶頸作業的時間因素包含三種：加工時間、設置時間及閒置時間。例如加裝新的夾具可節省非瓶頸作業的設置時間，進而增加可用的加工時間或閒置時間。若增加加工時間，只是製造更多瓶頸作業無法消化的半成品存貨。若增加閒置時間也不會增加產出量。但是新裝的夾具需要費用的，而這種費用是只造成錢的損失，並不能帶來實質利潤。

㈥瓶頸作業管制了產出量及存貨量。你將發現，在瓶頸作業之前有一堆存貨堆置，而瓶頸作業之後的加工作業則通常沒有多少等待加工的半成品。

㈦**移轉批量**（Transfer batch）不應等於**加工批量**（Process batch）。移轉批量乃是從甲作業轉移到乙作業的每次產品數量。加工批量則是在某特定作業，兩次**設置動作**（Setup）之間的產品加工數量。通常加工批量遠大於移轉批量。OPT 認為移轉批量的彈性大小，往往能加速從原物料加工到最終產品完成的流動速度。

㈧加工批量應是隨需要而變動，並非固定值。不同的作業，及不同的排程情況，需要決定其適合的加工批量，以期使整個加工流程系統儘量平穩。

㈨同時全面考量所有的資源限制，才決定整個排程。只有透過整個排程的模擬嚐試，才能更準確地估算出各資源的產能限制狀態，因為各資源的有效產能是交錯影響的。

對於 OPT 的許多優缺點有興趣的讀者，請參見 Plenert 及 Best (1986)。至於以上的許多 OPT 哲學觀念，尤其對於「減少不必要的存貨」，與**及時生產系統**（Just In Time, JIT）具有異曲同工之妙。

第四節　服務作業的排程問題

員工的排班問題屬於各服務業的日常工作指派問題。簡單的如速食店的員工上班時間安排，複雜的如航空公司的飛航員及空中小姐與飛機排程的搭配問題。常見的還有醫院的醫師值班問題、醫院護士三班制的輪班問題、警察的巡邏班別分派、校車司機與校車路徑的搭配問題，及比薩店員及運送車輛的調派問題等。

通常員工排程問題在於如何安排足夠的人力，以配合公司的人力需求。其過程包含以下三步驟：

1. 決定工作量及其人力需求數。
2. 決定可供調配的員工數。
3. 將可調配的員工與人力需求互相搭配，以決定工作排班表。

第一步驟往往決定於企業的需求。若是各時段需求人力較平穩，則容易安排定量員工的每週固定工作班別。若是不同時段之需求不同，則常採用部份時間（Part-time）員工，或是彈性上班時段。可供調配的員工數通常也要考慮員工的休假、病假等變動性。至於第三步驟也往往是最難的。往往隨著問題的特質不同，需要不同的解決方法。

例題四

某遊樂場於暑期間，為因應顧客增多而打算僱用大學生為部份時間員工，以彌補一般正常員工之人力不足。每個學生將以四小時的時段為工作時間，其薪水的給付也以每次四小時的薪資給付，若工作時數不足四小時，亦以四小時計薪。若各時段之人力需求如下表，如何安排人力以求最低薪資之支出，同時滿足人力需求。

時　段	最低人力需求數
㈠ 8:00 ～　9:00	8
㈡ 9:00 ～ 10:00	10
㈢10:00 ～ 11:00	12
㈣11:00 ～ 12:00	22
㈤12:00 ～ 13:00	24
㈥13:00 ～ 14:00	20
㈦14:00 ～ 15:00	18
㈧15:00 ～ 16:00	15
㈨16:00 ～ 17:00	12
㈩17:00 ～ 18:00	10

我們可以建立一個線性規劃模式來解決上述人力安排問題。令 $x_i =$ 從第 i 時段開始其四小時工作的人員數，$i = 1$，…，10。

$$\min \quad x_1 + x_2 + x_3 + x_4 + x_5 + x_6 + x_7 + x_8 + x_9 + x_{10}$$

s.t.
$$x_1 \geq 8$$
$$x_1 + x_2 \geq 10$$
$$x_1 + x_2 + x_3 \geq 12$$
$$x_1 + x_2 + x_3 + x_4 \geq 22$$
$$x_2 + x_3 + x_4 + x_5 \geq 24$$
$$x_3 + x_4 + x_5 + x_6 \geq 20$$
$$x_4 + x_5 + x_6 + x_7 \geq 18$$
$$x_5 + x_6 + x_7 + x_8 \geq 15$$

$$x_6 + x_7 + x_8 + x_9 \geq 12$$

$$x_7 + x_8 + x_9 + x_{10} \geq 10$$

所有的 $x_i \geq 0$ 而且 x_i 爲整數

若將上述線性規劃問題交由軟體 LINDO 來求解可得如下之人力安排。$x_1 = 8$，$x_2 = 2$，$x_3 = 2$，$x_4 = 17$，$x_5 = 3$，$x_6 = 2$，$x_7 = 10$，$x_8 = x_9 = x_{10} = 0$。也就是說，要求 8 名員工從早上 8:00 來上班，2 名員工早上 9:00 來上班，2 名員工早上 10:00 來上班，17 名員工早上 11:00 來上班，3 名員工中午 12:00 來上班，2 名員工下午 1:00 來上班，10 名員工下午 2:00 來上班。

例題五

某銀行的後臺作業，其支票之到達時間以半小時爲單位，進來的支票所需的處理工作人員數由支票之重量來估算如下表（每人每小時平均可處理 2.67 磅之支票）：

時段結束時間	支票重量（磅）	每半小時人力需求	人力安排（一）	尚待處理之每半小時人力需求
12:30	80.20	60.14	0	60.14
1:00	24.90	18.68	0	78.82
1:30	0.00	0.00	13	65.82
2:00	27.95	20.96	13	73.98
2:30	115.75	86.82	13	147.60
3:00	30.20	22.66	13	157.26
3:30	79.10	59.32	41	203.58
4:00	39.75	29.82	28	220.38
4:30	201.00	150.76	28	330.14
5:00	83.75	62.82	28	364.96
5:30	68.85	51.64	109	388.58
6:00	55.70	41.78	109	402.36
6:30	315.05	236.28	109	529.66

7:00	270.90	203.18	109	623.82
7:30	139.20	104.40	109	619.22
8:00	117.40	88.04	109	598.28
8:30	16.75	12.56	109	501.84
9:00	16.00	12.00	109	404.84
9:30	21.00	15.76	109	311.58
10:00	72.20	54.14	81	284.74
10:30	0.00	0.00	81	203.74
11:00	0.00	0.00	81	122.74

　　假若安排上班時段從下午 1:00 到 5:00 的員工數為 13 人，上班時段從下午 4:00～9:30 的員工數為 28 人，而上班時段從下午 6:00 到晚上 11:00 的員工數為 81 人，則其各時段剩餘工作量如上表之最後一行所示。這樣的人力安排顯然無法於晚上 11:00 結束時完成所有的支票核處工作。我們當然也可以透過觀察，採取錯誤嚐試法，將人力增加一些，而且調整工作時段，使得所有支票核處工作得以在晚上 11:00 以前完成。例如：安排 24 名員工從中午 12:00 工作到下午 5:00，28 名員工從下午 4:00 工作到晚上 9:30，81 名員工從下午 6:00 工作到晚上 11:00，則所有工作可於晚上 11:00 以前完成。

　　或者考慮採用線性規劃法來解決上述問題。

第五節　醫院護士的排班問題

　　護理人員的流動率高，而且臺灣的護士人力有限，再加上近年來勞工意識逐漸高張，病患對醫療服務品質也愈來愈重視，護理主管如何合情合理又有效率地運用護理人力，已是護理界的共同挑戰。

　　雖然臺北榮民總醫院於民國 75 年即提出護理人員排班電腦化之需

求，直到民國 78 年才得以計劃專案來發展以人工智慧為基礎的護士排班軟體。花費了 3 年時間完成的護士排班軟體，卻因系統的難以維護（Maintain）以及護理人員的高流動性而停擺（陳玉枝，1994）。

眞正的排班工作，目前臺灣的醫院幾乎都是依靠護理長的經驗，以人工手動經過數小時的絞盡腦汁而產生出來的。例如一份 25 名護士排班，大概需要 6～8 小時來安排兩週的排班表；或是一份 15 名護士排班，大概需要花費相當有經驗的護理長 3～4 小時才能排出兩週值班表。足見每家醫院花費相當護理長人力於排班的行政工作。電腦化排班的目的，除了希望減少護理長排班的時間，更公平、合情合理、彈性及有效率的運用護理人力，更希望將來能與醫院其他人事及護理電腦化系統合併使用。美國的護士排班電腦化已常有所聞，而臺灣在此部份，還尚待努力。但是美國的電腦排班經驗並不易移轉於臺灣，因爲美國護理人員的休假系統與臺灣截然不同。臺灣的護理人員並不受勞工法規範。另外是美國普遍具有臨時護士僱用所，可以支援醫院的暫時性護理人力不足。但是臺灣每個醫院的人力需求，一定要由內部現有的護理人員來滿足，當人力很緊時，往往令護理人員不斷的加班而難以獲得足夠的休息。

一般而言，護理長排班所要考慮的因素包括公平性、合理性、彈性、組別的搭配、人員角色的區別、任務考量、以及特殊考量。

㈠公平性

一般護士偏好（日班）及厭惡（夜班）的班別，要能平均分配。例如夜班的輪值及週末國定假日的休假，需要公平分配。

㈡合理性

護士輪值夜班後，應給予足夠的休息時間。

㈢彈性

護士因個人需要，通常向護理長要求某日輪值特定班別或是休假，或是要求連續休假以便出外旅遊，或是因身體不適要求減少夜班的班次等。

㈣組別的搭配

護理長考慮將護士分成若干組，便於護士在一段期間熟悉某一群病人。

㈤人員角色的區別

依職責不同，一般分成護理長、副護理長、護士、護佐、行政助理。但護佐不能替代護士的工作。

㈥任務考量

資深及資淺護士的搭配排班、病房佔床率、在職教育等，需要人力之調整。

㈦特殊考量

農曆年假佔床率低、護理人員資格會考等，需要人力及班別之調整。

接下來我們將簡單介紹，排班的方法通常分為三種類型：㈠週期性排班，㈡數學規劃排班法，㈢啟發式法。

㈠週期性排班

原則上需先設定固定的班表，而且輪用的週期數需與固定班表內的班表類型數成一定關係。例如，考慮一週內的班表如下（D：表示日班，E：小夜班，N：大夜班，R：休假）：

班型	週一	週二	週三	週四	週五	週六	週日
A	D	D	D	D	D	D	R
B	E	E	E	R	R	E	E
C	R	R	N	N	N	E	N
D	N	N	R	E	E	R	D

則護士甲第一週輪值 A 班型，護士乙第一週輪值 B 班型，護士丙第一週輪值 C 班型，護士丁第一週輪值 D 班型。假設共有四個護士，第二週時，護士甲輪值 B 班型、護士乙輪值 C 班型、護士丙輪值 D 班型、護士丁輪值 A 班型。依此類推，第四週時，護士甲輪值 D 班型、護士

乙輪值 A 班型、護士丙輪值 B 班型、護士丁輪值 C 班型。則這樣的班表，每四週爲一循環週期。注意，在此我們有四個護士、四種班型，而造成每循環週期爲四週。

週期性排班的方法，在一般工廠中是經常被採用的。因爲工廠中的三班制輪班通常人力需求較穩定，而且員工流動率也較低。則每一循環週期輪班之後，每個人的班別分配是一樣的，因此達到公平分配。其他週期性排班的優點包括：每位員工均能事先預知自己的工作日及休假日，班別變化少。但是護士的流動率高，很難期望所有參與輪值排班的護士能全程循環週期都不變動。事實上以 20 名護士排列出來的循環週期通常大於四週。另外週期性排班還可能因病患人數、病情之無法預知，以致此種排班方法可能影響護理人員照顧病患的品質。

㈡數學規劃排班法

這種以數學規劃方法來解決排班方法，在國外普遍可見，但是因爲國內外之休假系統以及臨時護士僱用所之差異性，這些國外廣爲採用的數學規劃模式並不能解決臺灣的護士排班問題。因此尚待國內發展適合自己的數學規劃模式，目前 Huarng（1995）曾提出整數目標規劃模式來嚐試解決此護士排班問題，而其實用性尚待驗證。

㈢啓發式法

因爲數學上可知，護士排班本身並不太可能在有限時間內找到最佳排程。許多國外學者針對各別醫院的個案特質提出一些啓發式方法來決定排程。而國內臺北榮總開發的專家系統排班法也可歸入此類別。

綜觀以上三種類型方法，國內的護士排班電腦軟體，還待業界及學術界的共同努力來開發。

第六節　結　論

　　排程的問題，在製造業的零工式生產排程方面，在實務上因為機器種類通常多於三種以上，而且訂單的變動也不小，因此通常需要以系統模擬的方法來幫助排程的決定，國內在此方面的軟體發展尚待努力。至於服務業的排班問題也通常借重於數學規劃方法，國際期刊也已發表相當多此方面實務應用的成功個案報導，而國內在此方面的應用也還待業界與學界的合作。

習 題

1. 某餐廳需安排每小時之招待人員，各小時之人力需求如下表，假設雇用部份工時人員，每個人的工作時間為每次四小時，則應如何雇用員工？

	10Am	11Am	中午	1Pm	2Pm	3Pm	4Pm	5Pm	6Pm	7Pm
需求人力	2	5	8	10	8	4	2	6	10	8

2. 以下數件工件待加工，其預估之加工時間及交貨日列示如下：

工 件	加工時間	交貨日
A	5	10
B	4	5
C	7	15
D	2	8
E	3	7

請利用 SPT 法，EDD 法及 SO 法，並比較三種方法之平均完工時間 $\bar{c}$、平均遲交日 $\bar{L}$ 及最大遲交日 L_{max}。

3. 假設以下 8 件工件的排程，試安排其工作順序以追求最小的延遲交貨件數 (n_T)。

工 件	A	B	C	D	E	F	G	H
加工時間	2	5	8	7	6	3	4	10
交貨日	7	10	15	18	8	4	6	12

4.假設以下 6 件工件等待加工，而且加工順序都是先經機器
M_1 加工完成，再到機器 M_2 加工。其加工時間列示如下，
試安排其加工順序，以追求最小之總完工時間 c_{max}。

工　　件	A	B	C	D	E	F
M_1 加工時間	3	8	4	2	5	1
M_2 加工時間	6	1	7	4	9	5

5.假設以下 9 件工件的加工順序及加工時間列示如下，請安排
其加工順序，以追求最小之總完工時間 c_{max}。

工　件		A	B	C	D	E	F	G	H	I
加工順序及時間	第一機器	M_1	M_2	M_2	M_1	M_1	M_2	M_1	M_2	M_2
		3	6	7	2	8	4	4	8	5
	第二機器	M_2	M_1	M_1	M_2	M_2	M_1			
		5	2	3	4	3	10			

6.請訪問當地的某零工式加工工廠，以瞭解其使用之排程實
務，及其使用之排程方法。

7.試訪問當地之連鎖速食店，以瞭解其員工排班之實務，及其
使用之排班方法。

第七章　預　測

　　預測是企業決策中的重要環節，也常是最早發生的環節。如果說企業組織是一個有機體的話，預測的角色就像是它所擁有的一雙眼睛，唯有良好的預測，才能清晰的辨別前路，進而做出正確的行爲判斷。企業的決策中，舉凡財務規劃、投資選擇、廠址選定、生產規劃以致於新產品開發，在在都需要正確的預測結果，方能做成決策。不論是經營環境的預測、消費行爲預測、需求預測、競爭產品預測均可能是企業經營時，需要考慮的重點。如何做好以上的各種預測，可能是管理科學的重頭戲之一。

　　然而，預測結果不可能十全十美，毫無差誤，任何一種預測方法，都有其適用性及局限性。在某些狀況下，可能預測準確性頗高，但在另外的情境之下，又可能不如理想。如此一說，倒不是要讀者放棄學習各種的預測方法及預測模型，畢竟這些方法是人類智慧的果實，均有其價值。倒是可以指出，在學習各種預測方法時，應正視且充份了解其適用性及局限性，以便在應用時能靈活變通，甚至互補短長，充份發揮各種預測方法的優點。

　　預測方法可概略分成兩類：定性的以及定量的方法。所謂**定性的**（Qualitative）預測方法，並不是表示完全不用數字，而是指並未採用數量化的模型進行預測，這種類型的預測方法包括如：專家判斷法，調查訪談法，或是**德菲法**（Delphi）法……等等。而定量的預測方法，則應用

數學模型或步驟，採取較週延、較少人爲判斷的方式，進行預測，一般常見的定量預測方法有兩類，一是迴歸模型方法；另一則是時間數列法。本章即將介紹以上這些方法，並討論其基本原理及適用性，最後則討論預測結果準確性的評量方式。

第一節　定性預測方法

預測進行時，常有狀況混沌不明或是缺少過去經驗的情形，例如推出市場上從未有的新產品時，並無類似產品的銷售記錄，在這種情形之下，專家判斷法便是簡便的預測方法，由具豐富經驗的行銷專家，逕行判斷新產品的需求量，也許是簡便且有效的方式。當然，專家判斷法的預測準確度，十之八九取決於此專家是不是眞正的「專家」。所謂的專家，必須具備以下幾個條件，方能有較佳的預測結果。

(一)具有預測項目相關的豐富經驗。

(二)充份了解該預測問題的特性及獨特性。

(三)對於各種收集資訊有綜合分析的能力。

事實上，專家並不易尋得，往往即便尋知有相關的專家也會因利益衝突、距離遙遠、頻繁溝通不良等，而不能由其中獲得正確的預測。

有鑑於專家不易得、或是專家意見不易彙集凝聚，蘭德（RAND）公司在 1950 年代即發展了德菲法（Delphi），彌補這些問題，使能得到更佳的預測結果。德菲法的施行步驟，大致分成以下的五項：

(一)選擇具有參與意願的專家，這些專家須對預測問題領域有充分的經驗及知識。

(二)利用問卷（或是類似電子郵件）的方式，獲得專家們個別的預測及意見。

㈢綜合其預測結果，一般以統計學的方式整理之後，再將預測結果寄回並附上新的問卷。

㈣再一次綜合預測結果，再設計新的問卷，寄給專家們。

㈤重複第㈣步驟，再分送綜合整理過的預測結果，詢問其看法及結果。

德菲法的用意，其實是在於採取多方專家的意見，並利用回饋資訊的方式，讓專家對於其預測有修正及仔細思考的機會。此法不僅能減少各專家親自參與開會所須的成本及寶貴時間，又能爭取專家們仔細思量的緩衝時間，實有其優點。

有些預測問題雖不能以數學模型求解，即是專家的意見也不盡可靠，我們往往倚賴調查、普查的方式，收集基礎資料，然後進行預測。例如產品需求預測，即有可能以調查或是普查的方式，反而能得到較佳的預測結果。在此，本節舉一實例作為說明，此例是電力公司所進行的電力需求預測，方法則是以調查的方法，了解電力需求的情形，進而進行預測，由於訴諸最終消費者的調查，一般又稱**最終消費法**（End-use method）。

最終消費法的預測原理，是先估計各最終消費端點能源（或電力）之使用情形，然後估計該最終消費器具之普及率及增加率，據以總加計算及預測整體的能源使用量。

最終消費預測法主要包含了三個部份：

㈠ 1.統計用戶數；　2.估計普及率或飽和度。

㈡調查各最終消費器具的能源使用量、使用時間、能源效率，然後據以計算各最終消費產品的能源使用情形。

㈢彙整各種最終消費產品能源使用量而成總能源之預測值，甚至進一步求出能源使用隨時間變動的情形。

一、用戶數及飽和度之估計

　　以電力而言，一般電力公司都有其用戶之資料，故用戶總數之評估不致有太大的問題。為求預測計算的準確，常細分用戶的種類，例如家庭用電、商業用電、公共用電、小規模工業用電、大規模工業用電戶等等。將用戶分類，除了易於準確估計未來用戶成長之外，對以後最終消費調查的各步驟也有幫助。

　　預測各種用戶的成長，除了以**趨勢**（trend）估計等簡易方法之外，亦可將電力用戶寫成目前人口數、經濟成長、國民所得等因素的函數，然後以迴歸分析預測未來的用戶數。

　　飽和度是用來表示電器（最終消費）的使用普及情形，但值得注意的是，由於許多電器並非一個用戶僅限一個，故飽和度的上限並不一定等於 1。

　　估計飽和度的方法有：

　　㈠由電力公司，以信件、電話、訪問的方式做抽樣調查。像臺電公司即於每兩年做此類的調查報告。

　　㈡利用其他電力公司或機構的資料數據，特別是社會，經濟背景較接近的飽和度資料，可用以估計飽和度。

　　㈢以迴歸分析的方式估計飽和度。將飽和度表示成幾個相關因素的函數，如氣候、電器價格、電器效率、家庭內人數、替代的電器等等。此法建立飽和度與其他相關因素的關係，是一大優點，但需蒐集大量的資料以作迴歸分析，是為缺點。

　　㈣使飽和度資料與"S"型曲線吻合，其作法是將已有的飽和度與時間的資料**配適**（Fit）於適當的"S"曲線，常見的 S 曲線有 Gompertz 及 Logistic 兩種曲線。如下之示意圖：

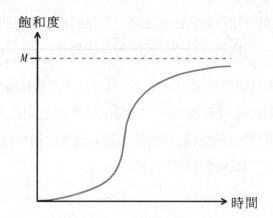

上圖中 M 爲飽和度的上限，此上限不一定爲 1，其值將隨最終消費的電器種類而異。分析時可以將過去的飽和度資料繪於時間軸上，然後以曲線配適法（Curve fitting）找到合適的 Logistic 或 Gompertz 曲線，並求出其參數值。此法用以預測未來之飽和度較前述㈢之迴歸方式簡便，但也需要相當的資料方能獲致可信之 "S" 曲線。

二、最終消費之用電調查

最終消費法預測之第二個環節，即爲最終消費的能源使用情形，這裡的所謂能源使用情形包含了能源使用量、能源使用時間長度、能源使用時段、能源使用習性……等等。一般來說，此類資料需透過向用戶調查得來，調查的方式則包括信件調查、電話調查或專人訪談等三類，實際調查的設計也可考慮混合上述方法的綜合調查法。調查所問的基本問題，與用戶之消費特性有關。

三、最終消費的能源使用量及總能源使用量

最終消費法中的能源使用量計算是以下面的式子作爲基礎，對每一種能源消費設備而言，能源使用量可表示成

> 能源使用量＝用戶數×飽和度×此能源消費器具之使用時間×
> 此器具之單位時間能源使用量

　　總能源使用量即爲各種能源消費器具（最終消費）能源使用量之和。有關能源使用的變化情形及預測，則需配合能源使用時段、居民習性、生產排程……等因素，做詳細的預估。甚至調查之結果以電腦模擬能源使用的型態，以了解能源使用之狀況。

第二節　迴歸模型方法

　　應用迴歸模型（Regression）進行預測，含有兩種意義，第一種意義是利用迴歸模型，將欲預測項目與其他變數之間的因果影響關係（Causal relationship）建立起來，然後利用對這些變數的已知資訊，轉而預測所欲了解的預測項目。舉例而言，國際上有許多預測油價的研究，但是對於煤價的研究則相對較少，因此一般的作法即是建立煤價及油價的關係，然後運用對油價預測的資訊，進行煤價的預測。

　　應用迴歸模型的另一種意義則是直接把時間當做迴歸模型中的獨立變數（Independent variable）x，然後將進行預測的變數作爲因變數（Dependent variable）y，進行預測。許多的計量經濟基本模型即是屬於此類的應用。迴歸方法可以掌握預測特性中的趨勢性、起伏性，也能加入非時間變數的其他影響因素，應是其優點。以下即介紹一般常用的迴歸模型建立，以及基本統計分析。不論是上述兩種意義的任一種預測均可應用之。

　　假設 x，y 分別代表我們有興趣的兩個變量，我們並希望建立 x 與 y 之間的關係，在此先討論解線性關係，則其數學模式爲：

$$y = \alpha + \beta x + \epsilon$$

其中 α 及 β 爲代表截距及斜率的係數，而 ϵ 爲誤差項。一般而言，ϵ 意味著自然界或不可抗拒因素所造成的不準確性。經由實際收集兩相關變量的資料 x_1, x_2, …, x_n 及 y_1, y_2, …, y_n 之後，我們試圖求出 α 及 β 的估計值；換句話說，每一對變量值 x_i 及 y_i 的關係是：

$$y_i = a + bx_i + e_i$$

這裡 a 與 b 是係數，且爲 α 及 β 的估計值，e_i 則常被稱作誤差項或殘餘項（Residual）。最小平方和法（Least squares）便是求取 a, b 值的常用方法，藉由

$$\min \sum_{i=1}^{n} e_i^2 \quad \text{或是} \quad \min \sum_{i=1}^{n} (y_i - a - bx_i)^2$$

的最小化來求得 a, b。

若將 x 值重新調整成相對於 $\bar{x}$ 的量，即新的 $x =$ 舊的 $x - \bar{x}$（平均值），則 a 及 b 的值爲

$$a = \bar{y}$$
$$b = \frac{\sum x_i y_i}{\sum x_i^2}$$

以此所求出的 a, b 值即可得出 x 與 y 的線性關係。在此，線性迴歸模式之正確性可由 e_i 值查驗，若假設模式中之 e_i 爲獨立隨機變數，且

$$E(e_i) = 0$$
$$var(e_i) = \sigma^2$$

亦即誤差項爲自然隨機所造成的亂度項，它的期望值爲零且變異數爲常數，這亦表示殘餘值確爲自然或不可抗拒力量所造成；若真如此，我們可說線性模式的假設是正確的。判斷以上條件是否成立的簡捷方法是將

e_i 值對時間軸畫出殘餘值圖, 從圖上可目視檢驗以上之條件是否成立, 換言之, 即是看其是否有不穩定的改變或變化情形。亦可以嚴謹之統計方法看以上之假設條件正確與否。

因此所估計而得的線性關係式 $y = a + bx$, 至此可說是對 $y = \alpha + \beta x$ 關係的適當估計。

更進一步地, 我們若想了解各係數 a, b 的準確程度, 甚至探究係數的信賴度區間。則需解 $a = \hat{a}$ 及 $b = \hat{\beta}$ 的抽樣分佈 (Sampling distribution)。首先, 需在假設殘餘值為獨立, 期望值為零且變異數為常數之外, 再加上一常態分佈的假設, 即 e_i = 常態分佈 $(0, \sigma^2)$。又需令:

$$S_\beta = \frac{S}{\sqrt{\sum x_i^2}}; \quad S^2 = \frac{1}{n-2} \sum (y_i - \hat{y}_i)^2$$

此處 S^2 為所有 y 值變異數的估計值。因此可得 $\hat{\beta}$ 的抽樣分佈

$$t = \frac{\hat{\beta} - \beta}{S_\beta}$$

這就是了解係數適切性所常用的 t 分佈。根據此抽樣分佈可做信賴度區間的估計及假設檢定。如 β 的 $(1-\alpha)$ 信賴度區間為

$$\beta = \hat{\beta} \pm t_{\frac{\alpha}{2}} S_\beta$$

其中 t 分配的自由度為 $n-2$。同理, α 的信賴度區間為

$$\alpha = \hat{a} \pm t_{\frac{\alpha}{2}} \frac{S}{\sqrt{n}}$$

常見的假設檢定則是 H_0: $\beta = 0$; H_1: $\beta \neq 0$。因為若 $\beta = 0$ 成立, 表示 x 與 y 之間並無影響關係。換言之 x 值的變動與 y 值的變動並無關係。舉例而言, 當我們在研究能源消費及 GNP 成長之間的關係時, 雖然斜率估計可能大於零, 但是值得注意的是須測試它在統計推論上是否

眞的「顯著」地大於零，否則，不能輕率的下其間有比例關係的結論。
這種統計上的推論細節，在數據量很少的時候，應該特別注意。

　　以上有關迴歸模型的統計分析，事實上的用處在於提供預測準確度
的基礎。換言之，利用迴歸模型所作的預測，具有信賴度區間的附帶輸
出。舉例而言，欲了解當 $x = x_0$ 時之對應 y_0 值，可由前述的公式計算，
而其信賴區間亦可得出，對於預測結果的準確度提供信息。其中

$$\hat{y}_0 = \hat{\alpha} + \hat{\beta}x_0$$

由於 $E(\hat{y}_0) = y_0$

且　$var(\hat{y}_0) = \sigma^2 (\dfrac{1}{n} + \dfrac{x_0^2}{\sum x_i^2} + 1)$

因此 y_0 的 90％ 的信賴度區間爲

$$\hat{y}_0 \pm t_{0.05} S \sqrt{\dfrac{1}{n} + \dfrac{x_0^2}{\sum x_i^2} + 1}$$

　　從上式中，若 x_i, y_i, $i = 1, 2, \cdots, n$ 數據爲已知，x_0 的絕對值越
大則信賴度區間的寬度越大。注意這裡的 x_0 值都是將原始數據平移到以
$\bar{x}$爲原點之後的值。其意義即爲外插的準確度會隨著該點接近$\bar{x}$的程度增
加而減少。而這也是一般建議儘可能勿以線性迴歸作**外插**（Extrapola-
tion）的重要原因之一，因爲一旦所欲求之 x_0 值與$\bar{x}$值相差太遠時運用
模式所估計的 y_0 值可能因信賴度區間太大而毫無意義。

　　值得附帶討論的是，當迴歸模式不適用時，一般還考慮以**轉換**（Tr-
ansformation）的方式，將數據特性改變，以期能重新嘗試線性迴歸，常
用的轉換方式有下列幾種：

㈠ $y' = \sqrt{y}$ 或 $y' = \log y$ 或 $y' = \dfrac{1}{y}$

㈡ $x' = \sqrt{x}$ 或 $x' = \log x$ 或 $x' = \dfrac{1}{x}$

㈢以上兩種轉換合併使用

將數據 x 及 y 以上述之方式轉換成 x'，y'座標上，可嘗試以線性迴歸模式模擬之。

在實用上，多元迴歸甚或非線性迴歸更能解決現實問題，但其基本原理都不脫本節介紹的基本架構，如建立模式、參數估計以及模式驗證等等，讀者可尋這類專書細究之。

第三節　一般時間數列預測

時間數列（Time series）方法用於預測的基本原理，在於採用過去的歷史數據進行預測，並不像迴歸分析將某些關聯變數或解釋變數置於模型中，時間數列分析較接近統計分析，所謂「讓數字說話」是其特點。也因為如此，時間數列分析較講求統計分析、機率假設及統計詮釋，在眾多的時間數列模型當中，以加權平均法、指數平滑法、Box 及 Jenkins 模型……等較為常用，由於 Box 及 Jenkins 模型較為複雜，故而獨立出來，在下一小節再行討論。本節則介紹幾種一般時間數列預測方法。

首先介紹簡單平均法（Simple moving average），其方法是將預測時期之前幾個時期的數據，經過算術平均的計算而得，其公式為

$$F_t = \frac{A_{t-1} + A_{t-2} + \cdots + A_{t-n}}{n}$$

其中

$\begin{cases} F_t & \text{為欲預測的即將而來的預測值} \\ n & \text{欲求平均之時間數目} \\ A_{t-1} & \text{上一期的確實資料} \\ A_{t-2}, A_{t-3} & \text{前兩期、前三期的確實資料} \end{cases}$

　　如此計算，可以將過去 n 期的觀測結果——「平均」結果，視爲對未來的預測，反過來說，過去 n 期的變化幅度則因爲取了平均值，成爲不考慮的因素，僅僅考慮過去 n 期的整體表現。這樣的預測方式，有消弭各個時期細微變化的效果，故而名爲移動平均法。

　　其次介紹的是**加權平均法**（Weighted moving average）。此方法應是以上介紹的簡單平均法的推廣，其數學表示式爲：

$$F_t = W_1 A_{t-1} + W_2 A_{t-2} + \cdots + W_n A_{t-n}$$

其中

$\begin{cases} F_t,\ A_{t-n} & \text{與前述相同，分別爲預測值及實際觀察值} \\ W_i & \text{在 } t-i \text{ 時期的加權值，同時須滿足下列之條件} \end{cases}$

$$\sum_{i=1}^{n} W_i = 1$$

由此可見，當 $W_i = \dfrac{1}{n}$ 時即爲前述之簡單平均法。至於加權移動平均法中的權重值如何選定，則是取決於經驗及嘗試錯誤方法（Trial & error）。一般而言，愈靠近預測時期的實際觀測值，應愈具重要性，亦即

$$W_1 \geq W_2 \geq W_3 \geq \cdots \geq W_n$$

但也有例外的情形。

　　第三種時間數列方法，則是**指數平滑法**（Exponential smoothing method），其原始的定義式是

$$F_t = \alpha A_{t-1} + \alpha(1-\alpha)A_{t-2} + \alpha(1-\alpha)^2 A_{t-3} + \cdots\cdots$$

此處的 α 爲平滑係數（Smoothing constant），是一待定的常數。但是此表示式經過迭代（Iterative）的整理之後，成爲

$$F_t = F_{t-1} + \alpha(A_{t-1} - F_{t-1})$$

其意義即頗爲明顯。式中的第一項爲上一時期的預測值，第二項表示上一時期預測差誤的修正值，此修正值獲得的方法則是僅取前一回差誤中的 α 比例做爲教訓。由此兩項相加而得到本時期的預測值。舉例而言，上一個月的銷售額預測是 1,000，而實際銷售額爲 1,100，則假設 $\alpha = 0.1$ 的狀況之下，本期的銷售預測爲

$$F_t = F_{t-1} + \alpha(A_{t-1} - F_{t-1})$$
$$= 1,000 + 0.1(1,100 - 1,000)$$
$$= 1,000 + 0.1(100)$$
$$= 1,010$$

指數平滑法普遍受到歡迎，其廣爲使用於預測的原因，概分爲下列數項：

㈠預測結果頗爲準確。

㈡易於理解。

㈢計算過程中不必記憶大量的歷史數據，此性質格外對計算機的計算速度有利。

㈣計算簡單。

然而，綜合言之，以上的簡單平均法，加權平均法及指數平滑法均有其優點，特別是對於簡單問題的解決，而手邊又無計算機的情形下，這些方法即可派上用場，並提供不錯的預測結果。

第四節　ARIMA 時間數列預測

目前，時間數列分析之所以成爲如此受重視的一門學問，應首推 Box and Jenkins 之功，他們對時間數列的機率模式的研究可說是一個分水嶺。自其 ARIMA 模式的發表以來，時間數列分析更爲完整。Box 及

Jenkins 的模式除了前述以歷史資料做基礎建立模式之外，並利用機率與統計的方法，將一般所知的趨勢及週期性分離出來，並將數據間自我相關（Autocorrelation）因素區隔出來。使數列中之因隨機亂度及自我相關性所造成的影響分解開來。如此，運用其模式做預測，除了能以自我相關性預測未來值外，並能同時確定預測值之信賴度區間以進一步瞭解預測之準確性。

在此先介紹幾個名詞：

㈠析濾（Filtering）

析濾過程是先將時間數列中的變動分成幾個因素如趨勢性，季節性，週期性，前後關聯性，隨機亂度……等等，然後將可分離（過濾）的因素去掉（常被去除掉的因素包括：趨勢、季節影響等）；留下來的常是穩定的數列（Stationary series），可以機率模式來模擬之。常用的析濾過程包括了：指數平滑法、簡單平均法、差分法（Differencing）……等。

㈡自我相關函數（Autocorrelation function）

自我相關函數（Acf）的定義如下：

$$\rho_k = \gamma(k)/\gamma(0)$$

ρ_k 是 k 個時間差的自我相關函數，而 $\gamma(k)$ 則為 k 時間差的互變異數（Covariance），亦即 $\gamma(k) = cov(x_i, x_{i+k})$，$x_i$ 為時間數列，而自我相關函數的估計值為 γ_k

$$\gamma_k = \hat{\rho}_k = C_k/C_0 ; C_k = \sum_{j=1}^{n-k} (x_j - \overline{x})(x_{j+k} - \overline{x}) / n$$

C_k 是抽樣互變異數，是一個統計量（Statistic）。以下是自我相關函數的三個性質：

1. $\rho(0) = \sigma^2/\sigma^2 = 1$
2. $|\rho_k| \leq 1$
3. $\rho(k) = \rho(-k)$

㈢穩定過程（Stationary process）

如果一個數列（過程 Process）的任一組 x_j，x_{j+1}，x_{j+2}，…，x_{j+n} 的綜合機率若相同，則此過程稱爲嚴謹穩定（Strictly stationary）。但是，絕大部份的時間數列都不是嚴謹穩定的，退而求其次，我們常想知道時間數列是否爲 2 階穩定（Second order stationary），其條件爲

$$E(x_t) = \mu \quad \text{for all } t$$

$$cov(x_t, x_{t+k}) = \gamma(k) \quad \text{for all } k$$

㈣部份偏自我相關函數（Partial autocorrelation function）

在此不詳述，它可視爲考慮部份情報的自我相關程度，Pacf 及 Acf 聯合使用可幫助判斷，哪一種時間數列機率模式適合所搜集的數據。

一般而言，數據特性的掌握是時間數列分析的重點。而數據的規律性或特性，可分成下列幾項：

㈠趨勢性。

㈡循環性。

㈢週期性。

㈣自我相關性。

㈤亂度。

Box 及 Jenkins 所建議的模式除了掌握趨勢性、季節性及週期性之外，亦涵括了自我相關的特性，並以機率模型考量亂度的效果。

常見的 Box 及 Jenkins 的時間數列模式包括有四種基本模式：AR，MA，ARMA，ARIMA。其中 AR 及 MA 兩種模式是 ARMA 及 ARIMA 兩種模式之特例，而 ARMA，ARIMA 則爲較常用的一般性模式。以下便是各模式之表示式：

㈠AR (p)　Autoregressive model（自我迴歸模式）

$$x_t = \alpha_1 x_{t-1} + \alpha_2 x_{t-2} + \cdots + \alpha_p x_{t-p} + z_t = \Phi(B)x_t + z_t$$

㈡MA（q）　Moving Average model（移動平均模式）

$x_t = \beta_0 z_t + \beta_1 z_{t-1} + \cdots + \beta_q z_{t-q} = \theta(\mathrm{B})z_t$

MA 及 AR 模式之比較（box & jenkins，p.79）

	MA（q）	AR（p）
型　態	$x_t = \theta(\mathrm{B})z_t$	$x_t = \Phi(\mathrm{B})x_t + z_t$
穩　定	一定是穩定的	當 $\Phi(\mathrm{B}) = 0$ 之根（Roots）在單位圓之外時爲穩定
轉　換	當 $\theta(\mathrm{B}) = 0$ 之根在單位圓之外則爲可轉換	一定是可轉換的
Acf	在時間 q 之後爲零	其絕對值是幾何數列漸減
Pacf	其絕對值是幾何數列漸減	在時間 p 之後爲零

　　自我迴歸（AR）及移動平均模式（MA）爲 Box 及 Jenkins 所提出的最基本的兩種模式。AR 模式以過去 p 期的數據構成在時間 t 的變量 x_t 的函數，此外再加上一表示亂度之變數 z_t。MA 模式則以 q 個系列的亂度累積來表示變量 x_t。這兩種模式是時間數列之基本型態，而且常可相互轉換。眞正常用的模式則是兩者之綜合型態 ARMA 模式，以及進一步搭配差分（difference）而構成的 ARIMA 模式。

㈢ARMA（p,q）　Autoregression/Moving Average

$\Phi(\mathrm{B})x_t = \theta(\mathrm{B})z_t$

㈣ARIMA（p,d,q）　Integrated ARMA

$w_t = \nabla^d x_t$

請注意這裡 w_t 是 ARMA 模型級數的表示式。

而此處　∇　Difference operator（差分）$\nabla x_t = x_t - x_{t-1}$

　　　　　B　Backshift operator（倒回）$B x_t = x_{t-1}$

注意這裡 z_t 是隨機誤差項，並假設 $E(z_t) = 0$，$var(z_t) = \sigma_z^2$。由於誤差項爲獨立。故 $s \neq t$ 時，$E(z_s z_t) = 0$，這個性質在求取 MA 模式中的 Acf 最常被用到。以下是一個例子說明時間數列模式的基本性質。由於 Box 及 Jenkins 方法較爲複雜，限於篇幅，在此僅以較簡單的 MA 及 AR 模式做說明：

例 MA（1）：

模式表示成：$x_t = \beta_0 z_t + \beta_1 z_{t-1}$

期望值：$E(x_t) = 0$

變異數：$var(x_t) = (\beta_0^2 + \beta_1^2)\sigma_z^2$

1 階自我相關：$\gamma(1) = \beta_0 \beta_1 \sigma_z^2$

　　　　　　當 $k > 1, \gamma(k) = 0$

　　　　　　故 $\rho(0) = 1$，$\rho(1) = \beta_0 \beta_1 / (\beta_0^2 + \beta_1^2)$

　　　　　　當 $k > 1$ 時，則 $\rho(k) = 0$

　　　　　　又令 $\beta_0 = 1$，$\beta_1 = \theta$，MA（1）可化成 AR（∞）

　　　　　　$x_t = z_t + \theta z_{t-1}$

　　　　　　　　$= z_t + \theta x_{t-1} - \theta^2 x_{t-2} + \theta^3 x_{t-3} + \cdots$

若 $|\theta| > 1$，則以上式會發散，故 $|\theta| < 1$（Invertibility region）被定義爲轉換區域，轉換區域同時保證一個時間數列（Process）與一組自我相關函數有一對一的對應關係。

　　一般時間數列分析在預測應用上存有三大問題爲：

㈠哪一個模式較合適？AR，MA，ARMA 或者是 ARIMA？

㈡模式的階次（Order）爲何？換言之，即 p，q 值爲何？

㈢模式的參數如何估計？

關於第㈠及第㈡個問題最簡易的方式即是利用抽樣（數據）的自我相關及偏自我相關值來回答了。例如下圖，即利用自我相關的型態來判斷何種模式較合適以及其適合的階次爲何。圖中將自我相關係數類型及適用的模式分別列出，以供參考選用。

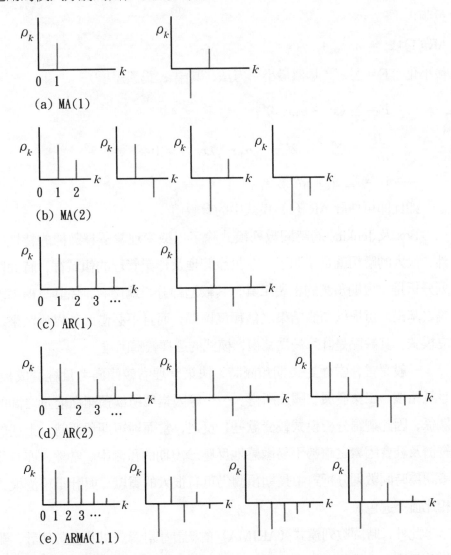

(a) MA(1)

(b) MA(2)

(c) AR(1)

(d) AR(2)

(e) ARMA(1,1)

在圖(a)中的兩種情況若發生，即可初步判定適用 MA（1）的 ARIMA 模式。第一種情況是自我相關係數（1 階）爲正值，然後較大的階次之

自我相關均為零；第二種情況是前兩階的自我相關係數分別為負值及正值，然後各階次的係數值均為零。其他判斷適用的模式之情況則如其餘圖形所示。

至於模式參數的估計，則根據誤差值最小化的理念而來，以下舉例說明：

AR (1)：$x_t = \alpha x_{t-1} + z_t$

最小化　$F = \sum z_t^2$　類似最小平方法，其中 z_t 為誤差項

$$F = \sum_{t=2}^{n} (x_t - \alpha_1 x_{t-1})^2$$

$$\frac{dF}{d\alpha_1} = \sum \left[-2(x_t - \alpha_1 x_{t-1})x_{t-1} \right] = 0$$

$$\Rightarrow \hat{\alpha}_1 = \sum x_t x_{t-1} / \sum x_{t-1}^2$$

如此即可估計 AR（1）模式中的參數值 α。

Box 及 Jenkins 的時間數列模式除了以機率理論解釋數據的特性之外，最大的應用就是預測了。在生產管理及作業管理的領域裡，時間數列分析是中短期預測的主要工具，其較迴歸分析為優者，係其具機率理論之基礎。可提供預測結果之信賴度區間，而且不必借助外界變數來建立模式。其缺點是計算較為繁複，模式的選擇較為困難。

一般而言，當面對長期預測時，決策管理者較傾向考量經濟成長、景氣循環、工業發展、國民所得、……等因素與所欲預測之變量之間的關係，因此迴歸分析模式較受歡迎；反之，當面對短期預測時，上述的經濟及社會因素之趨勢不易敏感地反應於短期的預測中。當然，亦有學者認為時間數列分析對中長期預測仍可有很大的貢獻，與計量經濟模式相比並不遜色。

此外，時間數列模式（ARIMA）的統計學計算，以及參數估計，雖如前所述非常繁複，所幸一般常用的統計軟體如 SAS, MINITAB 等均有此功能，可作 ARIMA 模式的選擇及參數估計，其中如 SAS 所附的

ARIMA, ESTIMATE 及 FORECAST 三個部份指令可求得 ARIMA 模式的預測值。

第五節　預測誤差

所謂的誤差（Error）表示預測值與實際值的差，誤差愈大顯示預測方法愈有問題，同時對之後的決策錯誤影響也愈大。然而仔細分析預測誤差又可分為兩種：

(一)系統誤差

一般顯示預測方法本身具有錯誤，或是並未掌握住其中的影響因素。理論上此種誤差是我們消弭的主要對象，消弭這種類型的誤差可以從重新檢視問題、分析數據、及篩選所有影響因素等方面著手。

(二)亂度誤差（Random error）

這種誤差源自於不可掌握或不可抗拒的因素，由於預測問題的特性，勢必難以避免。一般均容許此類的誤差，但常將其規定在一定的範圍內。

至於誤差的量度方法，在此則介紹常用的平均絕對誤差（Mean Absolute Deviation，MAD），平均絕對誤差顧名思義就是將誤差的絕對值取平均。換言之，其表示了誤差的幅度，以及預測值與實際值的差距，它的表示式如下：

$$MAD = \frac{\sum_{t=1}^{n} |A_t - F_t|}{n}$$

其中

t　表示時間

A　表示實際數值

    F   表示預測數值

    n   則表示所有的時間數目

平均絕對誤差愈大顯示預測結果愈離譜。同時，當誤差呈常態分佈的時候，標準差（Standard deviation）與平均絕對誤差有一定的關係。

$$STD = \sqrt{\frac{\pi}{2}} MAD$$

其中

$$STD = \sqrt{\frac{1}{n} \left[\sum_{t=1}^{n} (A_t - F_t)^2 \right]}$$

近似的數值而言，可得 $1MAD = 0.8STD$。

    誤差量度除了可提供表現誤差的統一途徑之外，也可以用來作為比較不同預測方法良窳的準繩。決策者在尋求適當預測方法的時候也可根據預測誤差的大小作為取捨的標準。

第六節　結　論

    以上介紹了數種基本的預測方法，讀者可以針對不同預測方法的特性及優缺點，選擇適合的預測方法。進一步探討預測準確度及適用領域的問題，則請參閱進階的專書。所謂「天有不測風雲，人有旦夕禍福」，即是在提醒我們，沒有一個十全十美的預測方法。一般人所能做的除了盡力選擇適當的預測步驟及方法，逐步增進預測準確度之外；就是做好準備迎接預測差誤的後果了。

    在本章最後，引用兩篇文獻，討論預測方法的適用性及普及性，作為結尾。第一個研究是由 Wilson 及 Koerber 在 1992 年秋天的 *The Journal of Business Forecasting* 中所提出的，其中包括了不同預測方法的適用性及難易度，請見下表：

預 測 方 法	數 據 數 量	預 測 期 限	難 易 度
指數平滑法	5～10 資料	短期預測	較容易
迴歸模型	10～20 資料	短、中期預測	中等難度
Box & Jenkins	50 以上的資料	短、中、長期	非常難

此外，Herbig 等人亦在 1993 年夏季號的 *The Journal of Business Forecasting* 中對企業決策者作了問卷調查，其中有關各種預測方法的應用頻率及重要性，謹列於下表以供參考。其中曾應用的頻率的數值尺度是

3＝經常使用；2＝常使用；1＝偶而使用；0＝從未使用

而問卷中「重要性」答案的數值評量為：

7＝非常重要；4＝一般重要；1＝不太重要

預測方法	曾使用的比例	重要性
企業調查	2.2	4.7
工業調查	1.4	3.2
迴歸方法	1.7	4.2
移動平均法	1.4	3.8
指數平滑法	0.9	2.8
時間數列法	1.5	4.3
專家判斷法	2.9	6.0

習　題

1. 企業決策中，預測的重要性為何?

2. 何謂德菲法?

3. 如何判別迴歸模型是否可為預測之工具?

4. 試列舉時間數列預測之各種方法。

5. 時間數列預測有何優缺點?

6. ARIMA 模型有何優點?

7. 收集最近一季之股市紀錄，分別以簡單時間數列方法預測未來之股市指數變化。

8. 試將上述之數據代入統計軟體 (如 MINITAB)，進行預測。

9. 預測誤差有幾種，各具何種意義?

第八章　物料管理

物料通常分爲四類，包括㈠原料或零件，㈡在製品（Work-in-process）存貨，㈢完成品（Finished goods）存貨，㈣文具用品及其他存貨。物料管理的目標是，有系統的計劃、協調以及控制物料的取得、貯存及搬運等作業，以便於適當的時間（Right time），在適當的地點（Right place），以適當的價格（Right price）及適當的品質（Right quality），供應適當數量（Right quantity）的物料來滿足企業各部門的需求。

物料管理面臨的兩難在於，一方面要維持足夠的存貨量來滿足對物料的需求及提高企業的生產力，另一方面又要追求儘可能愈低的存貨成本。在本章我們首先介紹物料管理的基本範圍及觀念，然後介紹需求相依情形的存貨管理方法：**物料需求計劃**（Material Requirement Planning），以及**及時生產系統**（Just In Time）的相關存貨觀念。在下一章，我們將重點放在需求獨立情況下的存貨分析模式。

第一節　物料管理的重要性及目標

在一個生產系統中，物料管理的活動包括：

㈠原料或零件的管理：採購、接貨、貯存及提取。

㈡完成品的管理：包裝、運送、從倉庫的貯存、提取及配送至顧客

手中。

㈢在製造過程中物料的管理：在製品的貯存及搬運。

因此，物料管理從原料的取得，到生產過程的參與，直至完成品送到顧客手中，都一直扮演重要角色。而其重要性更可由成本及作業的兩項角度來探其究竟。

物料佔所有企業相當大比例的財務投資。維持企業所需的物料及存貨的成本可能相當大，包括運輸、貯存及物料本身的資本成本。「存貨週轉率」（Inventory turnover rate）常被用來衡量存貨貯存的時間長短。週轉率定義為整年的採購或生產金額除以年平均存貨金額。例如，年採購金額為六百萬，年平均存貨金額為四十萬，則週轉率為 15。通常我們希望擁有高週轉率，以追求高投資報酬率（Return on investment）。

物料在生產作業中也扮演很重要的角色。因為需求不是穩定，而且生產產品所耗用的時間受到許多因素之影響也難以準確估算。為了應付需求量及生產量的不穩定性，需貯存一些完成品存貨（安全存量）來降低這些變動性的缺貨負面效應。其次，某些產品具有季節性需求，我們不可能在當季生產所有的需求量，而是採取事先生產，加以貯存以應付高量的季節性需求。通常大量採購可得到優惠採購價格，也經常是我們擁有原料及零件存貨的原因。傳統上，在製品存貨常用來減少因機器故障或產品不良率偏高或供應商來不及供貨等問題，所造成的停工待料。但是新式的生產觀念，已愈來愈重視事前的機器維修，降低產品不良率以及維持良好供應商關係等，來降低對半成品存貨的依賴。綜而言之，存貨很難完全避免。縱使如服務業，提供的服務並非有形產品，但是零件或文具等物料仍是企業運作順利的重要支援物。

依 Ammer (1974) 的見解，物料管理的九大主要目標如下：

㈠以低價格購入物料及其運送服務。低成本之物料，可提高利潤。

㈡維持高週轉率。高週轉率意味著低平均存貨，則存貨的資本額較

小以減少資金之積壓，以提昇投資報酬率。

　　㈢追求驗收、貯存及檢驗等項的低成本。若是驗收及貯存的業務透過有效地運作，其相關成本應可降低。

　　㈣維持供貨之不間斷及運送的可靠度。原料進貨的不準時或數量不足，往往造成運輸成本的增加，或是生產線的停工待料。

　　㈤維持一致性物料品質。從供應商購入之原料、零件等物品，應保持一致性品質，以避免品質不穩定或不良，造成生產過程的困擾。

　　㈥低人工成本。需設計良好物料管理系統，以有效運作物料系統，來達成低人工成本。

　　㈦維持良好供應商關係。製造業常因產品或製程之變更，需要供應商之配合來修改其原料、零件之變更。因此，維持良好供應商關係，可獲得較好的服務、不斷改善的品質及低成本。

　　㈧員工的培育。物料管理的工作需要適任的員工；員工的管理技巧及能力會影響其管理成效。因此，應給予員工不斷的教育訓練以提昇其能力。

　　㈨保存正確的物料紀錄及訊息。完整的物料紀錄，有助於品質計劃的實行及生產排程，也可做為預測物料價格及用量的輔助訊息。

　　而這些目標之間往往是互相衝突的。低採購價格往往來自於大量採購，但是卻導致高平均存貨，因而降低存貨週轉率。低價格也可能源自於低物料品質。過度壓低物料之採購價格，也可能致使供應商沒有合理利潤，而難以維持良好供應商關係，進而降低供貨的可靠度。高存貨週轉率通常增加驗收、貯存及檢驗之次數，因而提高每單位物料的平均驗收、貯存等成本。高存貨週轉率也意謂低平均存貨，當面對突然的需求大增時，容易導致供應不足。追求驗收、貯存及檢驗的低成本，可能忽略完整的物料紀錄。要求供貨的不間斷，有時會接受不良率偏高的物料，而難以維持品質的一致性。低人工成本與員工培育的訓練費用，也相互

衝突。因此，除了追求物料管理總成本之最小化之外，如何在這眾多目標之間，權衡得失，成了物料管理工作者的挑戰。這些目標的輕重考量，也往往廣受企業的特質及外在經營大環境的變動所影響。譬如，當銷售額正在成長中，物料管理的主管可能將重點擺在維持良好供應商關係和物料品質的一致性，而比較不在意低存貨週轉率及其採購價格。當經濟不景氣時，則首要降低平均存貨，追求高週轉率，以及講求低採購價格，以免資金積壓。

第二節　物料管理的功能

在上一節中，我們提到物料管理的活動包括原料或零件之採購及存取、在製品的存取及搬運、完成品的包裝及配送等。若依功能來分則包括：採購、驗收、貯存、包裝及運送、配送等。

採購的職責在於取得原物料、零件、工具及所有由外採買進來的任何物品。因此採購之職責，不僅只是填寫表單來向供應商下訂單而已，還要負責評估供應商之良窳、協調供應商及工程部門物料規格的相互配合度等。

驗收的工作包括從供應商運送來的交通工具上卸貨下來，確認整批貨具有正確的數量及合約上協議的物料品質水準，以及將物料安置成等待貯存的狀態。而品質管理中的抽樣檢驗在此扮演重要的角色，來決定是否物料品質達到約定的品質水準。我們將於第十二章品質管理中討論。

貯存則指實物上，收取從供應商而來的原物料及零件等物品，加以適當地擺置，以便生產線及維修部門需要時，能快速地提供其所需之品項。

包裝及運送部門則負責完成品之適度包裝以減少其損壞之情形，也要正確地標示完成品相關資訊及搬運完成品至正確的運輸工具上以備送

出完成品到配送倉庫 (Warehouse)。

通常工廠製造完成的貨品存放在配送倉庫，再由配送倉庫負責將物品配送至顧客手中。配送的工作包括，選擇運送的交通工具及運送路線，還有送貨員的搭配等事項。這部份在第五章的網路分析及路徑規劃中已討論過了。

一、採購與供應商管理

企業外購的原因主要為兩項：㈠供應商將提供比在自己公司內部自製還低的物料成本，㈡供應商擁有企業所欠缺的知識或技術。因此，採購部門的職責包括：

㈠接受組織各部門的請購。

㈡瞭解企業組織所需的物料特質及規格，並尋找物料替代品，提供生產部門試用以降低成本。

㈢選擇物料供應商：包括開發及評估供料廠商。

㈣詢價、招標、比價及議價。

㈤訂購物料及辦理採買手續。

㈥交貨控制與催交。

㈦授權予以付款。

㈧監控物料成本、品質及運送可靠度等。

㈨維持良好供應商關係。

㈩保持物料及其供應商之正確紀錄。

除了以上之職責外，採購的物料品質往往直接影響生產的效率及品質。過去傳統只重視低成本購價，而導致買入的原料不良狀況偏高，因而造成生產時的諸多困擾及完成品的不良率也可能跟隨偏高。這種傳統作法，隨著競爭激烈的要求，品質提昇成為重要的競爭力之一，供應商的物料品質也愈來愈受重視。而依照日本的經驗，藉由與供應商維持良

好關係來提昇原料及零件品質之作法，至少帶來兩項利益：㈠降低原料及零件之存貨，㈡降低或取消進貨檢驗。甚至良好的供應商可以參與產品設計時的零件選用考量。

　　為追求與供應商維持良好關係，日本及美國也都偏好減少供應商數，甚至是單一供應商制度。有時，也與供應商簽定長期合約，以提昇彼此的合作關係，致使供應商願意增加設備來致力於其製程及系統的改善，進而提高其物料品質。最新的供應商關係趨勢，乃是要求供應商提供其品質保証、品質測試及檢驗過程與結果，甚至是第三者認證如 ISO 9000，來確保進料的品質。

二、物料倉儲管理

　　物料經過驗收入廠後，存放在倉庫中之物料必須進行領（發）料、退料、盤點及呆廢料管理等作業。而這些作業的目的不外乎，使庫存物料獲得妥善保管，維持良好品質，以供應適時之需求，進而追求企業的經營利潤。為求經濟有效地使用倉庫，倉儲管理包括了：

　　　㈠倉位的設計、佈置與編號。

　　　㈡儲存設備的選用及維護。

　　　㈢物料擺置、儲存的方法之選用，以及物品之維護。

　　　㈣物料進出的管制，至於存量的管制問題將於下一章節中討論之。

　　　㈤料庫安全之防護措施。

　　因為倉儲管理中，儲存設備及物料擺置方法的專業性已超出本書範圍，有興趣之讀者請參閱物料管理之專書。

第三節　存貨問題之分類

存貨問題的討論必先瞭解存貨之特質，再依特質之不同而提出解決之方法。而存貨的特質可依㈠存貨的種類多寡而分類，㈡存貨需求的本質而分類，㈢存貨需求計劃期間的長短，㈣取得存貨的前置時間 (Lead Time)，㈤缺貨的影響。

㈠存貨種類爲單一種類或多種類。許多存貨模式通常針對單一種類存貨而設計的。實務上，許多企業擁有上千種不同物料。因此物料將依重要性分類，再配合各種不同存貨模式來管理之。

㈡存貨需求的本質可分爲獨立需求與相依需求。在零售店的行業，物品向供應商大量買入，再改以包裝賣給最終消費者，通常這樣的物品需求是獨立的。換句話說，產品的需求直接來自顧客。反之，一般製造業的零件需求往往是相依的。因爲某一成品可由數項零件及半成品組合而成，當此成品的需求量增加時，這些構成的零件及半成品的需求量亦跟隨而增加。

我們在下一節中將討論相依需求的存貨管理方法：物料需求計劃 (MRP)。而獨立需求的存貨管理模式則留待下一章討論之。

㈢存貨需求計劃期間的長短。有些物品的銷售期間很短，剩餘的物品也難以在下次出售或是儲存成本太高而不宜留待下次出售。例如報紙只能當日出售，雜誌通常當月出售。這種單期存貨問題的經濟考量需有其特定的解決模式及方法。

㈣前置時間定義爲下訂單到收到貨的時間，或是下生產工令單到製造完成的時間。前置時間可能是相當定值的，但也可能受許多因素干擾而呈現相當幅度的變動。通常前置時間變動愈大，存貨管理的困難度及

成本也隨之增高。

　㈤缺貨的影響可分為失去銷售機會及顧客接受延遲交貨（Back logging）。失去銷售機會除了失去可能賺取的利潤外，也還可能失去商譽及未來的銷售收入。雖然顧客接受延遲交貨，但也會引發其他成本，譬如額外的運貨成本、手續費用或是以較高的購價向其他供應商買入物品。對特殊行業而言，缺貨可能是無法接受的。例如，醫院裏的血庫若缺乏，則可能導致病人的生命危險。

　綜而言之，存貨問題可依各種分類而呈現各種組合，每種特質又需要不同之管理方法，本書也不可能完整地討論各種存貨狀態。有興趣的讀者請參見物料管理或存貨管理之專書。

第四節　物料需求計劃（MRP）

　於 1960 年代，Joseph A. Orlicky 指出「獨立與相依需求」之後，只重視獨立需求的傳統物料管理受到挑戰。到了 1970 年 Joseph A. Orlicky, George W. Plossl 及 Oliver W. Wight 共同於 APICS 之第十三次國際會議上提出 MRP 之構想，後來發展為一整套電腦軟體。到了第一本 MRP 專書問世的 1975 年，美國已有約 700 家公司正努力採用 MRP 系統或是已實施 MRP 系統了。早期的 MRP 只適用於存量管制，後來還結合了生產管制，甚至擴充至整體的管理情報系統，而發展為「製造資源計劃」（Manufacturing Resource Planning），並稱之為 MRP Ⅱ，以別於 MRP。

　MRP 的目的主要為控制存貨水準、決定各品項之作業優先順序及規劃生產系統的產量。而其目標即是，透過適時、適地提供適量的物料，以提昇顧客的服務、降低存貨投資及提昇生產效率。

　雖然實施 MRP 對於以相依性需求為主的製造業或裝配業有許多好

處，尤其在存貨投資上的減少可能高達 40％。但是也有許多公司推行MRP，卻失敗了。而造成失敗的原因通常包含四項：

㈠缺乏高階主管的承諾

MRP 不應只是個製造系統，更應將它當作是個商業計劃系統，透過良好的排程而達到有效用的資本運用，繼而追求利潤。

㈡誤以為 MRP 是萬能的

MRP 只是一個軟體，尚待使用者正確地使用，以發揮其應有的功效。

㈢MRP 還需與 JIT（及時生產系統）整合來發揮更大之效用

此整合性留待下一節再討論。

㈣需要即時且正確地更新變動

但是倉庫存貨量往往與記載不相符，工程圖及物料單（Bill of Material，BOM）的經常修改往往來不及即時變更相關記錄。MRP 系統總是需要使用最新的異動結果，而不是過時的訊息，否則其分析及決定也將隨之有誤。

一、MRP 系統之架構

MRP 系統乃是利用主生產日程（Master Production Schedule，簡稱MPS）、物料單、存貨記錄檔等各種資料，經由計算而得到各品項的需求日期及數量，再依據各獨立需求品項的再訂貨原則來提出各種新訂單補充之建議，及修正各種已開出訂單，同時也估算各生產產能的充足性以修正生產計劃等相關事項。因此，MRP 是一種存量管制和排程的整合技巧，以電腦為計算基礎及掌握大量資料，來提供我們想獲得的訊息及部份決策。

由圖 8-1 顯示了 MRP 系統的整個輸入與輸出項目，及其相關性。綜合已有的顧客訂單及隨機性的需求預測，再配合企業的資源運用規劃，來決定主生產日程表，亦即安排在那些特定期間、生產那些產品項目

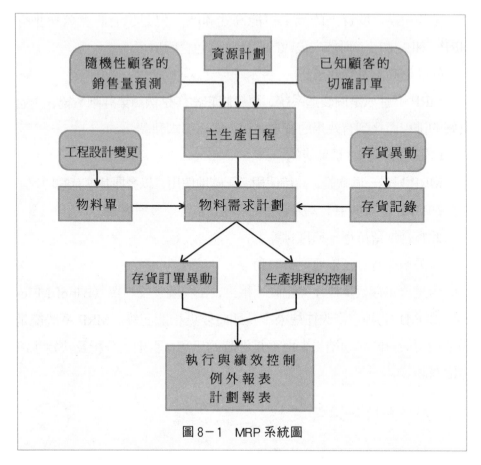

圖 8－1　MRP 系統圖

（包括最終產品、次組合及零件）及其數量。透過物料單（BOM）可以
得知那些次品項及最終零件來組合成各最終產品，及其所需之數量。而
存貨記錄則告訴我們手中擁有的各品項及零件之數量，以及已下訂單尚
待收貨的各物料數量。MRP 乃是收集及整合主生產日程計劃、物料單及
存貨記錄檔，來決定整個生產順序的各品項、各次品項的詳細生產排程，
以及各獨立需求零件及物料的訂單安排時間。

二、MRP 之輸入與輸出

　　最終產品項的需求來自已知顧客及不確定的未知顧客。前者經由銷

售人員或是部門間產生而來的已知訂單，而且需求的交貨日期已明定。後者的需求量來自對不確定需求的預測值，通常透過「預測方法」，根據過去的數據等推論而來的，請參看第七章。由已知的訂單需求量及預測需求量加總而得總需求量，亦即成為主生產日程計劃的輸入數據。

物料單（BOM）檔案存放各產品品項的完整紀錄，包括其組成所需之零件、次組合配件、原料等及其所需數量，也描述此產品被加工的程序。倘若工程設計變更時，物料單必須隨即更新，以保持正確的資訊。為更進一步說明 BOM，將以圖 8-2 之產品 A 來解釋。圖 8-2 顯示產品 A 之物料結構表，又稱為**產品樹**（Product Tree）。(a)及(b)乃是兩種不同表示法。

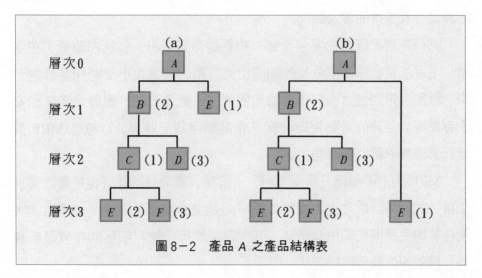

圖 8-2　產品 A 之產品結構表

產品 A 需由 2 個 B 及 1 個 E 組合而成（在此我們稱 A 為母項，B 及 E 為子項），次組合產品 B 又需由 1 個 C 及 3 個 D 組合而成，次組合產品 C 則需 2 個 E 及 3 個 F 來組合而成。圖 8-2(a)及(b)乃是兩種不同的零件層次表示法。圖 8-2(b)將同一種次組合或零件放在同一層次，這樣的表示法較易於計算各品項的總需求量。在電腦檔裏存放產品 A 之 BOM 時，通常採用**單層次**（Single-level）關係展現，亦即由產品 A 只知

道其次組合爲 B 和 E 。在存放產品 B 之 BOM 時則只知其次組合爲 C 及 F ，存放產品 C 之 BOM 時則只知其次組合爲 E 及 F 。而產品 E 及 F 則只是最終零件品項。這種單層次展現法使得資料較易貯存，而推究產品 A 的所有詳細次組合及零件時，也可透過 B 再透過 C 一一展開來。

適合 MRP 使用之 BOM 應具備以下數項特性：

㈠BOM 應適合於電腦檔案儲存及檔案維護的效率。

㈡BOM 應可用來展開物料需求，以作爲各組件、原料及配件之訂購或生產優先順序決策之參考，以使 MRP 系統順利運作。

㈢BOM 應可提供產品成本資料，以協助估算製造成本。

㈣BOM 應能即時反應工程設計變更，並協助發展標準零件系統，以縮減設計及其後的製造時間。

物料存貨記錄檔主要包含每一物料的存貨狀況，包括在庫量、在途量、毛需求量、淨需求量及計劃開出的訂單的數量大小及時間等計劃因素。計劃因素則包含物料項目的前置時間、批量方法、報廢允許率和安全存量等。存貨的異動要即時反應在電腦存貨記錄裏，以減低 MRP 系統計算淨需求量時的誤差。

MRP 的主要輸出分爲兩部份，一部份有關最終零件（也是獨立需求項目）的採購訂單之決定，第二部份則是生產指派單來決定各產品、次配件等的生產優先順序及時間。其次還提供每一物料項目的存貨最新資料、績效報告及例外報告。

雖然 MRP 能提供每工作中心的負荷量，並即時反應產能的不足，但很難由 MRP 的電腦系統來直接調整因產能不足的重新安排生產優先順序，因爲太過於費事及費時。通常是由人工來執行因產能不足而引起的生產排程調整。

管理當局可利用績效報告來稽查存貨管理員、採購員、現場作業員、供應商及財務成本人員等之工作績效。並明列實際與計劃之偏差，並統

計過去工作之成效。

例外報告則包括系統內發生錯誤、超越範圍等例外情形之整理，可能包含下列數種狀況：㈠毛需求之輸入日在計劃期間之外，㈡預計的下訂單時間在過去期間，而却安排於現在時段，㈢外購訂單之到期日在計劃期間之外，㈣其他。

三、MRP 系統的計算例題

MRP 系統的目的在於推算各最終產品、次組合（Subassembly）及零件各品項的需求，推算過程包含以下四項基本步驟：

㈠決定毛需求

各品項的毛需求分為獨立需求與相依需求，獨立需求由主生產日程表中直接可得知，相依需求則由品項之母項的計劃訂單計算而得。

㈡計算淨需求

　　淨需求量 ＝ 毛需求量 － 可用量

　　可用量 ＝ 庫存量 ＋ 在途預收量(已訂未交貨) － 安全存量

㈢批量調整

外購批量與生產批量在 MRP 系統裏算是個相當複雜而且困難的問題。外購批量是向外採購的零件的每次訂購量，生產批量則是指在工廠內生產時，每次生產的數量。批量大小的決定通常考慮持有成本及設置（或每次訂貨）成本，以及 MRP 計劃中需求的時間的相互關係。批量法則可分為兩種基本類型：

　1.簡單法

　　包括定量訂購法（Fixed order quantity）、經濟訂購量法（EOQ）、依量訂購法（Lot for lot）、定期訂購法（Fixed period requirements）及期間訂購法（Period order quantity）等。這些方法簡單易用，適於需求變化小的品項，但也可能導致較高之成本。

2.複雜法

包括最低總成本法（Least total cost）、最低單位成本法（Least u-
nit cost）、部份期間平衡法（Part-period balance）及動態批量法
（Dynamic lot sizing）等。這些法則較適合於需求變化大（有些期
間需求大，有些期間無此需求），以及計劃期間較長時。

我們將於此計算例題中先假設採用「依量訂購法」，於例題之說明
後，再討論幾種不同批量法則之影響。

㈣決定下訂單（開出工令單）日期

各品項的各日期需求量，透過批量法則可決定整批貨之預計到達日
及其數量。再加上訂購時的購備時間（或是生產所需的前置時間），即可
向前推算其發出訂單（或是開出工令單）的日期了。

假設某甲工廠之未來各期間需求資訊如表8-1，將已知訂單需求量
加上預測需求量，則其主生產日程計劃如表8-2。而接下來的推算尚需
再確認其可行性與各工作中心的負荷量，倘若不符，則需再重新調整主
生產日程計劃。本演算例題則不再做上述之可能性與產能負荷量之確認。

表8-1　未來各期需求資訊

產品＼期間		1	2	3	4	5	6	7	8	9	10	11	12	13	14	15	16	17
A	訂單需求							250							300			
	預測需求							200							200			
次組合C	訂單需求					400				300					300			
	預測需求					100				100					100			
零件F	訂單需求							150									100	
	預測需求							50									50	

表 8-2　主生產日程計劃表

產品＼期間	1	2	3	4	5	6	7	8	9	10	11	12	13	14	15	16	17
A							450							500			
次組合 C				500					400						400		
零件 F			200				200				200					150	

接下來我們要找出最終產品 A 及次組件 C 之物料單（請參見圖 8-2）以推算其相依需求的各子品項的需求量與需求時間。接著我們再找出存貨記錄檔（請參見表 8-3）以查知各品項之可用量（On hand）及前置時間（或購備時間）。

表 8-3　各品項之可用量與前置（購備）時間

品　項	A	B	C	D	E	F
可用量	100	50	30	50	60	80
前置時間	2	1	1	2	1	1

表 8-4 顯示各品項的需求計算表。品項 A 於第 7 期間需要 450 單位，而其時可用量為 100，因此其淨需求量＝450－100＝350 單位，製造品項 A 需要 2 單位期間的加工時間（前置時間＝2），因此應於第 5 期間發出工令單。又在此我們採用「依量訂購法」，所以於第 5 期間發出工令單，而其生產批量訂為 350 單位。因為每一單位品項 A 需由 2 單位品項 B 及 1 單位品項 E 組合而成，於第 5 期間品項 B 由其母項品項 A 而引發之相依需求量為 700(＝350×2) 單位，而品項 E 於第 5 期間之相依需求量為 350 單位。

品項 B 於第 5 期間之可用量為 50 單位，因此其淨需求為毛需求 700 單位減去 50 單位可用量，而為 650 單位，再加向前推算 1 單位之前置時

表 8－4　各品項之需求計算表

品項＼期間	1	2	3	4	5	6	7	8	9	10	11	12	13	14	15	16	17
A (前置時間＝2)																	
毛需求							450							500			
可用量	100						100							0			
淨需求							350							500			
發出訂單量					350							500					
B (前置時間＝1)																	
毛需求					700						1,000						
可用量	50				50						0						
淨需求					650						1,000						
發出訂單量				650						1,000							
C (前置時間＝1)																	
毛需求				650	500					400	1,000				400		
可用量	30			30	0					0	0				0		
淨需求				620	500					400	1,000				400		
發出訂單量			620	500					400	1,000				400			
D (前置時間＝2)																	
毛需求				1,950						3,000							
可用量	50			50						0							
淨需求				1,900						3,000							
發出訂單量		1,900						3,000									
E (前置時間＝1)																	
毛需求				1,240	1,000	350			800	2,000		500		800			
可用量	60			60	0	0			0	0		0		0			
淨需求				1,180	1,000	350			800	2,000		500		800			
發出訂單量			1,180	1,000	350			800	2,000		500		800				
F (前置時間＝1)																	
毛需求				1,860	1,700			200	1,200	3,000		200		1,200		150	
可用量	80			80	0			0	0	0		0		0		0	
淨需求				1,780	1,700			200	1,200	3,000		200		1,200		150	
發出訂單量			1,780	1,700			200	1,200	3,000		200		1,200		150		

間，因此應於第 4 期間發出工令單，其量爲 650 單位。品項 B 之子項包括 1 單位之品項 C 及 3 單位之品項 D，因此引發品項 C 於第 4 期間之相依需求爲 650 單位，引發品項 D 於第 4 期間之相依需求量爲 1,950($=$ 650×3) 單位。

品項 C 於第 4 期間之毛需求爲 650 單位($=$ 相依需求 650 單位 $+$ 獨立需求 0 單位)，減去 30 單位之可用量，其淨需求量爲 620 單位，向前推算 1 單位之前置時間，所以應於第 3 期間發出工令單量 620 單位。品項 C 又於第 5 期間之毛需求量 500 單位($=$ 0 單位相依需求 $+$ 500 單位獨立需求)，可用量已經爲 0 單位，故淨需求量依舊是 500 單位，所以應於第 4 期間發出工令單量 500 單位。品項 C 將引發品項 E 及 F 之相依需求。

品項 D 於第 4 期間之毛需求量來自品項 B 之相依需求量 1,950 單位(獨立需求量 $=$ 0)，減去 50 單位之可用量，淨需求量變爲 1,900 單位，向前推算 2 單位期間之前置時間，所以應於第 2 期間發出工令單量 1,900 單位。

品項 E 於第 3 期間之毛需求量爲 1,240($=$ 來自母項 C 引發之相依需求量 $=$ $620 \times 2 + 0$ 單位獨立需求量)，減去 60 單位之可用量，得到 1,180 單位之淨需求量，再加上考慮 1 單位之購備時間，應於第 2 期間發出採購訂單，其採購數量爲 1,180 單位。品項 E 於第 4 期間之毛需求量來自母項 C 引發之相依需求量 1,000 單位($=$ 500×2)，此時可用量爲 0 單位，因此應於第 3 期間發出採購訂單，其訂購量爲 1,000 單位。品項 E 於第 5 期間之毛需求量來自母項 A 引發之相依需求量 350 單位($=$ 350 $\times 1$)，此時可用量爲 0 單位，因此應於第 4 期間發出採購訂單，其訂購量爲 350 單位。

品項 F 於第 3 期間之毛需求量僅來自母項 C 之相依需求量爲 1,860($=$ 620×3) 單位，扣除 80 單位之可用量，得其淨需求量爲 1,780 單位，加上 1 單位期間的購備時間，應於第 2 期間發出訂購單，其採購

量為 1,780 單位。品項 F 於第 4 期間之毛需求量為 1,700 單位（= 來自母項 C 之相依需求量 1,500 單位 + 來自獨立需求量 200 單位），此時之可用量已經為 0，故淨需求量依然是 1,700 單位，所以應於第 3 期間發出採購單，其數量為 1,700 單位。

其餘各品項於各期間之推算，同理可得，不於此一一贅述了。本例題的推算，其發出訂單時間都在計劃期間內，所以其時間可行性並未違悖。假若推算之結果，某些訂單發出時間已在計劃期間之前，則此計劃表不可行，必須返回修改主生產日程表。在此我們忽略不予討論工作中心的產能負荷檢查。

四、批量法則的影響

上述例題各品項的訂購量乃是採用「依量訂購法」。在本節中，我們將再討論「定量訂購法」、「經濟訂購量法」、「最低總成本法」、「最低單位成本法」等共五種方法的成本，並互相比較之。在此我們將僅以品項 F 之批量訂購為討論對象。假設每單位成本為 5 元，每次訂購成本為 100 元，每期間之持有成本為 0.5%。並假設購備時間為 0。

㈠依量訂購法

依量訂購法的優點是沒有存貨貯存保管的困擾，但是假設每次的訂購量一定可以買到，或是假設有足夠產能，不管批量多大一定可以在一定時間（設置時間）內生產出來。

㈡定量訂購法

此法適用於訂購成本高的品項，每次訂購的數量固定不變，通常由經驗來決定其固定數量。此經驗數量可能是受限於產品包裝或是市場上的最低交易量。假設品項 F 之每次訂購數量至少為 2,000 單位，當需求超出 2,000 單位時，則採 2,000 之倍數為訂購量（例如 4,000 或 6,000 不等）。

表8-5　依量訂購法之成本計算

期　　　間	3	4	5	6	7	8	9	10	11	12	13	14	15	16
淨 需 求	1,780	1,700	0	0	0	200	1,200	3,000	0	200	0	1,200	0	150
訂 購 量	1,780	1,700	0	0	0	200	1,200	3,000	0	200	0	1,200	0	150
期 末 存 貨	0	0	0	0	0	0	0	0	0	0	0	0	0	0
持 有 成 本	0	0	0	0	0	0	0	0	0	0	0	0	0	0
訂 購 成 本	100	100	0	0	0	100	100	100	0	100	0	100	0	100
累 計 總 成 本	100	200	200	200	200	300	400	500	500	600	600	700	700	800

表8-6　定量訂購法之成本計算

期　　　間	3	4	5	6	7	8	9	10	11	12	13	14	15	16
淨 需 求	1,780	1,700	0	0	0	200	1,200	3,000	0	200	0	1,200	0	150
訂 購 量	2,000	2,000	0	0	0	0	2,000	2,000	0	2,000	0	0	0	0
期 末 存 貨	220	520	520	520	520	320	1,120	120	120	1,920	1,920	720	720	570
持 有 成 本	5.5	13	13	13	13	8	28	3	3	48	48	18	18	14
訂 購 成 本	100	100	0	0	0	0	100	100	0	100	0	0	0	0
累 計 總 成 本	105.5	218.5	231.5	244.5	257.5	265.5	393.5	496.5	499.5	647.5	695.5	713.5	731.5	745.5

(三)經濟訂購量法

經濟訂購量法將在下一章中詳細討論。為決定 EOQ 必須擁有預估之年需求量、訂購成本、持有成本之數據。假設上述每一期間相等於一週，則

$$年需求 = (1,780 + 1,700 + 0 + 0 + 0 + 200 + 1,200 + 3,000 + 0 + 200 + 0$$
$$+ 1,200 + 0 + 150) \times \frac{52}{14}$$
$$= 35,026(個) = D$$

$$年持有成本 = 0.5\% \times 5(元) \times 52(週) = 1.3 = H$$

$$訂購成本 = S = 100 (元)$$

$$\therefore EOQ = \sqrt{\frac{2DS}{H}} = \sqrt{\frac{2(35,026)(100)}{1.3}} = 2,322$$

因此，每次的訂購量爲 2,322 單位。

表 8-7　經濟訂購量法之成本計算

期　　間	3	4	5	6	7	8	9	10	11	12	13	14	15	16
淨 需 求	1,780	1,700	0	0	0	200	1,200	3,000	0	200	0	1,200	0	150
訂 購 量	2,322	2,322	0	0	0	0	2,322	2,322	0	0	0	0	0	2,322
期 末 存 貨	542	1,164	1,164	1,164	1,164	964	2,086	1,408	1,408	1,208	1,208		8	8	2,180
持 有 成 本	13.6	29.1	29.1	29.1	29.1	24.1	52.2	35.2	35.2	30.2	30.2	0.2	0.2	54.5
訂 購 成 本	100	100	0	0	0	0	100	100	0	0	0	0	0	100
累 計 總 成 本	113.6	242.7	271.8	300.9	330	354.1	506.3	641.5	676.7	706.9	737.1	737.3	737.5	892

㈣最低總成本法

　　最低總成本法乃是考慮各種不同採購量的持有成本與訂購成本之取捨。換句話說，在幾個期間內當持有成本小於訂購成本時，此期間內的需求量總和即是訂購量。譬如期間 4 之需求量若在期間 3 即購買進來，其持有成本爲 42.5 元，遠小於 100 元之訂購成本，因此，我們應於期間 3 即購入期間 4 之需求量。同理期間 8 之需求量爲 200 單位，若在期間 3 即行購入，其所需之持有成本爲 5＋5＋5＋5＋5＝25 元。將此 25 元持有成本加上期間 4 之需求所引發之持有成本 42.5 元，將得總和爲 67.5 元，此數目仍小於 100 元之訂購成本，因此期間 8 之需求量 200 單位也應在期間 3 即行購入。反之期間 9 之需求量爲 1,200，若在期間 3 即行購入，將引發每期 30 元之持有成本，從期間 3 至期間 9 則其累計持有成本爲 30（元）×6（期）＝180（元）。180＋67.5＝247.5，已大於訂購成本，所以期間 9 之需求量不需於期間 3 即購入貯存之。同理期間 9 之購入量可考慮期間 10 之需求量所引發之持有成本爲 3,000×5×0.005＝75（元），期間 12 之需求量引發之持有成本爲 5(元)×3(期)＝15(元)。合計之持有成本爲 75＋15＝90，小於 100 元之訂購成本。因此於期間 9 之採購量應包含期間 9 至期間 12 之總需求量，爲 4,400 單位。同理類推，期間 14 之採購量

為期間 14 至期間 16 之總需求量，為 1,350 單位。其詳細表格整理如下：

表8-8　最低總成本法之成本計算

期　　間	3	4	5	6	7	8	9	10	11	12	13	14	15	16
需　求　量	1,780	1,700	0	0	0	200	1,200	3,000	0	200	0	1,200	0	150
訂　購　量	3,680	0	0	0	0	0	4,400	0	0	0	0	1,350	0	0
期 末 存 貨	1,900	200	200	200	200	0	3,200	200	200	0	0	150	150	0
持 有 成 本	47.5	5	5	5	5	0	80	5	5	0	0	3.75	3.75	0
訂 購 成 本	100	0	0	0	0	0	100	0	0	0	0	100	0	0
累 計 總 成 本	147.5	152.5	157.5	162.5	167.5	167.5	347.5	352.5	357.5	357.5	357.5	461.25	465	465

(五)最低單位成本法

最低單位成本法之計算比最低總成本法還複雜些。必須一一比較各種訂購量之單位成本，才能決定。例如，我們可以先計算期間 3 之採購量只含期間 3 之需求量，則其單位成本為 $100/1,780 = 0.0562$。倘若訂購量包含期間 3~4 之需求量為 3480(= 1,780 + 1700) 單位，則其單位成本為 $(100 + 42.5)/3,480 = 0.0409$。其累計成本包含 100 元之訂購成本及 1,700 單位的為期一期間之持有成本 $42.5 = (1,700 × 5 × 0.5\%)$。同理類推，期間 3 之採購量若包含期間 3~8 之需求量為 3,680 單位，則其單位成本為 $(100 + 42.5 + 5 × 5)/3,680 = 0.0455$。詳細各訂購量之單位成本計算列示如下。因此，應於期間 3 訂購 3,480 單位，期間 8 訂購 4,400 單位，期間 12 訂購 1,550 單位，則其累計總成本為 597.5 元(= 142.5 + 280 + 175)。

綜合比較各訂購法則之成本可知，依量訂購法之成本為 800 元，定量訂購法之成本為 745.5 元，經濟訂購量法之成本為 892 元，最低總成本法之成本為 465 元，最低單位成本法之成本為 597.5 元。倘若只考慮期間 3 至期間 16 之訂購量問題，顯見最低總成本法給予最佳訂購方式。

表8-9　最低單位成本法之成本計算

期　間	訂購量	持有成本	訂購成本	累計成本	單位成本
3	1,780	0	100	100	0.0562
3～4	3,480	42.5	100	142.5	0.0409 ＊
3～8	3,680	67.5	100	167.5	0.0455
3～9	4,880	247.5	100	347.5	0.0712
3～10	7,880	772.5	100	872.5	0.1107
3～12	8,080	817.5	100	917.5	0.1136
3～14	9,280	1,147.5	100	1247.5	0.1344
3～16	9,430	1,196.3	100	1296.3	0.1375
8	200	0	100	100	0.5
8～9	1,400	30	100	130	0.0929
8～10	4,400	180	100	280	0.0636 ＊
8～12	4,600	200	100	300	0.0652
8～14	5,800	380	100	480	0.0828
8～16	5,950	410	100	510	0.0857
12	200	0	100	100	0.5
12～14	1,400	60	100	160	0.1143
12～16	1,550	75	100	175	0.1129 ＊

第五節　及時生產系統 (JIT) 的存貨觀念

　　及時生產系統源自日本的豐田汽車公司的生產系統。其主要的哲學觀念包含：消除浪費與對人性的尊重。凡是超出了生產時絕對需要的最少設備量、最少物料、最少零件及最少員工（及工作時間）等，都可視為「浪費」。因此浪費的來源包含：㈠過度生產的存貨，㈡等候時間造成的浪費，㈢不必要運輸的浪費，㈣原物料的過多貯存量，㈤不必要的加

工，㈥不必要的物件移動，㈦不良品造成的浪費等。因此 JIT 不允許額外的存貨，更不容許「安全存量」之設置，它強調的是，現在不需要之存貨，就不要製造它、不要保存它。因此在倉庫的存貨、在銷售店裏的存貨、在生產過程中的半成品貯存量都應力求降低。存貨並不是資產，過多的存貨只是一種浪費。

及時生產系統強調透過自我檢查來提早發現品質不良的情形，甚至於發現錯誤時，立即停工，以便進行維修，避免再製造出不良品。也強調追求不斷的改善，來降低品質不良率，提昇產品品質，以減少因產品品質不良所造成的不良品、廢品或修補不良品等的浪費。

及時生產系統強調只有需要時才生產，因此 JIT 的最佳生產批量為1。實務上通常採用的生產批量為一日需求量的十分之一。當下游需求某一完成品時，才發出向其上游要求某一數量之零件，而上游的存貨量減少到某一特定數量時，即進行生產。這是一種由需求所引發的「拉式系統」。因此需要許多方面的配合：㈠追求設置時間的最小化，以便快速加工少量產品，來達成小批量生產。㈡平穩的工廠負荷量，才不會因突然的需求量超出當日之產能而來不及生產。而且希望各單位的存貨量愈小愈好，因為 JIT 系統認為過高的存貨只會掩飾生產系統的問題。這種 JIT 的拉式系統的存貨控制方法，與 MRP 不同，MRP 屬於傳統的「推式系統」。

在 JIT 的看板（Kanban）系統，每種零件都有其貨箱，其盛裝著固定量的存貨或零件（通常其數量不多）。每個貨箱都標示兩張卡片，一般稱為看板，上面標明貨箱的容量、零件號碼及其他相關資訊。看板分為兩種，一為生產看板，一為搬運看板。當下游加工站需要零件或次組件時，帶著搬運看板到其上游加工中心之存貨處（例如零件 X），將零件 X 貨箱上之生產看板移開，放入其所帶來之搬運看板。擁有此搬運看板才能從零件 X 貯存區搬走零件 X 之存貨。而零件 X 之生產看板將被送

到零件 X 之加工中心的生產看板置放處，當生產看板數達到預定數量時，零件 X 之加工中心即行生產下一批量。此兩種看板之流動方式，請參見下圖。

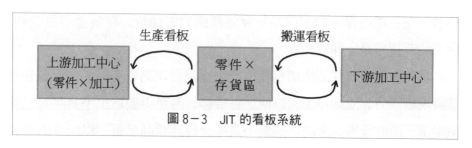

圖 8-3　JIT 的看板系統

因此 JIT 看板系統採行不斷的檢視存貨狀態的方式（Continuous review of inventory）及預先決定好的再訂購點（Reorder points）及固定的最高存貨量（Fixed replenishment quantities）來運作其存貨系統。

第六節　MRP 與 JIT

MRP 與 JIT 都已在世界各地被使用了十幾至二十幾年了，而差異性及其整合之可能性也一再被討論，甚至有些廠商也報導其公司整合 MRP 與 JIT 的成功或失敗經驗。但是時至今日，尚未有定論。基本上，我們可以說，當安裝的前置時間（Set-up times）較短時，而且需求量變化穩定時，適於採用 JIT 系統。反之，當安裝之前置時間大，或是需求量變化大時，宜採用 MRP 系統。事實上，西方歐美國家原來採用 MRP 系統之企業，雖難以整合 JIT 成為其 MRP 系統之一部份，但也紛紛採用「縮短安裝的前置時間」之觀念，來提昇其機器的使用率，以及增加生產批量之彈性。而 JIT 與 MRP 之比較請參見表 8-10。

表 8－10 MRP 與 JIT 之比較

	MRP	JIT
計劃基礎	MPS，BOM，存貨檔	MPS，看板
目 標	計劃與控制	消除浪費，不斷改善
作業系統	電腦化	簡單的人工系統
存貨觀念	允許計劃中前置時間內需求之存貨量	儘量降低在製品存貨
供應商	無限制	合作的對象，要求其經常送貨以降低零件存貨
品 質	容許少量不良品之存在	追求零缺點
生產型態	無限制	重覆性項目
需求量變化	無限制	穩定

第七節　結　論

　　本章介紹了廣義的物料管理，也淺談了採購與供應商管理、物料倉儲等問題。至於物料的存貨問題可分為獨立性需求與相依性需求。獨立性需求的存貨量管制問題將留待下一章節再詳細討論。本章中則介紹相依性需求的存貨管理需求——物料需求計劃。MRP 自從 1970 年代在國際間問世以來，已廣受採用，而且發展出更複雜的整合系統。甚至近十年來，也有不少公司努力將 MRP 與 JIT 結合在一起，但是成功的個案報導仍不算多。

　　MRP 雖說主要為製造業中生產某些最終產品時，來安排各零件、次組件的半成品存貨問題。對於服務業而言，醫院的開刀手術已有人提議建立 MRP 系統來管理，因為每次開刀所需的工具、材料、設備及人員數相當於相依需求的存貨，而開刀事件本身則相當於製造業的最終產品

需求。除了醫院開刀房的應用外，希望將來 MRP 在服務業的應用將逐漸被發覺而普及。

習　題

1. 對買方而言, 那些供應商特質是最重要的?

2. 與供應商關係的新趨勢為何?

3. 請選擇附近的服務業如比薩店 (Pizza Hut)、速食連鎖店 (Mc-Donald's) 及旅館, 列舉出各店的獨立需求與相依需求。

4. MRP 為什麼在最近十幾年才普遍被採用?

5. MRP 的輸入包括那些? 它們之間的相互關係是獨立還是相依?

6. 搜集臺灣的資料, 試圖找出臺灣廠商採用 MRP 系統的情況為何?

7. 假設最終產品 A 及 B , 其各別之 BOM 列示如下:

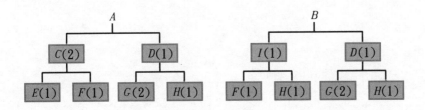

各零件及次組合的現有存貨量及前置作業時間列示如下, 而且在第 12 週預計需要 A 產品 500 單位, B 產品 800 單位, 請安排一個 MRP 的排程來完成此項需求。

	現有存貨量（個）	前置時間（週）
A	50	1
B	100	2
C	75	1
D	80	1
E	150	2
F	120	1
G	350	2
H	250	1
I	70	1

第九章　存貨管理

　　人類對存貨的了解與重視，應追溯到由遊牧生活轉變成農耕生活的遠古時期，在遊牧生活中，一切隨水草而居，靠天吃飯。等到了農耕生活時期，安土重遷，除了貯藏食物之外，還圈養牛羊，提高了生活的安逸程度。從春耕、夏耘、秋收，直到冬藏，人類將環境、大自然的不確定風險克服了，使得生活穩定，糧食無虞，充分地顯示了存貨的作用及重要性。在生產與作業管理中，討論存貨管理，也頗有異曲同工之妙，無非是使企業經營更爲順利，風險較爲減少。由於近年來管理科學長足進步，企業存貨管理型態日新月異，因此有必要詳細討論存貨管理的原理以及基本模式，以期靈活運用，對整體企業經營有所助益。

　　「存貨」，顧名思義，就是額外貯存的資源，這些資源可以分成三類：原料、半成品，以及成品。也因此，當討論存貨管理，其實也包含了三種型式的存貨管理。本章即就存貨管理的基本原理，考慮因素，以及數學模式，進行討論。第一節將討論存貨管理中的評估準則與決策因素，第二節則宏觀的討論存貨管理及生產管理之關係，第三節則討論確定性的（Deterministic）存貨管理模式。第四節則探討具隨機性假設之存貨管理模式。第五節則以討論綜合型的存貨模式爲主，並兼論模擬最佳化方法的應用。最後則以一小節作爲結論。

第一節　存貨管理之評準及決策因素

究竟存貨的目的為何？可以就以下幾項敘述：

(一)消除原料供應的不穩定性

增加原料的存貨就是避免上游原料，因為供應不及或輸運差錯所造成的風險。為求自身的流程不致中輟，即可存下原料，使能減少風險。

(二)使整體生產管理更為順利

生產系統中保持存貨，可以使生產規劃更具彈性，而不致因些微的生產偏差，導致整個生產流程受損。

(三)應付下游需求的變異

由於下游顧客的需求可能變動，為免應付不及或交貨延遲，有必要略備存貨，使需求高於正常值時，能由現有存貨補足。

(四)擷取數量折扣的好處

一般採購時，常有數量越多，單位價格越低的數量折扣，因此有些時候，寧可採購較多，雖增加了存貨量，但也享受了數量折扣的好處。

由此可知，存貨的目的在於降低風險，協助企業運作，甚至節省成本。存貨管理的評量準則也就因此呼之欲出，「成本」與「風險」，正是評斷存貨管理是否成功的準繩。所謂的成本，包含了以下的幾項：

(一)持有成本（Holding cost）

就是持有存貨所衍生的成本，其中包括了倉儲成本、保險成本、管理成本、損壞或過時的成本、以及積壓資金的機會成本等。持有成本是存貨管理中首要的成本，一般而言，存貨量愈低，添補次數愈頻繁的時候，持有成本便會降低。

(二)訂購成本（Ordering cost）

即訂購手續或程序中所發生的成本，其包含了如郵電費、文件處理費、手續費……等等。一般訂購成本隨著訂購次數增加而增加。

㈢缺貨成本（Shortage cost）

當存貨不足應付需求時，即發生缺貨的情形。缺貨的成本較不易評量，一般可以包括了損失的商機、丟失的信譽、甚至由於延遲交貨的罰款等等。此部份直接與風險相關，當缺貨成本越大時，存貨管理便需更加注重缺貨的發生，避免缺貨的損失，也就是減少存貨不足的風險。

因此在存貨管理中所注重的風險，其實是缺貨的風險。不同的企業形態，有不同的風險評估方式，純需視缺貨發生時的嚴重性。顧客在便利商店找不到所要的口香糖，可能無足輕重，也不致影響此商店在顧客心中的印象；反之，一家電器行若因存貨不足無法交貨時，顧客可能就此不再涉足，此商店也就永久地失去相關交易的機會了。然而，就存貨管理立場也不能一味地增加庫存，壓低風險。因為增加庫存，也意味著成本的增加。因此風險與成本造成存貨管理的兩難，理論上，存貨量無限增加，其風險便等於零。反之若存貨量等於零，則其存貨成本也將大幅減少。是故，存貨管理的基本精神，即在存貨成本及缺貨風險之間謀求最佳的點。一般的做法是，在特定的容許的風險之下，尋求成本最小的存貨管理制度。這部份將再於後面章節詳細討論。

至於所謂存貨管理的決策因素，則包含了三個構成要素，也就是訂購量、訂購時間，以及盤查時間。訂購量是採購及運送的數量，訂購量愈多，存貨量就傾向愈多，而存貨量愈多，持有成本也就跟著增加。訂購時間則是下訂單的時機，由於貨物自下訂單到送抵需求地點之間，存有前置時間，因此訂購的時機選定益加複雜性，一般的做法均是以存貨量為參考標準，一旦存貨量降至再訂購水準時，也就是發出訂單的時機。至於盤查時間，直接影響對存貨量的掌握，盤查時間愈頻繁，對存貨量及其變化情形便愈了解，然而盤查的代價及成本也跟著上升。同時，由

於訂購時間與存貨消長息息相關，因此盤查週期所造成的存貨變化精確度，也間接的影響訂購時機的決定。近年來，由於製造自動化及商業自動化大行其道，條碼的應用也甚普及，因此存貨盤查幾乎是隨時在做，隨時記錄，企業對存貨的掌握也益形精確。

綜而言之，存貨管理的評量準則包括了成本與風險，而決策因素則主要包括了有訂購量、訂購時間及盤查時間等。以後的幾節當中將較詳細地討論其間的關係，謀求較佳的存貨管理策略。

第二節　宏觀角度下的存貨管理

在開始討論存貨模式以尋求最佳存貨管理之前，先介紹兩種宏觀的角度下的存貨管理。首先是存貨管理可以與整體生產規劃結合，將存貨成本與其他生產相關成本一併考慮，進而求解最適化的生產規劃，同時也獲得最適化的存貨管理策略，這是以整合性做法決定存貨的方式，也是值得留意的觀念。以下即舉一簡例說明之。

假設整體生產規劃中包括了直接投入成本、存貨成本，以及人工成本，以下的模式即可在總成本最小化的情況下，求取主生產規劃（Master production plan）。

$$\text{最小化} \quad Z = \sum_{i=1}^{n}\sum_{t=1}^{T}(a_{it}x_{it} + b_{it}I_{it}) + \sum_{t=1}^{T}(c_t w_t + d_t o_t)$$

$$\text{限制式} \quad x_{it} + I_{i,\,t-1} - I_{i,\,t} = D_{it} \quad t = 1,\,2,\,\cdots,\,T$$
$$i = 1,\,2,\,\cdots,\,n$$

$$\sum_{i=1}^{n} k_i x_{it} - w_t - o_t = 0 \quad t = 1,\,2,\,\cdots,\,T$$

$$0 \leq w_t \leq U w_t \quad t = 1,\,2,\,\cdots,\,T$$

$$0 \leq o_t \leq U o_t \quad t = 1,\,2,\,\cdots,\,T$$

其中

a_{it}　產品 i 在時間 t 之內的單位製造成本

b_{it}　產品 i 在時間 t 到 $t+1$ 之間的單位存貨持有成本

c_t　在時間 t 內的單位正常人工成本

d_t　在時間 t 內的加班單位人工成本

D_{it}　預測所得產品 i 在時間 t 的需求量

k_i　加工產品 i 所需的人工時數

T　生產規劃的時間長度

n　產品種類數

x_{it}　產品 i 在時間 t 的生產量

I_{it}　產品 i 在時間 t 內的存貨量

w_t　t 時間內的工人時數

o_t　t 時間內能獲得的加班工人時數

Uw_t　t 時間內工人時數的上限

Uo_t　t 時間內工人加班時數的上限

　　模式中，第一項限制式是存貨平衡式，將產量及各時期的存貨及需求量寫成平衡方程式，而第二種限制式則是人力資源的平衡式。整個模式之目的在於求得整體最小成本的生產規劃，其中存貨管理也已包含在內。應是一整合性考量的佳例。

　　其次，在此略敍存貨管理中的常用方法：ABC 法。在一頭栽進數量化的存貨數學模式之前，有必要以見樹又見林的角度，強調 ABC 方法的基本想法及其重要性。ABC 法的基本精神，在於將存貨的對象及種類分出輕重緩急，最簡單的方法即將很重要的貨品歸為所謂的 A 類，次重要的歸為 B 類，而最不重要的則可歸為 C 類，利用差別待遇，將存貨管理的複雜度降低。特別是當 A 種貨品只佔產品的數目之 5％ 到 10％，而其價值卻約佔 60％ 到 70％；而 C 種貨品的數目可能佔到 60％，其價值

卻只佔 10％的時候，ABC 法的差別處理方式就格外具有意義。

對於 A 類的貨品可以精確的盤查，較低的存貨量以及複雜的存貨控制手法，使成本及風險抑低。反之 C 類的貨品則可以較長的盤查週期，較高的容許存貨量，以及較簡便的控制方法。因爲如此，存貨管理者可以不必疲於應付所有貨品存貨管理，有效地集中精力做好主要貨品的存貨管理，而收事半功倍之效。這種 ABC 法特別適用於貨品種類較多的情況，例如量販店即是，晚近量販店中增設精品區，加強管理，其中即隱含了 ABC 法的推廣應用。

第三節 　 存貨訂購量模式

存貨管理的數學模式涵蓋的決策變數，應該包含盤查存貨週期、訂購量，以及訂購時間。其中由盤查存貨的頻率了解存貨變化情形，然後選定訂購的時機，以及訂購數量，使得存貨的避免風險的功能充份發揮，而同時又能降低成本。但是由於同時考慮以上的三種決策因素，數學模式將會相當複雜，因此本節將先以簡單的經濟訂購量模式，作爲介紹主體。

一、經濟訂購批量模式

模式中以訂購量爲未知數，也就是決策變數，使得成本最小化成爲目標式，而其他的假設條件則包括：

　㈠存貨的消耗速度一致，且爲一常數。

　㈡前置時間（自訂單發出到收到之間的時間）亦爲常數。

　㈢貨品之價格爲常數，訂購成本亦爲常數。

　㈣持有成本隨平均存貨量而變。

　㈤不容許缺貨。

　　換言之，模式假設的存貨變化可顯示如下圖，其中如鋸齒狀的曲線，即是存貨消長的變化圖。

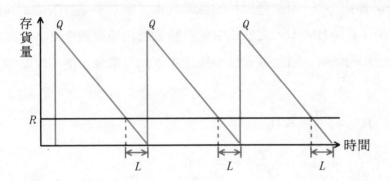

Q 即爲訂購量，表示每次訂購送達的數目均爲一致的，L 表示前置時間，而 R 表示在存貨用罄前的 L 時間的存貨量，易言之，即當存貨降至 R 時，需發出訂單，方能使存貨用完時，剛好有存貨補足。對本模式而言，每個存貨的減少速率是爲常數，因此各三角形均相同。模式中將求得的最佳訂購量 Q，由於固定的需求速度及前置時間的關係，亦可說模式求得最佳的再訂購點 R。

　　根據此模式的假設，有關存貨的成本可寫成下式：

$$TC = DC + \frac{D}{Q}S + \frac{Q}{2}H$$

其中

$\begin{cases} TC & 總成本 \\ D & 特定時間內的需求總量 \\ C & 單位成本 \\ Q & 訂購量 \\ S & 訂購成本 \end{cases}$

> H　在特定時間內之單位持有成本，一般 H 是貨品單位成本 C 的
> 某一比例。

　　總成本中的第一項就是貨品的採購成本，第二項是訂購成本；而第三項則是存貨持有成本。由於式中除訂購量為決策變數之外，其餘均為常數或已知的係數，因此尋求最小總成本下的訂購量，便可借助微分的方式。

$$\min \quad TC \Rightarrow \frac{dTC}{dQ} = 0$$

$$\frac{dTC}{dQ} = 0 + (\frac{-DS}{Q^2}) + \frac{H}{2} = 0$$

然後可得出

$$Q^* = \sqrt{\frac{2DS}{H}}$$

　　此處的 Q^* 為最小成本下之最佳訂購量，又稱**最佳訂購批量**（Economic Order Quantity）。因此本模式又稱最佳訂購批量模式（EOQ 模式）。進一步分析而言，最佳訂購批量與訂購成本成正比，只要訂購成本越大，為減少訂購的次數，最佳訂購量也就越大，前述之鋸齒三角形也就越大，三角形的數目反而變少。反之，若持有成本較大，最佳訂購量就較小，前述的鋸齒三角形面積較小，而其數目較多。

　　舉例而言，若考慮一年內的存貨管理，並尋求最佳訂購批量，其中

> 年需求（D）等於 1,000 單位
> 訂購成本（S）是 100 元
> 貨品單位成本（C）是 50 元
> 持有成本（H）是 10 元

則其最佳訂購批量可以上式求得

$$Q^* = \sqrt{\frac{2DS}{H}} = \sqrt{\frac{2(1,000)100}{10}} \doteqdot 141$$

所有的相關成本亦可求出

$$TC = 1,000(50) + \frac{1,000}{141}(100) + \frac{141}{2}(10) = 51,414(元)$$

二、有限補足速率下之經濟訂購批量模式

有些狀況之下，貨品補足速率是有限的，不可能立刻將所有訂購量併入存貨區域，因此需有一段時間方能將全部訂購量送達，假設此補足速率為 P。這段時間內，存貨因持續有顧客需求之故，因此存貨的增加速率即成為 $(P-d)$，其中 d 為存貨消耗的速度。存貨的變化可參見下圖：

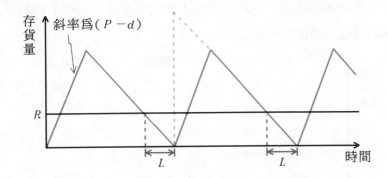

因此存貨相關成本表示略有變化，特別是持有成本的計算有所改變

$$TC = DC + \frac{D}{Q}S + \frac{(P-d)QH}{2P}$$

經由微分，可得最佳訂購批量

$$Q^* = \sqrt{\frac{2DS}{H} \cdot \frac{P}{(P-d)}}$$

假設前述的計算範例中，顧客需求速率是 3，而補充貨品的速率為 30，則最佳訂購批量需再計算。

$$Q^* = \sqrt{\frac{2(1,000)(100)}{10}} \cdot \sqrt{\frac{30}{30-3}} \doteqdot 149$$

三、數量折扣下之經濟訂購模式

由於運送貨品時，常因數量增加而有單位成本折扣的情形，因此是否由於採購價格具有數量折扣，而致影響存貨策略，值得探討。如果將總成本與訂購量關係建立起來，即可在總成本最低點，找到對應的最佳訂購批量。由於不同訂購數量享有不同的價格折扣，因此總成本曲線應是片斷分段連續的變化曲線。因此在數學上，除尋求各線段的最低點外，尚須考慮各線段的端點，也許最低成本即出現在各個線段的轉折端點上。總成本的變化示意圖如下：

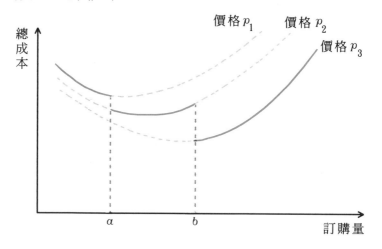

圖中的總成本曲線是一條有兩處轉折的轉折曲線，如果價格固定在 p_1 時，則總成本為最上面的曲線；若價格為 p_2 時，則總成本曲線將如中間之線；同理價格 p_3 對應了最下端的成本曲線。可是，由於不同的價格，只在不同的訂購量區間之內方才有效，因此而有因價格不同所造成的轉

折曲線。圖中較 a 數量爲小的訂購量，只能享有較小的價格折扣，因此價格爲 p_1；而訂購量介乎 a 與 b 之間，由於另有數量折扣，故得其單位價格爲 p_2。同理，當訂購數目更多，超過了 b 時，其價格折扣已使之降爲 p_3。

由於持有成本一般又可定爲採購成本的某一百分比，因此總成本的表示法可以寫成

$$TC = DC + \frac{D}{Q}S + \frac{Q}{2}iC$$

其中 i 即爲該比例。經由此式，可知總成本在不同數量折扣下之表示式，進而求取各種價格條件下之最佳訂購批量。

$$Q^* = \sqrt{\frac{2DS}{iC}}$$

然後判別這些最佳訂購批量是否有效。當最佳訂購批量並不符合原先該價格折扣所要求的數量時，則求出的這些最佳訂購批量可以不列入考慮。此外，各個價格折扣分界點的訂購數量也不可忽略，整體的最佳訂購批量也可能出現在這些轉折端點上。

在此舉一範例說明之。假設某公司將購買筆記本，每年將購入 5,000 本，由於數量龐大，因此上游廠商願意提供數量折扣，每次訂購 1 到 499 本，不打折，單位價格爲 40 元；當訂購量爲 500 到 999 本之間時，單位價格爲 35 元，而當訂購數量超過 1,000 本時，單位價格爲 30 元，欲求取最佳訂購批量以及每年之總成本。首先計算各價格之最佳訂購批量，在此假設 i 爲 15%；而每次訂購成本爲 200 元。

每本 40 元時，$Q^* = \sqrt{\dfrac{2(5,000)200}{6}} \doteq 577$；不在 $(0，499)$ 之內

每本 35 元時，$Q^* = \sqrt{\dfrac{2(5,000)200}{5.25}} \doteqdot 617$；在（500，999）之內

每本 30 元時，$Q^* = \sqrt{\dfrac{2(5,000)200}{4.5}} \doteqdot 666$；不大於 1,000

因此從此處分析，最佳訂購批量應是 617 本。但是，尚須檢查其總成本，與各轉折端點之總成本比較，方能確定其爲整體之最佳訂購批量。

訂購量爲 500 本時，總成本爲

$$5,000(35) + \frac{5,000}{500} \cdot 200 + \frac{500}{2}(35)(0.15) = 178,312.5$$

當訂購量爲 1,000 本時，總成本爲

$$5,000(30) + \frac{5,000}{1,000} \cdot 200 + \frac{1,000}{2}(30)(0.15) = 153,250$$

當訂購量爲 617 本時，總成本爲

$$5,000\ (35)\ + \frac{5,000}{617} \cdot 200 + \frac{617}{2}\ (35)\ (0.15)\ = 178,240.3$$

因此相較之下，仍以 1,000 本爲最佳訂購批量，因爲其具有最小的總成本 153,250 元。

第四節　最佳訂購時間模式

前述的最佳訂購批量模式在許多的假設條件下，求得了最佳訂購量。本節在考慮較一般化的模式，將部份的假設條件解除，考慮前置時間及貨品消耗率爲變動的情形，尋求最佳的訂購時間。其實也就是將決定再訂購點（Reorder point）。易言之，當存貨降至某一存貨量時，即可發出訂單，由於前置時間及貨品消耗不再是常數，因此就有所謂安全存量（Safety stock）及服務水準（Service level）兩種觀念出現，在此謹以一示意圖解釋之。

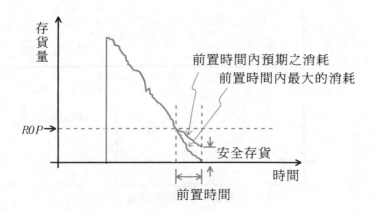

圖中在前置時間的消耗量是一變數，此消耗量可分預期消耗量及最大（可能發生）的消耗量，一般存貨管理中，不能僅以前置時間內的消耗量做為再訂購點，而須考量消耗量增加的可能性，運用所謂的安全存量，預防此一可能性，降低缺貨的風險。因此在圖中的再訂購點（ROP）其實是預期消耗量加上安全存量而得。同時，往往由於前置時間也是變數，因此使得安全存貨量不易估計。務實的做法，在於將消耗速率以及前置時間兩者的變動，一併考慮，尋求可接受的服務水準，從而訂定安全存貨量。

所謂的服務水準其實就是滿足顧客需求的機率，也就是缺貨機率的互補值。服務水準愈高，表示缺貨機率愈低，相對地安全存貨就較高；同理服務水準設得較低時，缺貨機率就提高，而安全存量即較低。

如果以前置時間內的總消耗量（以 TW 表示）做為一隨機變數，則可將其機率分配圖，服務水準，缺貨機率，以及安全存貨表現在一示意圖（如下）。

因此，可知最佳再訂購點不易求得。事實上由於服務水準，以及前置時間及存貨消耗變動的影響，解決之道涉及機率模式，本節即就兩種簡單機率模式，討論如何找到最佳再訂購點。至於更複雜的存貨管理模式則在下一節再行討論。

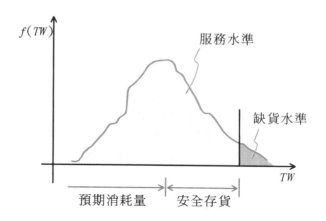

一、前置時間固定之 ROP 模式

影響再訂購點（ROP）的變數主要有二，一是前置時間（Lead Time），其中包括聯繫訂貨時間、運輸時間、裝卸時間、包裝時間等等；其二則是貨品存貨的消耗速度，如果顧客直接消費貨品，則消耗量即為顧客之需求量，如存貨消耗是因為下游製造需要，則消耗量是為下游生產的需求量。本節中假設前置時間（LT）為一常數，而存貨消耗速度則為一隨機變數（d）。

由於單位時間內的消耗量為 d，在此定義為隨機變數，因此有消耗量之期待值 $\overline{d}$，以及標準差 σ_d。從而可以估計整個前置時間內的總消耗量期待值，以及對應之標準差。

期待值：$\overline{d} \cdot LT$

標準差：$\sigma_{d \cdot LT} = \sqrt{LT}\sigma_d$

若將總消耗量視為一隨機變數 $d \cdot LT$，則在服務水準等於（$1 - \alpha$）的條件下，再訂購點可以表示成：

$$ROP = F^{-1}(1 - \alpha)$$

其中 F 為總消耗量隨機變數的累積機率函數，而 F^{-1} 則為其反函數值，因此再訂購點即為所謂的（$1 - \alpha$）百分位數（Quantile）。見諸於以下的

示意圖：

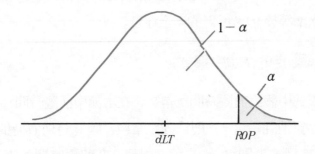

更進一步言之，當原始的存貨消耗率爲常態分佈時，上述求取 *ROP* 的
方式，即可寫成

$$ROP = 前置時間內的預期消耗量 + 安全存貨$$
$$= \overline{d} \cdot LT + Z_{(1-\alpha)} \sqrt{LT}(\sigma_d)$$

其中

$\overline{d}$　消耗速度之期望值

σ_d　消耗速度之標準差

LT　前置時間

$Z_{(1-\alpha)}$　標準常態分配的 $(1-\alpha)^{th}$百分位數

　　舉一例說明之。若某公司推出的新型飲料，每天平均需求 50 瓶，假
設根據過去的經驗，每日的銷售量爲常態分配，且標準差爲每天 8 瓶，
從叫貨到送達的前置時間固定爲 3 天，假設老闆希望缺貨風險爲 1%，
求取最佳再訂購點，以及安全存量值。求解步驟如下：

㈠$\alpha = 1\%$；$1 - \alpha = 99\%$；可利用查常態分佈表得知

　　$Z_{0.99} = 2.33$

㈡$ROP = \overline{d} \cdot LT + Z_{0.99}\sqrt{LT}\ (\sigma_d)$

　　　　$= 50 \cdot 3 + 2.33\sqrt{3} \cdot 8 \doteqdot 182$

㈢步驟㈡中的第一項 150 瓶爲預期銷售量，而第二項的 32 瓶則是爲了保持服務水準等於 99％所需的安全存量。

二、消耗率固定的 *ROP* 模式

前述的模式中假設前置時間爲常數，在本節中前置時間（*LT*）爲隨機變數，而存貨消耗率（*d*）則爲固定常數。因此將前置時間的期待值記以 $\overline{LT}$，而其標準差則以 σ_{LT} 表示。同理，在前置時間的總消耗量 $d \cdot LT$，仍是一隨機變數，其機率分配函數可表示如下：

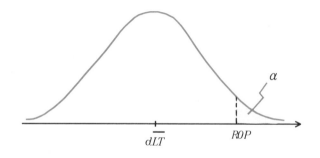

可以將 *LT* 的機率分配函數乘上一常數值 *d* 而得。前述的再訂購點求法仍能派上用場

$$ROP = F^{-1}(1 - \alpha)$$

其中 F^{-1} 仍是（$d \cdot LT$）累積機率函數的反函數。若 *LT* 爲常態分配，則 $d \cdot LT$ 亦爲常態分配，可以使再訂購點的計算略爲簡化。

$$ROP = d \cdot \overline{LT} + Z_{(1-a)}d\sigma_{LT}$$

其中

$$\begin{cases} \overline{LT} & 平均前置時間 \\ \sigma_{LT} & 前置時間的標準差 \end{cases}$$

假設一電廠每天耗用 7 仟噸的燃煤，由於燃煤進口所需的輸運時間不易掌握，假設呈常態分配，平均數爲 6 天，而標準差爲 2 天。在服務

水準爲 99％的要求下，請問再訂購點值爲若干，而安全存貨量又是多少？

㈠$\overline{LT} = 6$（天）

$\sigma_{LT} = 2$（天）

$d = 7,000$（噸）

$Z_{0.99} = 2.33$

㈡$ROP = d \cdot \overline{LT} + Z_{(1-\alpha)} d\,\sigma_{LT}$

$\qquad = 7,000 \cdot 6 + 2.33 \cdot 7,000 \cdot 2$

$\qquad = 42,000 + 32,620 = 74,620$（噸）

㈢由前式計算的第二項得知，此電廠由於燃煤進口輸運的不確定性，需儲存約 3 萬 3 仟噸的燃煤作爲安全存量。

綜而言之，存貨管理的決策因素中，可先以較簡單的最佳經濟批量模式求解訂購量，然後再以再訂購點模式求取再訂購的時間。但是，由於前置時間及消耗速度的不確定性及隨機性，使得再訂購點的求解較爲複雜，本節中僅介紹較爲簡單的兩種 ROP 求解方法，並探討了服務水準與安全存貨之間的關連性。至於如何同時求得最佳的訂購量及再訂購點，並兼顧服務水準，是更爲深入的問題，下一節將作初步的介紹及討論。

第五節　系統模擬及整體最佳存貨管理

前述的兩個章節中，將最佳訂購量及最佳再訂購點分開討論，其原因在於存貨管理問題中的不確定性及隨機性，此外兩者同時考慮可能使最佳化問題演變成非線性的問題，增加求解的難度。如何求解整體最佳的存貨管理問題是較高的挑戰，但也是極有趣的問題。本節中將討論其中之一的方法尋求最佳的存貨管理策略，求解過程中將模擬最佳化引入，並利用數值搜尋的方式求解非線性的問題。

首先將整體存貨管理問題釐清，並以簡化的形式整理如下：

$$\begin{cases} \text{目標式：min} \quad f(\underline{x};\ \underline{Z}) \quad 最小成本 \\ \text{限制式：} g(\underline{x};\underline{Z}) \leq \alpha \quad 缺貨機率受限 \\ \text{決策變數：} \underline{x} \quad 包含訂購量以及再訂購點 \\ \text{隨機變數：} \underline{Z} \quad 包含如前置時間及存貨消耗速率 \end{cases}$$

問題重點在於 f, g 函數都不是簡單線性形態，同時由於隨機變數 Z 的加入使得求解此種具限制式的最佳化問題更爲棘手。

模擬最佳化（Simulation-optimization approach）是解決此問題的良法之一。其方式在以蒙地卡羅法模擬問題中隨機變數，$\underline{Z}$，的效果，同時提供對函數 f 及 g 的估計值。此外並佐以數值搜尋法（例如直接搜尋法，Direct search method），逐步求解最佳的存貨管理策略，也就是最佳訂購批量及最佳再訂購點之解。以下爲此整體存貨管理最佳化問題的示意圖。

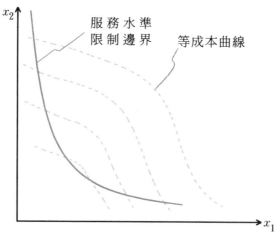

圖中的 x_1, x_2 爲決策變數，一般爲再訂購點或訂購批量；而實線部份爲限制邊界，也就是缺貨機率的下限，藉由服務水準的要求，界定此限制邊界。至於虛線部份的等高線則表示等成本曲線，事實上應是成本期望值所構成。綜合言之，x_1 及 x_2 所構成的決策空間上，由於隨機變數，Z，的影響，我們須求取限制式 g 所形成的限制邊界，並在限制邊界內

的可行解區域之中，求得總成本函數值 f 爲最小所對應的點。值得留意的是，由於問題的非線性，這些函數 f 或 g 應該都是曲線，而非直線。

　　模擬最佳化的解題步驟即在解決以上的限制最佳化問題，其步驟分別簡要介紹如下：

　　㈠考量各隨機變數及存貨機制，構建蒙地卡羅模擬模式。其中的隨機變數包括前置時間及消耗速度等。

　　㈡利用上述的蒙地卡羅模式，在給定的 x 值下，求解服務水準及總期望成本的估計值。易言之，即利用蒙地卡羅法在上圖中的決策空間上估計 $f(\underline{x})$ 以及 $g(\underline{x})$ 之值。

　　㈢利用直接搜尋法（如複合形法 Complex search 法），求解此一具限制式的非線性最佳化問題。換言之，即利用前述之 $f(\underline{x})$ 及 $g(\underline{x})$ 估計值，配合數值方法，逐步尋找較佳的存貨管理策略。所求得具最小成本且符合服務水準要求的點，即可指出最佳訂購批量及最佳再訂購點。

　　模擬最佳化近來益受重視，對於具有不確定性或隨機性特質的複雜系統，應是解題利器之一。整體的存貨管理問題亦可利用此法求解，使得成本降低又能兼顧服務水準的要求。本節簡略介紹此法作爲壓軸，無非向讀者介紹除了 EOQ 模式之外，尚有較複雜的模式，以供存貨管理的進一步參考。

第六節　結　論

　　本章由淺而深依序介紹了數種存貨管理的分析方法，其中包含了 ABC 法，EOQ 模式，ROP 模式以及複雜的模擬最佳化方法。期能有助於尋求更佳的存貨管理方式及策略。對於身處此全球競爭白熱化的時代，除了製造成本須加降低，其他各項成本均不可忽視，其中存貨成本及其

相應的服務水準，尤應受到重視。否則奮力壓低製造成本所獲的利潤，很可能為不必要的存貨量所衍生的存貨成本所吞噬，影響企業的獲利及競爭力。

　　至於如何選擇模式，則有待企業管理者視企業形態及產品特性而定。繁多的貨品種類可能只須簡單的存貨模式，進行研析，以收時效；反之，單一且價值頗高的貨品，也許可以較精細、較複雜的模式求取最佳管理策略，以求一勞永逸。反正存貨模式不少，應用之妙，但在各人，只待讀者實地驗證，方能解答了。

習　題

1. 存貨成本包括哪些？各應如何估計？

2. 何謂 EOQ 模型？

3. 何謂安全存貨？何謂線上存貨？

4. 存貨管理的兩項要素分別為何？

5. 試述存貨水準、存貨成本及服務水準之間的關係。

6. 當第三節範例中之數量折扣由 40 元—35 元—30 元，變成 40 元—30 元—25 元時，最佳訂購量為何？

7. 何謂 ROP？有何重要性？

8. 以電腦模擬及蒙地卡羅法求解第四節之例題，並假設運輸時間為均勻分佈 (7, 10)，求在 99% 服務水準下之安全存量？

9. 假設第 8. 題中之消耗率亦為均勻分佈 (7,000, 8,000) 噸/天，求其適當之安全存量。

第十章　等候線管理

等候線（Waiting lines 或 Queues）在日常生活中到處可見，尤其是服務業蓬勃發展的現今社會。例如，到超級市場等候結帳、在自動櫃員機前等候提款、在馬路上等候紅燈轉爲綠燈、在速食店等候午餐、在醫院診所等候醫師、電腦程式等候中央電腦主機執行程式、半成品等候機器加工、機器壞了等候維修等問題。「等候」是一群人或工作或事物等待接受服務的現象。

就成本考量而言，等候線的管理就是希望將顧客等候成本及服務產能成本之總和成本降至最低，請參見圖 10－1。一般而言顧客等候成本與服務產能呈非線性反比關係，而服務產能成本與服務產能則呈線性正比關係。

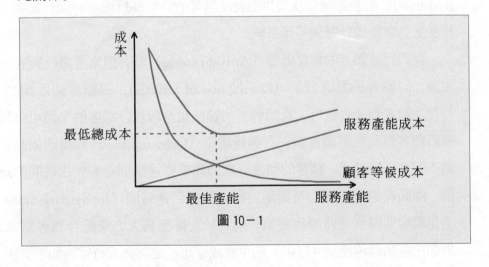

圖 10－1

在本章中我們將介紹等候系統的一些基本特性，再討論等候理論 (Queueing theory) 如何用於解決等候問題。除了定量法的等候理論外，我們也討論顧客的等候心理，以提出減少顧客等候的焦慮。至於複雜的等候系統，等候理論則難以處理其問題，而有待模擬 (Simulation) 法來分析其等候情況。最後我們將介紹如何利用模擬法來解決醫院門診等候問題之實例個案。

第一節　等候系統

等候系統包含三項因素：㈠顧客——接受服務的人、工作或事物，㈡服務員——提供服務的人或事物，㈢等候線—— 一群等候被服務的顧客。等候系統之形成，係由於不規則的顧客到達率 (Arrival rate) 或不規則的服務時間 (Service time)，以致於在某特定時間內到達服務設施接受服務的顧客超過服務產能 (Capacity)，不能立即獲得服務，必須排隊等候，因而形成等候線。參與等候系統的一瞬間稱爲到達時間 (Arrival time)，服務設施依次提供服務所需要的時間稱爲服務時間，顧客於接受服務之後即行離開等候系統。

我們討論顧客的到達過程 (Arrival process) 時，通常考慮㈠顧客的來源，㈡顧客的到達分配 (Distribution of arrivals)，㈢顧客到達類型，㈣每次顧客到達之數目，及㈤顧客的等候耐心程度。顧客的來源可分爲有限顧客數及無限顧客數，在等候理論 (Queueing theory) 裏則依此分爲不同之等候模式。顧客的到達分配乃用來描述兩個顧客到達之間的時間。兩顧客到達之間的時間稱爲顧客間隔到達時間 (Interarrival time)。若是顧客間隔到達時間爲定值，則易於安排服務人力來配合顧客需求，例如由電腦數值控制 (CNC) 的生產線才可能定時完成特定的加工步驟。

大部份的顧客間隔到達時間是隨機的，而且通常呈指數（Exponential）分配。指數分配與卜瓦松（Poisson）分配剛好表示相同的訊息，只是一體的兩面。如果顧客間隔到達時間呈指數分配，則顧客單位時間內的到達人數（即到達率）呈卜瓦松分配。其關係圖請參見圖 10－2 及圖 10－3。例如平均到達率是每小時 9 個顧客，則顧客間隔到達時間之平均值為 $\frac{20}{3}$ 小時。

卜瓦松機率分配

$$P(x) = \frac{\lambda^x e^{-\lambda}}{x!} \quad x = 1, 2, \cdots$$

其中

$$\begin{cases} x & \text{單位時間到達人數} \\ P(x) & \text{單位時間到達 } x \text{ 個人數的機率} \\ \lambda & \text{平均到達率} \end{cases}$$

令 $\lambda = 9, P(0) = 0.001$　　　$P(1) = 0.0011$

$P(2) = 0.0050$　　　$P(3) = 0.0150$

$P(4) = 0.0337$　　　$P(5) = 0.0607$

$P(6) = 0.0911$　　　$P(7) = 0.1171$

$P(8) = 0.1318$　　　$P(9) = 0.1318$

$P(10) = 0.1186$　　　$P(11) = 0.0970$

$P(12) = 0.0728$　　　$P(13) = 0.0504$　　$\cdots$

顧客到達類型則分為穩定的顧客到達率與離尖峰型顧客到達率。例如餐飲業通常其顧客於早上 11:30 到下午 1:00 為尖峰時段，其顧客到達率較下午 2:00～5:00 之顧客到達率為高。而醫院門診的顧客到達率對同

一天而言則並不明顯呈離尖峰型，換句話說，通常為定值的顧客到達率。除了產業特性會影響顧客到達類型，企業通常也利用價格之不同來分散尖峰需求與增加離峰需求。例如電影院的早場票較便宜、機票於旺季較貴而淡季則提供各式折扣價或額外服務等。

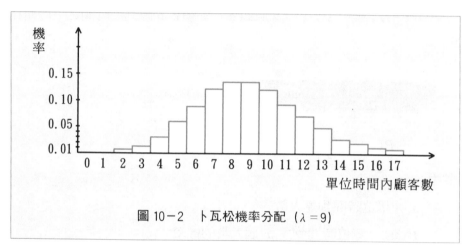

圖 10-2　卜瓦松機率分配 ($\lambda = 9$)

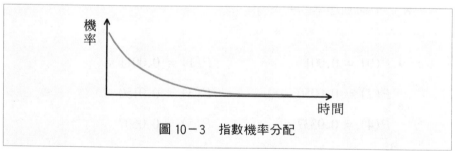

圖 10-3　指數機率分配

　　每次顧客到達人數可分為單一到達（Single arrival）及群體到達（Batch arrival）。例如自助餐之顧客通常包含單一到達與群體到達，因為其顧客有時只是單一個人來用餐，有時則是一群人一起來用餐但是又各自點菜。

　　顧客的等候耐心程度分為四類。第一類的人不管等候線多長，一旦加入 A 等候線則一直等到接受服務才離開。第二類型的人看到等候線長，即行離去，連加入此等候線的意願都沒有，我們稱此現象為逃逸型

(Balking)。第三類型的人加入等候線，等候了一段時間後，決定離開此等候系統，我們稱之為毀約型（Reneging）。第四類型的人加入 A 等候線，觀察到同一等候系統中之 B 等候線似乎較短或移動較快，而離開 A 等候線加入 B 等候線，我們稱之為游走型（Jockeying）。

　　論及服務過程（Service process）時則考慮㈠服務時間分配（Distribution of service time），㈡每次服務人數，㈢服務員個別性。若是服務時間為固定值，則與顧客間隔到達時間為定值相似，易於安排服務人力來配合顧客需求。但是服務時間常常為非定值，尤其愈講究顧客個性化的服務，其服務時間的變異性愈大。例如，理髮店因每位顧客對髮型要求不同，其服務時間變化很大；車站入口的剪票服務則因動作單純而其服務時間變化小。每次服務人數可分為個別服務及成群服務，例如超級市場不容易同時為兩個不同購買者結帳，但是馬路上紅綠燈則通常同時讓一群人通過馬路，則屬群體服務。一般而言隨服務員不同，其服務速度也不同，除非服務員為機械製造的同一型號機器或工具才可能提供相同的服務率。

　　等候系統的第三主要元素是等候線。在同一等候線上的人員通常是先到先被服務，在日常生活中的等候系統都採此一服務優先律。但是也有預約定位制、急救優先律、最大訂單量優先律、最長等候時間顧客優先律等，以上各種優先律不常被用，因為現實生活中，先到先服務的服務優先律是一般顧客所熟悉的。除非特殊行業的慣用服務率，否則恐怕引起顧客的困擾與不滿意度。一般而言，餐廳、旅館、航空業通常接受預約定位制，醫院裏設置急診部門來提供急救優先律，企業經營可能因最大訂單量會影響其業績而內部設定最大訂單量優先律。服務人員的數目多寡也視顧客到達率與服務率之相對大小而定，當有兩個或以上的服務人員提供相同的服務，該採用多條等候線？還是單一等候線呢？依照模擬法的研究結果顯示，單一等候線對顧客而言，其最大等候時間將縮

短，如此可降低顧客的不滿意度及減少不滿意之顧客人數。因此，我們可看見已有愈來愈多的服務業，將採用單一等候線。另外等候線的最大長度也往往受限於等候空間的大小，實務上我們不可能提供無限大的空間來容納無限大的等候線。因為等候線的長度受限制，顧客來源的有限或無限也將與此因素產生不同的交互影響。另外等候線本身是單一服務人員提供一種服務，或是多位服務員提供一系列前後相連續的不同服務，也使得等候問題的複雜性增大。超級市場的結帳通常採用每一等候線提供一個服務員，自助餐打菜則是單一等候線卻有數種不同而一系列的服務項目。

多重等候線配合服務時間小的優先律，則形成了超級市場上可見到的，購買種類少的快速結帳線。在外國超市已普遍可見，相信國內也將普及。

第二節　等候系統的衡量指標

談完等候系統之後，我們要來評判等候系統的好壞。因此接著討論等候系統表現的度量為何？可分為兩方面觀點，一為顧客觀點，一為服務員觀點。

顧客將重視其等候時間（Time in queue）、接受服務的時間（Service time）、等候成本（Waiting cost）、準時完成服務的工作數（Proportion of work completed on time）及延遲工作數（Tardiness）、顧客等候時是否無事打發其等候時間？顧客是否預先被告知需等候多久？顧客可否坐下來等候？等候空間充足嗎？等候地點通風情形良好？我們可將前五項衡量指標歸類為計量指標，後五項視為計性指標。

服務員（或提供服務的企業）重視的計量指標為服務時間（Service

time)、服務員工作忙碌率（Proportional utilization）、單位時間產出率（Throughput）、顧客到達率（Arrival rate）、毀約率（Reneging proportion）、等候線長度（Queue length），而計性指標可分爲服務員沒顧客來時，可有其它事可做？服務員的服務態度如何？顧客等候在等候線上時，服務員可曾閒置，沒有提供服務給顧客而從事別的事？

　　雖然以上各指標不易評估其對企業組織的獲利力，但是我們仍應重視其潛在的影響力，有些指標也可嚐試去估計其成本。或是另一個角度來看待這些指標時，應考量不同方案對這些衡量指標的影響。例如急診病患之最適住院日爲何？一般而言病患的住院日短，醫院的獲利率較高。

第三節　　等候理論

　　首先我們將舉例來說明，顧客間隔到達時間及服務時間的隨機性，如何影響等候線。第一種狀況假設顧客間隔到達時間及服務時間爲定值。假設

$$\begin{cases} \text{顧客間隔到達時間} = a \\ \text{服務時間} = s \end{cases}$$

當 $s < a$ ，服務員將有 $(1 - \dfrac{s}{a})$ ％的時間爲閒置

當 $s = a$ ，服務員百分之百工作忙碌率，也未形成等候線

當 $s > a$ ，服務員百分之百工作忙碌率，而且等候線愈來愈長

例如，當 $a = 3$ ， $s = 2$ 時，其服務生工作活動時間表如下：

其中，網狀線條代表服務生工作中的狀態，網狀線條間隔代表服務生休

息狀態。

　　第二種狀況假設到達過程及服務過程爲隨機變動的。令 a_i 表第 i 個顧客的間隔到達時間，s_i 表第 i 個顧客接受服務的時間。且 $a_1 = 1$，$a_2 = 2$，$a_3 = 2$，$a_4 = 10$，$s_1 = 5$，$s_2 = 4$，$s_3 = 3$，$s_4 = 3$，則其服務生工作活動時間表如下：

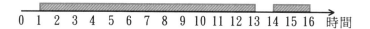

而等候人數與時間軸的關係如下圖 10－4，系統中顧客數與時間軸之關係則請見圖 10－5。

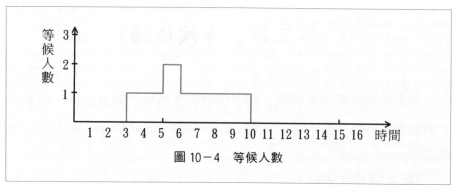

圖 10－4　等候人數

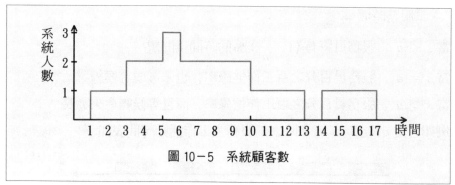

圖 10－5　系統顧客數

　　在此例題中，平均間隔到達時間爲 $\frac{15}{4}$，而平均服務時間也是 $\frac{15}{4}$，但是卻形成等候線，而且服務員也呈現閒置的狀況。大部份現實生活中的

等候線問題正如第二種狀況之情形，因此我們需要藉助一些分析工具來告訴我們，如何安排服務人力來促使顧客等候時間為合理之長短時間內，服務員的平均使用率也達到一定水準，以免造成人力之浪費或機器設備之閒置。

接著我們將介紹等候理論。等候理論源始於 1909 年丹麥工程師 A. K. Erlang 對電話交流實驗 8 年後，發表之報告中指出，自動撥號設備中具有等候現象。等候系統的理論分析則始於 1950 年代。

等候理論採用前，其等候系統必須符合以下一些基本假設：㈠顧客的到達與前一位顧客是互相獨立的，但是其平均到達人數（到達率）不因時間而變動。㈡顧客的單位時間內到達數呈卜瓦松分配，其來源為一無限大群體。㈢服務時間長短隨顧客不同而改變，且服務時間長短與其他顧客之服務時間長短相互獨立，但其平均時間是已知的。㈣服務時間呈指數分配。㈤等候線的服務優先律為先到先服務，而且每一位光臨之顧客無論等候線長短，一定等候到被服務後才離開。

一、等候模式中的術語及表示法

一般等候系統可以被等候理論之數學模式所模擬，數學模式包含了四個部份：㈠顧客間隔到達時間之機率分配；㈡服務時間之機率分配；㈢服務員的個數；㈣最大等候線長度。通常假設顧客的來源是無限，因此也通常假設最大等候線長度為無限。由於無限的情形計算簡單得多，故即使實際顧客數為某一較大的有限數，亦可假設為無限大。有限情況的分析較為困難，因為系統內的顧客隨時影響系統外的潛在顧客。然而，若輸入來源產生新顧客之速率受等候系統內顧客的影響顯著時，則須假定為有限。等候模式的表示常以下列型態表示之：

間隔到達時間　　　服務時間　　　服務員數

— ／ — ／ —

同時以

$\begin{cases} M & \text{表示指數分配（Markovian）} \\ G & \text{表示其他的一般分配} \\ D & \text{表示常數時間} \end{cases}$

此外，常用的符號有

$\begin{cases} \lambda & \text{輸入時間分配的參數，常爲平均到達率} \\ \mu & \text{服務時間分配參數或平均服務率} \\ N(t) & \text{於時刻 } t\,(t \geq 0)\text{，等候系統內的顧客數} \\ P_n(t) & \text{已知在時刻 0 的顧客數，而於時刻 } t \text{ 時等候系統中恰有 } n \\ & \quad \text{個顧客的機率} \\ S & \text{等候系統內服務者（平行服務通道）的個數} \end{cases}$

同時，$\rho = \lambda/S\mu$ 爲服務設施的利用率（Utilization factor），即服務者忙碌時間的期望比率，因 $\lambda/S\mu$ 表系統的服務容量（$S\mu$），平均爲到達顧客（λ）所利用的部分。

此外需有若干符號以便介紹穩定狀態（Steady-state，簡稱穩態）下的模式分析結果。等候系統開始作業不久，則系統的狀態（系統內的顧客數）剛受最初狀態與經過時間的影響，我們可稱此種系統具有暫態條件（Transient condition）。相對地，經過相當時間後，系統狀態已與原始狀態及經過時間無關（除非特殊情形），換言之已達某種平衡狀態，稱此時系統已具穩態條件。已有的等候理論大多基於穩態條件的假設，其部分原因在於暫態情況分析困難，下列符號假定用於穩態條件：

$\begin{cases} L_s & \text{在系統中的平均顧客數} \\ L_q & \text{在等候線中的平均個數（不含正受服務的顧客）} \\ \mu^* & \text{具有最小成本的服務速度} \\ w_s & \text{顧客平均在系統中停留的時間} \\ w_q & \text{平均等候服務時間（不包含被服務時間）} \end{cases}$

在穩態狀態下，Little (1961) 證明的 $M_m = \lambda w_m$，是一最有名且簡單的公式，可以迅速地求出在系統穩態下之等候顧客數。

二、指數分配的特性

等候系統的操作特徵，主要決定於兩種機率性質，即間隔到達時間的機率分配與服務時間的機率分配。就眞實等候系統而言，機率分配可爲任何型式 (唯一限制乃「不可能有負値」發生)。然而，製作等候理論模式以代表眞實系統時，必須就此兩種分配分別指明其假定的形式，爲使有用且模式能提供合理的預測，一方面儘可能近似事實，另一方面應儘可能的簡單，以使模式易作數學處理，且合乎需要。基於上述標準，指數分配爲等候理論上最常用的機率分配。

假設隨機變數 T 表間隔到達時間或服務時間 (Interarrival or service time)。若 T 爲依從參數 α 的指數分配，則其機率密度函數爲

$$f_T(t) = \begin{cases} \alpha e^{-\alpha t}, & t \geq 0 \\ 0, & t < 0 \end{cases}$$

此時，其累積機率爲

$$P\{T \leq t\} = 1 - e^{-\alpha t},$$
$$P\{T > t\} = e^{-\alpha t}, \quad (t \geq 0)$$

且 T 的期望値與變異數爲

$$E(T) = \frac{1}{\alpha}$$

$$var(T) = \frac{1}{\alpha^2}$$

在等候模式中，假定 T 依指數分配，則有何含義？爲探討此一特性，先說明指數分配的五項基本性質。

性質 1：$f_T(t)$ 爲 t 的嚴格遞減函數 (Strictly decreasing function)，$(t \geq 0)$

由此性質得

$$P\{0 \le T \le \Delta t\} > P\{t \le T \le t + \Delta t\}$$

Δt 與 t 為嚴格正數。一般而言，每一顧客所需服務均相同，服務者恆從事同一序列的服務作業，則實際服務時間趨近於期望服務時間。但通常由於服務者效率的些微差異造成遠低於平均數之服務時間，通常是不可能的，因為縱然服務是以最高速率進行，服務作業所須時間有其最小值，所以此種情形下，指數分配並不是時間分配的最佳近似值。

　　反之，各種顧客需要服務者提供的服務亦不同，服務性質雖可能大致相同，但服務的特殊形態與服務量則異。例如，醫院急診室問題，醫生所面臨的醫療問題，形形色色。大多數情形下，均可提供較快的診治，但偶有病患需要長時間的處理。同理，銀行櫃臺及雜貨店結帳時，面臨的亦為此種型態，其所需服務通常較為簡單，但偶而需提供大量的服務。指數服務時間分配似乎頗為適合此種服務情形。

性質 2：健忘 (Lack of Memory)，此性質用數學表示如下：

$$P\{T > t + \Delta t \mid T > \Delta t\} = P\{T > t\}$$

　　換言之，無論經過時間 (Δt) 為何，至下一個事件（到達或服務完成）發生時為止的剩餘時間其機率分配恆同。事實上，此過程表示「忘記」其歷史。指數分配有此驚人現象，因為

$$P\{T > t + \Delta t \mid T > \Delta t\} = \frac{P\{T > \Delta t, T > t + \Delta t\}}{P\{T > \Delta t\}}$$

$$= \frac{P\{T > t + \Delta t\}}{P\{T > \Delta t\}}$$

$$= \frac{e^{-a(t+\Delta t)}}{e^{-a\Delta t}} = e^{-at}$$

　　至於其他分配則無此性質，讀者可利用上述方法導證。

　　對到達間隔而言，此性質描述一共同現象，即下一顧客到達的時間完全不受上一顧客到達所影響。就服務時間而言，此一性質較難解釋。就服務者而言，須對每一顧客從事相同固定序列的工作，因對一顧客若

服務很久，則表示對該顧客所餘的服務工作不多，此種情形非我們所期望的。反之，各顧客所需服務工作各異的情形，此性質的數學意義可能頗合事實，在此種情形下，對一顧客服務已久，僅可能表示此顧客所需的服務較多數顧客所需爲複雜。

性質 3：若干獨立指數隨機變數的最小值，具有指數分配。

以數學方式予以說明，令 T_1，T_2，…，T_n 爲獨立指數隨機變數其參數分別爲 α_1，α_2，…，α_n，同時設 U 爲隨機變數，其值爲 T_1，T_2，…，T_n 實際所取之值的最小值；即

$$U = \min \{T_1, \ T_2, \ \cdots, \ T_n\}$$

因此，若 T 表某一事件發生所需經過的時間，則 U 表 n 個不同事件中第一個發生所需經過時間。今就任意 $t \geq 0$ 而言，

$$
\begin{aligned}
P\{U > t\} &= P\{T_1 > t, T_2 > t, \cdots, T_n > t\} \\
&= P\{T_1 > t\} P\{T_2 > t\} \cdots P\{T_n > t\} \\
&= e^{-\alpha_1 t} e^{-\alpha_2 t} \cdots e^{-\alpha_n t} = \exp\{-\sum_{i=1}^{n} \alpha_i t\}
\end{aligned}
$$

故 U 確爲依從參數

$$\alpha = \sum_{i=1}^{n} \alpha_i$$

的指數分配。

此性質對等候模式中的到達間隔含義相同。設有數個（n 個）不同型的顧客，每一型顧客的到達間隔均爲指數分配，其參數爲 $\alpha_i (i = 1, 2, \cdots, n)$。由性質 2 可知，由任一時刻到下一 i 型顧客到達的時間爲具有此相同的機率分配，故令 T_i 表此任一型顧客到達的時刻起之剩餘時間，然而，依性質 3 可知，整個等候系統的到達間隔時間 U，具有指數分配，且其參數爲上列方程式所定義之 α 值。因此，各型顧客間的差別可予以忽略，而等候模式的到達間隔仍爲指數分配之隨機變數，其參數爲 U。

性質 4: 與卜瓦松分配之關係

假設某一附隨事件（如到達或不斷工作服務者的服務完成）各相鄰發生之間的時間，爲依從參數 α 的指數分配，則性質 4 乃與該事件在一特定期間發生次數的機率分配有關。換言之，令 $X(t)$ 表由 0 到 $t\,(t>0)$ 之間所發生的次數，0 爲開始計數的時刻，則

$$P\{X(t) = n\} = \frac{(\alpha t)^n e^{-\alpha t}}{n!}, \quad n = 0,\, 1,\, 2,\, \cdots$$

即, $X(t)$ 爲依從參數 αt 的卜瓦松分配。例如, $n = 0$ 時

$$P\{X(t) = 0\} = e^{-\alpha t}$$

此恰爲指數分配下經過時間 t 的第一（First）附隨事件發生的機率。此一卜瓦松分配的平均數爲

$$E\{X(t)\} = \alpha t$$

故單位時間期望附隨事件數爲 α 。因此 α 可稱爲附隨事件發生的平均率（Mean rate），附隨事件連續計數時，計數過程 $\{X(t); t > 0\}$ 可稱爲依從參數 α 平均率的卜瓦松過程。

性質 5: Δt 很小時, $P\{T \le t + \Delta t \mid T > t\} \doteqdot \alpha \Delta t$ ，對一切正數 t 值皆成立。

要了解性質 5 之數學意義，須注意此機率的常數值（對一固定 $\Delta t > 0$ 的值而言）爲

$$P\{T \le t + \Delta t \mid T > t\} = P\{T \le t\} = 1 - e^{-\alpha \Delta t}$$

於任何 $t \ge 0$ 皆成立。所以, 任取指數 X , e^X 的級數展開式爲

$$e^X = 1 + X + \sum_{n=2}^{\infty} \frac{X^n}{n!}$$

故

$$P\{T \le t + \Delta t \mid T > t\} = 1 - 1 + \alpha \Delta t - \sum_{n=2}^{\infty} \frac{(-\alpha \Delta t)^n}{n!}$$
$$\doteqdot \alpha \Delta t, (就小 \Delta t 而言)$$

因爲 Δt 很小時, $\alpha \Delta t$ 之後各項高次值更加微小，可忽略不計。

由於 T 可表等候模式中的到達間隔或服務時間，因此，此性質提供對欲知的一附隨事件（到達或服務完畢）在下一段時間(Δt)內發生之機率的近似值。此性質亦表示，當 Δt 很小時$(\Delta t \to 0)$，此項機率與 Δt 成正比。

三、M/M/1 等候模式

本節將詳細介紹 M/M/1 等候模式的理論導證。其中兩個 M 表示顧客進入的時間間隔以及服務時間都是指數分配，而數字 1 則代表服務者個數。M/M/1 等候模式是最簡單的等候系統，常被當作示範說明的例子。

等候理論的推導，常須用到隨機過程。生死過程（Birth and death）即爲其中之一。等候理論中，出生（Birth）乃指新顧客的到達，而死亡（death）則表示已受服務顧客的離去（Departure）。在時刻 $t(t \geq 0)$ 系統的狀態（State，簡稱態，亦即等候的顧客數）以 $N(t)$ 表示。此生死過程就說明 $N(t)$ 如何隨 t 的增加而發生機率性的變化。在等候系統中 $N(t)$ 爲在 t 時間下的等候個數。M/M/1 生死過程假定如下：

假定 1: 已知 $N(t) = n$ ，至下一出生（到達）的間隔（Interarrival）時間。其機率分配爲具有參數 $\lambda(n = 0，1，2，\cdots)$ 的指數分配。

假定 2: 已知 $N(t) = n$ ，至下一死亡（服務完成）爲止的剩餘時間，其機率分配爲具有參數 $\mu(n = 0，1，2\cdots)$ 的指數分配。

假定 3: 每次僅發生一次出生或死亡。換言之，不可能兩個事件（Event）同時發生。

由於假定 1 與 2，故知生死過程爲一種特殊型態的連續參數，繪成狀態圖（如下）。

在 $(t + \Delta t)$ 時間時顧客有 n 個的機率爲

$$P_n(t + \Delta t) = P_n(t)(1 - \lambda \Delta t)(1 - \mu \Delta t) +$$
$$P_{n+1}(t)(1 + \lambda \Delta t)(\mu \Delta t) +$$

$$P_{n-1}(t)(\lambda \Delta t)(1 - \mu \Delta t)$$

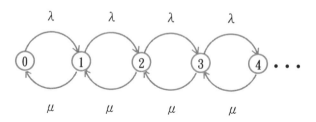

第一項表示在$(t, t + \Delta t)$時間內沒人進也沒人出，第二項表示僅一人出，第三項表示僅一人進。這項表示式的成立，在利用前述之假定以及指數分配的性質。假設(Δt)的高次項不計，則可得

$$\frac{d}{dt}P_n(t) = -(\lambda + \mu)P_n(t) + \mu P_{n+1}(T) + \lambda P_{n-1}(t)$$

又當$n = 0$的特例時，可得

$$\frac{d}{dt}P_n(t) = -\lambda P_0(t) + \mu P_1(T)$$

以上兩式稱爲**控制方程式**（Governing equations of M/M/1）。當考慮穩態（Steady state）時，則令$\frac{d}{dt}P_n(t) = 0$

$$P_1 = (\frac{\lambda}{\mu})P_0 = \rho P_0$$

及

$$(\lambda + \mu)P_n = \mu P_{n+1} + \lambda P_{n-1}$$

以上兩式構成無數個聯立方程式。可以$P_{n+1} = \rho \cdot P_n$解之。

又由於

$$\sum_{n=0}^{\infty} P_n = 1$$

可得 $P_0 = 1 - (\frac{\lambda}{\mu}) = 1 - \rho$ 以及 $P_n = (1 - \rho)(\rho)^n$

此段導證之表示式可參見 Blanchard and Fabrycky (1990)。在系統中的平均顧客數，則可以上述所得之 P_n 來求得

$$L_S = \sum_{n=2}^{\infty} nP_n = \frac{\lambda}{\mu - \lambda}$$

注意此處亦可看出 μ 須大於 λ，服務速率須大於顧客進入系統之速率，否則 L_S 爲負數，整個分析即不正確。穩態（Steady state）根本不可能達成。故對 M/M/1 而言 $\lambda/\mu < 1$，爲形成穩態之充份條件。在等候線（Waiting line）上的平均顧客個數則爲 L_q

$$L_q = 平均在系統中個數 - 平均正在受服務的個數$$

$$= \frac{\lambda}{\mu - \lambda} - \frac{\lambda}{\mu} = \frac{\lambda^2}{\mu(\mu - \lambda)}$$

值得注意的是，此處的所謂「平均」並非個數之和除以觀察數，由於時間爲連續的，所以上述的平均個數，實際上應爲將個數的變化繪成對時間的函數，然後將之積分求得該函數底下之面積除以時間軸長度，是爲平均個數。至於顧客等候的時間 w，則爲一隨機變數表示成 w，其機率分配函數爲

$$f(w) = \lambda(1 - \frac{\lambda}{\mu})e^{-(\mu - \lambda)w}$$

又若令 C_w 爲每一顧客的單位時間等候成本，以及 C_f 爲服務機構服務一個顧客的成本，則 Blanchard 及 Fabrycky (1990) 在他們的系統工程書中，也介紹了最小成本的服務速率。

$$\mu^* = \lambda + \sqrt{\frac{\lambda C_w}{C_f}}$$

因此由任一已知的顧客進入速率與成本結構，可得知服務速率的最佳值。當然此處的成本 C_w，C_f 都不易估求，其中牽涉到時間成本，以及顧客是否逃逸（Balking）的機會成本等等。但是如能於等候系統中考慮最小成本等最佳化（Optimization）問題，亦是重大貢獻。顧客的平均等候服

務時間則爲

$$w_q = \frac{L_q}{\lambda} = \frac{\lambda^2/\mu(\mu - \lambda)}{\lambda} = \frac{\lambda}{\mu(\mu - \lambda)}$$

顧客平均在系統中停留的時間爲

$$w_s = \frac{L_s}{\lambda} = \frac{\lambda/(\mu - \lambda)}{\lambda} = \frac{1}{\mu - \lambda}$$

四、其他常見之等候模式

M/M/S 等候模式乃是考慮 M/M/1 之擴充爲有 S 個服務員，則

$$\rho = \lambda/\mu S$$

$$P_0 = 1 \Big/ \left[\sum_{n=0}^{S-1} \frac{(\lambda/\mu)^n}{n!} + \frac{(\lambda/\mu)^S}{S!} \frac{1}{1 - (\lambda/\mu S)} \right]$$

$$P_n = \begin{cases} \dfrac{(\lambda/\mu)^n}{n!} P_0, & \text{當 } 0 \le n \le S \\[3mm] \dfrac{(\lambda/\mu)^n}{S! S^{n-S}} P_0, & \text{當 } n \ge S \end{cases}$$

$$L_q = \frac{P_0(\lambda/\mu)^S \rho}{S!(1 - \rho)^2}$$

$$L_s = L_q + \frac{\lambda}{\mu}$$

$$w_q = \frac{L_q}{\lambda}$$

$$w_s = \frac{L_s}{\lambda}$$

例題一

假設某超級市場雇用一個出納員，其平均服務率爲每小時 24 人，其服務時間假設呈指數分配。依據過去顧客光臨情形可知，顧客到達出納臺的過程爲卜瓦松分配，其到達率爲每小時 21 人，則其等候線之狀態爲何？若再增加雇用一名出納員，其影響爲何？

當 $S = 1$, $\dfrac{\lambda}{\mu} = \dfrac{105}{120} = 0.875$

$$L_s = \frac{0.875}{1 - 0.875} = 7(\text{顧客})$$

$$L_q = \frac{(0.875)^2}{(1 - 0.875)} = 6.125(\text{顧客})$$

$$w_s = \frac{L_s}{\lambda} = \frac{7}{105} = 0.0667 \text{小時} = 4 \text{分鐘}$$

$$w_q = \frac{L_q}{\lambda} = \frac{6.125}{105} = 0.0583 \text{小時} = 3.5 \text{分鐘}$$

當 $S = 2$, $P_0 = \dfrac{1}{1 + (\lambda/\mu) + \dfrac{(\lambda/\mu)^2}{2!}\left(\dfrac{1}{1 - \lambda/2\mu}\right)} = 0.391$

$$L_q = \frac{0.391\left(\dfrac{105}{120}\right)^2\left(\dfrac{105}{240}\right)}{2!\left(1 - \dfrac{105}{240}\right)^2} = 0.206(\text{顧客})$$

$$L_s = L_q + \frac{\lambda}{\mu} = 0.206 + \frac{105}{120} = 1.08(\text{顧客})$$

$$w_q = \frac{L_q}{\lambda} = \frac{0.206}{105} = 0.00196 \text{小時} = 0.12 \text{分鐘}$$

$$w_s = \frac{L_s}{\lambda} = \frac{1.08}{105} = 0.0103 \text{小時} = 0.62 \text{分鐘}$$

因此增加一名出納員，將使平均等候線由 6.125 人降爲 0.206 人，顧客平均等候時間從 3.5 分鐘降爲 0.12 分鐘。

M/D/1 等候模式，假設服務時間爲常數 μ，而顧客的間隔到達時間呈指數分配且其參數爲 λ，譬如服務機構爲自動化機械時，其處理或

是搬運時間可假設為常數。則

$$L_q = \frac{\lambda^2}{2\mu(\mu - \lambda)}$$

$$L_S = L_q + \frac{\lambda}{\mu} = \frac{\lambda^2}{2\mu(\mu - \lambda)} + \frac{\lambda}{\mu}$$

$$w_q = \frac{L_q}{\lambda} = \frac{\lambda}{2\mu(\mu - \lambda)}$$

$$w_s = \frac{L_S}{\lambda} = \frac{\lambda}{2\mu(\mu - \lambda)} + \frac{1}{\mu}$$

M/M/1 且有限顧客來源之等候模式，假設其總顧客來源數為 N。

$$P_0 = 1 \Big/ \left[\sum_{n=0}^{N} \frac{N!}{(N-n)!} \left(\frac{\lambda}{\mu}\right)^n \right]$$

$$L_q = N - \frac{\lambda + \mu}{\lambda}(1 - P_0)$$

$$L_S = N - \frac{\mu}{\lambda}(1 - P_0)$$

$$w_q = \frac{L_q}{\lambda(N - L_S)}$$

$$w_S = \frac{L}{\lambda(N - L_S)}$$

其他詳細之各式等候模式內容請參見其他等候理論之專書（如 Wolf, 1989）。

第四節　等候顧客的認知因素考量

早在 1984 年 Maister 即提出影響顧客對等候時間的滿意度的八項原則：㈠無所事事的等候比有點事可吸引其注意力的等候，感覺上無所事事的等候時間較長；㈡未被服務之前的等候比接受服務過程中的等候，感覺上前者的等候時間較長；㈢顧客的焦慮情緒會造成等候上的不耐煩，而覺得等候時間較久；㈣不確定還要等候多長時間的等候，感覺上比已

知且有限時間內的等候，其等候時間較長；㈤未被解釋造成等候的原因時，與被告知造成等候的原因，前者會覺得等候較久；㈥顧客若覺得其等候線的服務優先律不符合公平原則時，會覺得比在公平服務律下的等候時間加長了；㈦服務本身的價值愈高，顧客愈具耐心等候；㈧單獨一人的等候線上之顧客，與一群人的等候線上之顧客而比，前者會覺得等候時間較長。由於這些想法，我們知道著名的迪斯耐樂園安排其等候線蜿蜒而行；並在各等候線定點上設置標示以告知顧客，還要等候多久；等候線的兩旁也設置各種不同風景以吸引顧客之注意力，減少顧客的等候焦慮感。

　　1991 年時 Katz 等人對銀行進行一番等候心理實驗後，也提出十項等候心理原則以供等候線管理之參考依據。㈠不要忽視認知管理的效應：消費者已逐漸重視等候時間的長短。在臺灣因為交通擁擠已佔用人們太多時間，促使一般人更重視其他時間的利用。尤其近年來速食業的蓬勃發展可見臺灣地區人民對其時間之逐漸重視。㈡為企業之顧客設定一個顧客可以接受的等候時間長度，並以作業管理的方式來達成此一目標值，期使提高顧客滿意度。㈢設置一些可以分散等候顧客的注意力，以減少其焦慮感。可提供娛樂性節目，例如鋼琴演奏、電視等。㈣儘量不要讓顧客在等候線上等候，如此企業及顧客可能雙方獲利。例如銀行可提供自動櫃員機，以便利顧客之提款。㈤假若顧客高估他們的等候時間，則告訴顧客他們已等候的時間長短及還要等候多久的有關訊息，以減低其不滿意度。㈥改變顧客的到達習慣。例如公告本項服務之尖峰時段及其預估之等候時間，或是提供離峰時間之價差以提高顧客於離峰時光顧的意願。㈦不要讓沒有正在服務顧客的服務員被顧客看見。因為顧客會產生為何這些閒置人員不來加入服務行列的不平衡心理，而產生不滿意感。㈧依顧客的等候期待特性而將顧客分開。銀行業之顧客可分為三類，一為一般型，一為享受型，一為不耐煩型。對於第二種人，可提供各項娛

樂以提高其等候意願，而且工作人員的服務態度較親切友善，但等候線也不能太長。第三種人非常重視其等候時間的長短，對於這種顧客可提供會員制來提升其服務優先律，或是餐旅業及航空業提供預先定位制，或是超市提供少項物品之快速結帳等候線等。因為第三種類型顧客往往願意多付些錢來節省其等候時間。㈨企業要重視顧客的長期看法。因為隨著企業提高顧客的滿意度，顧客也將提昇其對此項服務的期望，因此，企業提供的服務也要隨時間不斷地提昇。㈩不要低估友善服務員的吸引力。雖然顧客逐漸重視等候時間之長短，但是服務員的訓練及鼓勵仍相當重要，因為服務員的努力仍具消減顧客對等候負面情緒的重要功能。

相信臺灣的企業也將逐漸重視顧客等候時間的問題，因為顧客已逐漸將之視為評選服務機構的考量因素之一。尤其速食業者，於午餐時間之人力配置還將影響其顧客因等候線太長而逃逸的人數比率。這些逃逸的顧客正是減少的銷售機會及利潤。臺灣的醫療服務業，尤其醫院的藥局面對醫藥分業的壓力，勢必需與一般藥局競爭，等候領藥時間將是一件不利於醫院藥局的因素，依賴敏雄（1995）的問卷調查可知，病人期望的等候領藥時間較其認知的等候領藥時間約長了 10～15 分鐘。

第五節　醫院門診作業系統等候問題之個案分析

本研究的個案醫院之規模乃介於小型診所與大型制度化的醫院之間，諸多作業皆相當有彈性，但由於制度尚不完善，故無論是設備佈置、人員配置或是某些計劃制度的推行均未能步入正軌，其經營策略只是由高階管理者的過去經驗構築而成，許多效率的問題無法有效的改善。該醫院是採用關閉制度系統，故住院的病人亦需經由門診的看診階段後，才

送至住院病房做完整的治療，而醫療流程請參見圖 10－6。門診病人主要的流程可分成下述幾類，而這些流程皆存在於各類型的看診科別中。

　　㈠掛號──→看診──→離開

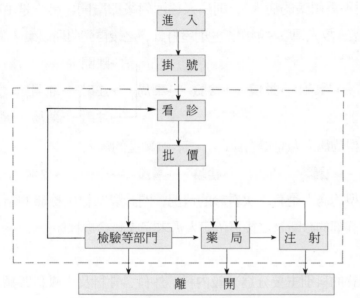

　　註：檢驗等部門包括有檢驗、X 光、開刀房及超音波胃鏡等四個部門

圖 10－6　個案醫院門診系統流程

　　這種類型的病人主要是需要住院的病人，經門診醫師診斷後即送入住院病房。此部份的病人相對於門診病人的人數，比例相當的低。

　　㈡掛號──→看診──→批價──→檢驗──→離開

　　這種類型的病人經由門診醫師看診後，需要從事某些檢驗後才能再診斷病情，但由於檢驗需要些許時間，故病人先行離去，於下次門診時間再接受病情的診斷。

　　㈢掛號──→看診──→批價──→藥局──→離開

　　這種類型的病人經門診醫師看診後，即到藥局領藥後離開。

　　㈣掛號──→看診──→批價──→藥局──→注射──→離開
　　　　　　　　　　　　　　　　　　　　　　　　　　└──→藥局──→離開

這種類型的病人同第㈢類型之病人，但需要經注射室打針。由於該醫院門診的作業特性，到注射室打針必須先經由藥局領取注射單，故此類型的病人可分為兩種情況，一是藥局可直接將注射單及藥給予病人（或只需注射不需領藥的病人），則病人經注射後即離開；另一是由於病人需等候包藥，故先領取注射單至注射室打針，之後再到藥局領藥後離開。

這種類型的病人乃是綜合第㈡、㈢、㈣類型的病人。

㈥掛號──→看診──→批價──→檢驗──→看診──→……──→離開

這種類型的病人是有二次看診的情況，門診醫師經由檢驗的結果再給予病人做詳細的診斷，之後再依病人需求完成其診療程序。

至於門診的科別主要分為一般內科、外科、骨科及皮膚科四類，這些門診的醫師中，除了皮膚科的醫師有獨立性之外，其餘的醫師皆必須相互協助，詳細的說明如下：

㈠病人無論看診科別，除皮膚科另成一等候線外，其餘他科的病人則合併成一等候線。

㈡皮膚科的醫師只看診皮膚科的病人，不兼看其他科別的病人。

㈢骨科的醫師除了看診骨科的病人之外，還必須兼看內、外科的病人，但不看皮膚科的病人。

㈣一般內科及外科的醫師則只看診內、外科的病人，但由於該醫院工作的特性，內、外科之醫師及病人並無特別的分類，也就是說，內科的醫師要看診內、外科的病人；同樣的，外科的醫師亦要看診內、外科的病人。

㈤除了看診部門，其他部門的服務時間特性並不因科別的不同而有

差異。

　　若依各時段看診科別之不同與人員配置之不同，可將整個星期七天的工作時段分爲六種類型，各類型之時段、看診科別、醫師人數、批價人員數列於表 10-7。

表 10-7　各模式平均看診人數

模式	時　　　　段	看診科別	醫師人數	批價人數
Ⅰ	一、三、六（上午）	內、外、骨	2	2
Ⅱ	二、四、五（上午）	內、外	2	2
Ⅲ	一、二、五（下午）	內、外	1	1
Ⅳ	三、六（下午）	內、外、皮膚	2	2
Ⅴ	四（下午）	內、外、骨	2	1
Ⅵ	日（全天）	內、外	1	1

註：上午爲 8:00～12:00，下午爲 14:00～22:00。

　　各時段之藥局人員及注射人員各維持一位，醫事部門共有四位人員，由於看診科別及人員配置乃依據過去的經驗來分配，而病人的需求已造成某些時段相當擁擠（例如類型Ⅳ之星期三、六下午），而某些時段則稍顯冷清。與個案醫院的管理師會談之後得知皮膚科的病人數相當多，造成皮膚科門診過度擁擠，病人等候人數相當多，突顯了等候空間之不足，同時皮膚科的工作人員也倍感壓力及疲勞。因此可預見的，此個案醫院最主要的問題將是評估整個門診系統之等候狀況後，對現行擁擠及冷清的不平衡現象提出改善建議。模擬乃選擇分析之工具，以進一步評估改善建議案可能帶來之影響，以作爲決策者之參考。

　　因爲選用模擬爲分析工具，主要的資料及數據即在於病人到達率及其機率分配，各部門的**服務率**（Service rate）及其機率分配，以及服務的優先律（Priority rule）。因爲病人到達醫院的時間難以確認，再加上本

個案醫院之掛號時間短且等候情況不明顯，因此本研究未將掛號之程序納入評估範圍。本研究乃以掛號結束的時間作為病人到達門診系統的時間。病人間隔到達時間由個案院方提供其 81 年 11 月共 30 天之電腦檔案資料來推算之。初始之資料假設每週之各別日可能存在到達率差異性，因此分成每日上、下午及星期日共 13 個時段分別以 Komogorov-Smirnov 法（顏月珠，1990）檢定其到達分配及參數。所有時段之到達分配皆為指數分配，再依表 10-7 檢定同一類型時段之平均數差，結果顯示同一類型內之各時段的到達率並無不同，因此將病人到達率也依表 10-7 分為六種類型，請見表 10-8。

表 10-8　各類型之病人到達率

類　　型	I	II	III	IV	V	VI
平均間隔到達時間	2.75	3.69	5.9	2.28	6.4	8.4
樣本數	266	192	243	397	75	104

另外為確定各類型病人之到達率不會因時點之不同而異，本研究亦依每小時為單位進行到達率之齊一性檢定，結果顯示各類型內每小時之平均到達率皆相同，因此各類組病人之到達率為定值。換句話說，本個案醫院各類組之病人間隔到達時間呈定值參數之指數分配，也就是不為**非齊一性指數程序**（Non-homogeneous poisson process）。於類型 IV 中，另外大約平均 125 人之皮膚科預約掛號患者通常於當日早上即來掛號，以便取得看診優先率。本個案醫院因預約系統的推行效果不彰，其他病患之預約掛號比例僅該天門診病人數的 5% 至 10%，因此無形中已增加病人等候的機會與時間。

本研究假設各科別之看診時間並不因醫師而異，各服務項目也不因工作人員不同而服務速度不同。於 81 年 12 月到 82 年 1 月中，由個案醫院派員特別記錄其中 30 天之各服務時間。各服務時間則以看診別及部門

別而分別配以適當之機率分配，其結果請見表 10－9。

表 10－9　各科別之服務時間及其參數

資料組別	樣本數	適合之統計分配	參　數　值
內　科	212	指數分配（Exponential）	$MAR = 0.3597$
外　科	49	指數分配	$MAR = 0.3546$
骨　科	48	指數分配	$MAR = 0.3571$
皮膚科	129	指數分配	$MAR = 0.5495$
批　價	413	對數分配（Lognormal）	平均值＝1.10 標準差＝1.20
醫事部	63	常態分配（Normal）	平均值＝13.3 標準差＝2.80
藥　局	501	指數分配	$MAR = 0.8475$
注　射	294	指數分配	$MAR = 0.2703$

MAR：平均服務率（服務人數/分鐘）

　　醫事部門的四個部門中，除了開刀房部門還以服務住院病人為主，其他三個項目之服務皆以門診為主，住院病人的需求相當有限。因為開刀房的服務必須同時滿足門診與住院病人的需求，該個案醫院共設立三個開刀房，以便門診部門之需求不致於受住院病人開刀之佔用時間而影響其接受小手術之時間。門診病人到達開刀房之服務通常為一般小手術，例如傷口縫合，花費的時間與其他三項服務之平均服務時間並無顯著差異。而且因為此四項目之樣本不多（共 63 個），因此本研究將此四項目服務合併為一部門，視為醫事部門具有四個工作人員，而不再區別其工作人員之差異性。模擬結果如表 10－10。

　　由表 10－10 可知，第Ⅳ組之皮膚科病人等候時間最長，事實上模擬結果也顯示大部份的等候線之最大長度小於等於 10 人，只有皮膚科門診之等候線最大長度為 35 人（平均長度為 14 人），已超出了現有設計之等

表 10－10　類組I～Ⅵ之模擬結果

類　　　組	I	Ⅱ	Ⅲ	Ⅳ	V	Ⅵ
看診一＊病人平均系統時間（分）	31.56	23.20	15.75	16.57	16.14	16.03
看診二病人平均系統時間（分）	41.16			40.62	17.18	
看診一＊平均服務率	0.48	0.52	0.53	0.48	0.40	0.42
看診二平均服務率	0.72（骨科）＃			0.96（皮膚科）＃	0.44（骨科）＃	
批價平均服務率	0.25	0.20	0.31	0.76	0.24	0.20
醫事部門平均服務率	0.19	0.15	0.19	0.15	0.16	0.14
藥局平均服務率	0.66	0.57	0.34	0.76	0.33	0.28
注射部門平均服務率	0.85	0.80	0.44	0.44	0.51	0.40
看診一＊平均等候時間（分）	4.65	1.89	2.70	2.42	2.05	2.67
看診二平均等候時間（分）	14.25（骨科）＃			30.59（皮膚科）＃	2.57（骨科）＃	
批價平均等候時間（分）	0.08	0.05	0.27	0.24	0.36	0.22
醫事部門平均等候時間（分）	0.05	0.02	0.00	0.00	0.00	0.00
藥局平均等候時間（分）	2.05	1.64	0.43	2.58	0.54	0.32
注射部門平均等候時間（分）	13.29	8.42	1.97	2.57	2.97	2.04
模擬平均服務人數	89	68	82	333	82	105
實際平均服務人數	90	67	82	335	80	104

＊：看診一之一位醫師負責一般內、外科病人之診療。
＃：骨科醫師兼看內、外科病人；皮膚科醫師只負責皮膚科病人之診療。

候空間容量（預定為 20 人）。因此皮膚科的擁擠問題，確實如個案醫院管理師所言，已急待提出改善方案，有關皮膚科之改善方案於下一節討

論之。

模式 I 之骨科醫師病人等候時間也已達約 30 分鐘，探究其原因在於骨科醫師除了看診骨科病人之外，看診的內外科病人大約佔全部內外科病人的 40%。所以骨科的模擬平均看診人數為 54 人，另一內外科醫師的模擬平均看診人數為 39 人。雖然內、外、骨各科的平均看診時間相近，但因病人偏好指定看診骨科醫師而造成兩位醫師的差別服務率。另外本類型 I 之注射等候時間也較其他時段偏高（工作人員服務率已達 0.85）。如何減少類型 I 之注射等候時間及骨科醫師病人的等候時間，也是值得注意之事項。

在其餘類型（類型 II、III、V、VI）之時段，個案醫院的等候問題並不明顯。換句話說，員工的服務率偏低（大都介於 0.15 至 0.5 之間）。應該考慮如何提高到達率或是提高服務品質。

改善等候的問題可從兩方面著手，一是改變病人的到達過程（Arrival process），另一是改變服務過程（Service process）（Hall，1991）。對於類型 I 之注射等候時間，提議彈性增加護士人員。也就是說當等候人數超過 5 位時，再加派一個護士來協助舒解過多的需求，等候人數減少至 3 位時，此支援護士則回歸原工作。類型 I 之骨科醫師病人等候時間稍長的問題則建議，院方應鼓勵骨科病人移到類型 V 的星期四下午看診，以減少等候時間；或是告知內外科病人，指定骨科醫師看診將增加候診時間，請其考慮改看內外科醫師以減少候診時間。

因為類型 II、III、V 及 VI 的作業時段，員工服務率顯現偏低之現象。為維持看診的基本服務，不宜驟然減少看診時間及改變看診科別。因此只宜考慮減少一位第 II 組的批價人員。亦即第 II 組的批價人員由原來的兩位（平均服務率為 0.2）改為一位。將第 II 組批價人員改為一位，經模擬後，病人的平均總等候時間只是些微增加，約 0.9 分鐘；而批價人員的平均服務率增加為 0.42；批價的最大等候長度也只增大為 6 人。類似

的改善建議也適用於第Ⅰ組，經模擬結果顯示，第Ⅰ組病人的平均總等候時間也只增加 1.1 分鐘；而批價人員的平均服務率由原來的 0.25 增大爲 0.49；批價最大等候長度也只增大爲 6 人。由模擬之結果可知，第Ⅰ、Ⅱ組皆可考慮予以減少一位批價人員，或是其中一位批價人員予以彈性調度來支援其他部門的事務。除了改變批價人員數，第Ⅱ、Ⅲ、Ⅴ 及 Ⅵ 組之其他部門的偏低服務率，最主要的因素應是需求不足，管理當局應鼓勵第Ⅰ組及第 Ⅳ 組時段之病人改變看診時間到第Ⅱ、Ⅲ、Ⅴ 及 Ⅳ 組之看診時段，或是提升服務品質、採用其他行銷策略來提高需求。

最後針對第 Ⅳ 組之病人擁擠問題提出三項改進方案：㈠採用預約系統，㈡於原時段增加皮膚科看診醫師，㈢增加皮膚科服務時段。

採用預約系統最主要的考量在於預約系統時間間隔的設定，所謂預約系統的時間間隔是指預約的病人中，前一個病人預定看診時間與後一個病人預定看診時間的時間間隔長短。Jackson（1964）建議醫師的平均診療時間與預約時間的比率宜在 0.85 與 0.95 之間。本研究採用 0.95 之比率設定，主要的原因在於配合個案醫院的要求，儘量減少門診服務病人次的降低量。因此，在平均服務人數沒有顯著變化的情況下，醫師的平均服務率可能難以降低，所以若要改善醫師的過度忙碌情形，必須配合其他改善方案。假設本預約系統之採用只針對皮膚科病人，假設病人完全採預約制度，經模擬結果顯示如表 10-11。

由表 10-11 可知，採用完全預約系統，假設病人依預定看診時間到達，則皮膚科病人之等候皮膚科醫師的時間由 30.59 分鐘降爲 7.20 分鐘，最大等候長度也由 35 人減少爲 14 人，至於各平均服務率並無顯著改變。因此，完全預約系統可以減少許多病人的等候時間。雖然實務上，不可能所有病人皆採預約制而來，亦即一定存在或多或少沒有預約的病人（Walk-in patients），但是可預知的，預約病人比率愈高，病人總等候時間下降愈多。因此個案醫院應朝鼓勵皮膚科預約看診時間的預約制度

表 10－11　第Ⅳ組改善後模擬結果——採完全預約系統

部　　　門	內外科	皮膚科	批　價	醫事部	藥　局	注　射
平均服務率	0.48	0.92	0.37	0.12	0.74	0.49
平均等候時間（分）	2.26	7.20	0.16	0.00	2.51	2.91
最大等候長度（人）	5	14	5	0	12	5

內外科病人平均系統時間　16.61 分鐘
皮膚科病人平均系統時間　17.42 分鐘
模擬平均服務人數　320 人

努力，以改善皮膚科擁擠現象。

　　第二個方案「於原時段增加一位皮膚科看診醫師」，亦即在星期三及星期六下午兩個作業時段皆增聘一位皮膚科醫師。假設病人對兩位皮膚科醫師無偏好，模擬結果顯示，皮膚科病人候診時間銳減為 0.80 分鐘，但是等候領藥的時間則由 2.58 分鐘增加為 7.02 分鐘。皮膚科醫師平均服務率自然是下降許多，由原來 0.96 降為 0.5。其餘服務部門之平均服務率改變很小。但是增加醫師的成本應較由原醫師增加一看診時段來得高，而且增聘新醫師將增加許多麻煩與風險。因此本研究再提出第三方案「增加皮膚科看診時段」。於是根據表 10－7 之各看診時段之平均服務病人數中可知，模式Ⅱ及模式Ⅲ或模式Ⅴ已有兩個門診，佔用兩間診療室。本個案醫院也僅有兩間診療室，因此依現有空間之限制，應選擇模式Ⅲ之星期一、二或五之下午時段為優先考慮加診時段。根據 Worthington（1987）的實證研究顯示，當供給增加時，按照一般人之理性預期，需求也會跟著增加，也就是所謂「回饋」（Feedback）現象。換句話說，隨著供給之增加，需求跟著增加，直到等候狀況回覆至未增加供給時的情況才達成平衡。但是本研究認為以上的回饋現象在供給極度缺乏時才會發生，而本個案醫院之皮膚科病人應只會增加一部份而不至於回

到未改變前的現象。本研究乃假設病人增加率為 20%。原來每週皮膚科總病人數平均為 255×2 = 510 人，增加 20% 之後，每週平均皮膚科看診病人數為 612。假設平均分攤於三個看診時段，則平均每次看診人數為 204 人。再假設按原比率 125/255 = 49% 為預約人數，則每次看診皮膚科預約人數為 100 人。平均間隔到達時間也改為 2.61 分鐘。模擬結果列於表 10－12。

由表 10－12 可知，皮膚科病人的平均系統時間縮短很多，由原先的 40.62 分鐘減低為 18.09 分鐘，而且皮膚科醫師的平均服務率也降低至 0.79，較符合一般工作負荷率。而內外科病人的平均等候內外科醫師之時間並未明顯受到影響（原為 2.42 分鐘改變為 2.29 分鐘），內外科醫師之平均服務率也未受到影響。結果顯示此方案的實行，皮膚科病人的等候狀況與皮膚科醫師的過度忙碌問題皆能獲得改善，所以在成本的許可下，而且可能增加病人需求的情況下，此方案不失為一相當有效率的方法。

表 10－12　第Ⅳ組改善後模擬結果——增加新看診時段（假設增加 20% 看診人數）

部　　　　門	內外科	皮膚科	批　價	醫事部	藥　局	注　射
平均服務率	0.48	0.79	0.66	0.15	0.68	0.48
平均等候時間（分）	2.29	8.4	0.15	0.00	1.96	2.94
最大等候長度（人）	6	13	4	0	10	5

內外科病人平均系統時間　16.10 分鐘
皮膚科病人平均系統時間　18.09 分鐘
模擬平均服務人數　289 人

總而言之，方案㈠及方案㈢都可能舒解皮膚科病人擁擠的現象，實行的可行性則待個案醫院來決定。預約系統的實行需要病例室人員配合，事先將病例整理好送到診療室，醫院院方在執行上，因為病例室人員的不能配合而難以鼓勵多數皮膚科病人採用預約看診時間之制度。因此，

本個案醫院於82年底，皮膚科門診由原來的兩診改為三診，增加了星期一下午的看診時間。本研究收集83年3月份至5月份的皮膚科看診人數，並將各月份每一看診時段之皮膚科看診總人數及其每診平均人數列於表10－13。由表10－13可知，皮膚科病人逐漸移向新看診時段（星期一下午）。最擁擠的時段仍偏於星期六下午，但是也不致於比原先預計的每診204人超出太多，因此其最擁擠情況應不致於造成太大困擾。整體而言，「回饋」現象已逐漸浮現。

　　至於減少一位批價人員的方案因執行上較困難而未予執行。第Ⅰ組的注射等候時間與皮膚科醫師時間稍長的兩個問題，也因為不具急迫性而延緩再議。

表 10－13　皮膚科看診人數

	星　期　一	星　期　三	星　期　六
三　月　份	450（112）	459（115）	691（138）
四　月　份	771（154）	718（180）	619（155）
五　月　份	716（179）	1,013（203）	880（220）

　　由本個案研究顯示，當等候系統複雜時，等候理論並無法適用，而模擬方法往往是良好的分析工具。在本個案中亦顯示了等候問題在臺灣的醫療業逐漸受重視，而適當的定量分析方法可以提供等候作業系統規劃上的良好指引。

第六節　結　論

　　本章討論了等候系統的諸多特質，及其定量分析工具等候理論，與

定性分析工具等候心理認知因素，來協助讀者了解如何利用定量及定性工具來管理等候線。最後也展示了，當等候理論不敷應用之時，模擬工具如何被用來解決臺灣某個案醫院之門診作業流程安排之眞實個案。

習　題

1. 管理等候線問題時，考量的成本取捨為何？

2. 先到先服務的服務律在醫院系統中，何時失去公平性？

3. 在航空業及銀行業，各有幾種不同等候線？

4. 你是否認為下列的顧客到達狀況呈現卜瓦松分配？

　(1) 學生自助餐午餐時間顧客到達餐廳用餐情況？

　(2) 旅館傍晚顧客住進的到達狀況？

　(3) 學校校車的到達某特定站之到達狀況？

　(4) 機場某一班飛機旅客的報到情況？

5. 你是否認為下列的服務時間呈指數分配？

　(1) 醫院裏內科醫師的看診時間？

　(2) 維修廠更換汽車機油的全部時間？

　(3) 理髮師的理髮時間？

　(4) 旅館清潔員整理每個房間的整理時間？

6. 假設某臺影印機，顧客到達要求影印的來訪間隔時間呈現平
　均每小時 15 人的指數分配，而且服務生完成各影印需求的
　時間也是呈平均每小時 12 件的指數分配。採先到先服務之
　優先服務律，則

　(1) 平均等候線多長？

　(2) 平均系統人數？

　(3) 每人平均系統時間？

　(4) 每人平均等候時間？

7. 某車站之車票自動販賣機，顧客到達此販賣機之到達狀況呈

每分鐘 8 人的卜瓦松過程。假設機器販賣每張車票的時間為固定，每次耗時 10 秒鐘。請問

(1)平均等候線多長？

(2)每人平均等候時間？

(3)平均系統人數？

8. 在各速食餐飲店中及各銀行中，您認為那一家最注重顧客的等候心理因素？他們如何來改進顧客因等候所引起的不滿意度？

9. 在您的經驗中，診所與醫院的等候系統，那一種類型醫療體系較注重病人的等候時間？他們做了那些事（例預約制度）來減少病人的等候不滿意度？

第十一章　系統模擬

　　系統模擬目前是一常用的決策輔助工具，在高層決策中，可用系統模擬進行策略分析、財務分析或是風險評估。在作業管理決策中，製造業者常用以分析排程、存貨、維修以致於程序控制；服務業的相關決策中，系統模擬也常用以分析等候線及其他的服務流程設計。在一份 1983 年的調查中顯示，系統模擬已被超過 80％的企業使用，輔助其各方面的決策制定，系統模擬被使用在決策部門的頻率則顯示於下表之中。

決策功能	百分比
生產／作業管理	59％
企業規劃及策略	53
工　程	46
財務分析	41
研究及發展	37
行　銷	24
數據處理	16
人事管理	10

其中生產與作業管理及策略規劃分占鰲頭，顯示這兩種類型決策與系統模擬的密切關係。因此本章除介紹系統模擬的基本原理及方法之外，也將以此兩種應用為討論的對象。

系統模擬其實就是利用數學模式或邏輯關係，模仿系統行爲的一種動作。另一種對**模擬**（Simulation）的中文譯名也頗爲傳神：「彷眞」。也就是彷彿爲眞的意思。當然本章並不打算以此廣義的定義進行討論，因爲一旦以此定義則坊間的電動玩具便成了系統模擬的應用主流了。在此我們仍將以有關企業管理或作業管理有關的系統模擬作爲討論的範疇。

由於計算機（或稱電腦）的突飛猛進，可以說才有今日系統模擬的迅速普及，其高速的計算及邏輯能力，使得系統模擬在管理決策上益發成爲有力的工具，時至今日，幾乎所有數值解析方法不易求解的問題，都被嘗試以模擬的方法求解。因此本章所討論的系統模擬，也可直接名之爲**電腦模擬**（Computer simulation），反而更能清晰其定義的範圍。由於近年第四代電腦甚至未來第五代電腦的推出，系統模擬的建構，已越發友善及便利（User-friendly）。利用動畫的方式尋求模式組構，替代往日的撰寫程式語言，已成爲今日系統模擬的主流，本章將在稍後介紹這些軟體及其特性。

在此後的章節安排上，第一節及第二節將介紹模式的輸入參數處理方法，也就是隨機亂數及隨機變數亂數的產生法。其後則是**蒙地卡羅法**（Monte Carlo method）的介紹，緊接其後的分別是系統模擬在作業管理上的應用，以及在策略管理上的應用。最後則以模擬的結果統計分析作爲結束，並附以簡單的結論。

第一節　隨機亂數（Random number）

隨機亂數是零到壹之間的實數，而且它呈現**均勻分配**（Uniform distribution）。換言之，此均勻分配之隨機變數 x 的上、下限爲 1 與 0，其對應之機率分配函數爲 $f(x) = 1$，一般又寫成 Uniform (0, 1)。隨機亂

數就是 x 的一個抽樣。雖然理論上很簡單，產生隨機亂數，只是在 (0, 1) 之間機率均等地抽出一個實數，但是要安置在電子計算機上而成一個**產生器** (Generator)，且產生幾千幾萬個亂數，不致重複，而且保持均勻分佈，卻不是件容易的事，在數學界中，這是得配合著數論 (Number theory) 的理論背景才能導出的。

本節直截切入，介紹已經發展出來的亂數產生法，而不牽涉其證明的部份，有興趣的讀者可參見相關書籍 (如 Law & Kelton)。

亂數產生器的優劣，可從幾個角度來看，好的亂數產生器有以下的特點：

㈠產生的亂數獨立而不相依。

㈡可隨時啓動，而不須每次調整。

㈢記憶空間小。

㈣快速。

㈤週期大，產生的亂數不會重複。

㈥可攜帶，可在不同型式的電腦上運作。

㈦容易安置 (implement) 使用。

由於眞正的 (0, 1) 亂數不易產生，常退而求其次，以**類隨機亂數** (Pseudorandom number) 來代替，類亂數的特點即爲有週期，所產生的亂數並非完全的均勻分配。而且常須指定種籽數值 (Seed) 以產生亂數。本節即以類亂數的產生爲主作討論。亂數的產生法，到目前爲止也分了幾個階段，最早採取儲存法，由某些理論產生的亂數，全部儲存在電腦中，然後在用到亂數時，叫喚出來。此法需要大量的記憶空間，不符晚近個人電腦時代的需要。

另一種早期的亂數產生法是以一般算術運算，尋求亂數。例如：㈠先選擇一個 4 位數字的數目，㈡然後取其平方，㈢取中間四位數字爲亂數，然後再回到步驟㈡。舉例而言令 $Z = 9,876$，則

i	Z_i	Z_i^2	U_i
0	9,876	97,535,376	...
1	5,353	28,654,609	0.5353
2	6,546	42,850,116	0.6546

此法的優點是週期長且確為均勻分配，但缺點是會在零處停住（Degenerate）。

　　晚近常用的方法是一種叫**線性全等法**（Linear Congruential Generators，LCG）。其原理是以線性函數與另一數的餘數產生隨機亂數。例如，Lehmer 在 1951 年所建議的方法。

$$Z_i = (aZ_{i-1} + c) \mod m$$

此處 "mod" 即代表取餘數的意思，與 FORTRAN 程式寫作語法類似，而所產生的序列亂數即為 $Z_i/m = U_i$。當 $c = 0$ 時稱為相乘的 LCG（Multiplicative LCG）；當 $c > 0$ 時則為混合式的 LCG（Mixed LCG），當週期 $p = m$ 時，則此 LCG 稱為全週期的亂數產生器。LCG 的最大週期取決於 m 以及 a，c 兩數的選定。

舉例而言，當 $a = 3$，$c = 1$，$m = 8$ 時：

$Z_0 = 2$ ⎤
$Z_1 = 7$ ⎥
$Z_2 = 6$ ⎬ 4
$Z_3 = 3$ ⎦

$Z_4 = 2$ ⎤
$Z_5 = 7$ ⎥
$Z_6 = 6$ ⎬ 4
$Z_7 = 3$ ⎦

$$Z_8 = 2$$

其週期爲 4。而當 $a = 5$，$c = 1$，$m = 8$ 時，其亂數爲 Z_i

$$Z_0 = 2$$
$$Z_1 = 3$$
$$Z_2 = 0$$
$$Z_3 = 1$$
$$Z_4 = 6 \qquad 8$$
$$Z_5 = 7$$
$$Z_6 = 4$$
$$Z_7 = 5$$
$$Z_8 = 2$$

則週期爲 8，與 m 值相等，此種 LCG 爲全週期亂數產生器。因此我們期望 LCG 的 m 值很大且爲全週期性，研究 LCG 具有這些優點的相關定理很多，在此舉一定理：當混合式 LCG 滿足下列條件時：

　　1. c 是奇數，

　　2. $m = 2^b$，

　　3. $a = 1$，5，9，13，…或 $a \bmod 4 = 1$ 時。

則 LCG 爲全週期性的隨機亂數產生器。

　　在今日的電腦當中如何充分利用不同位元電腦的容量，選擇接近全週期的亂數產生器，即成爲重要的課題。舉例而言，就一 32 位元的計算機而言，扣掉了第一個位元從事正負號的存取，選擇 $m = 2^{31} - 1$ 以及 $a = 7^5 = 16,807$ 可符合以上良好產生器的要求，是一常用於計算機中的亂數產生方法。

第二節 隨機變數的亂數（Random variate）

根據隨機亂數（Random number），再產生相關的隨機變數的亂數（Random variate）；兩者的不同在於隨機亂數是均勻分配在（0，1）之間；但是隨機變數亂數則可能呈現任何一種機率分配。蒙地卡羅法即是利用隨機變數亂數模擬系統中的變量，並將每一次的模擬，視爲一種實驗，然後以多次的實驗進行歸納，推論系統的行爲。

選擇產生隨機變數亂數的方法時，要注意是正確的方法還是近似的方法，例如早先以 $U_1 + U_2 + \cdots + U_{12} - 6$ 當做產生常態分配的方法，其中 U_i 爲（0，1）均勻分配變數的時候，是近似法且侷限於模擬（-6，6）之間的常態分配變數，並非良好的產生法。

此外，產生方法亦須注意：

㈠是否有效率，節省電腦 CPU 時間。

㈡不佔記憶體空間。

㈢不因機率分佈的參數改變而產生錯誤，又稱不變性質（Robustness）。

㈣是否與減少變異技巧（Variance reduction）有關。

㈤是否易懂。

隨機變數亂數的產生有很多方法，甚且隨著該變數機率分配的不同或是參數不同而有不同的方法。同一種機率分配也可能選用兩種以上的產生法，選擇時端視其是否符合需要以及效率而定。一般常用的基本方法有下列幾種：

㈠**反累積機率函數法**（Inverse cumulative distribution function）。

㈡**組合法**（Composition）。

㈢接受—拒絕法（Acceptance-rejection）。

㈣利用機率分配的特性法。

本章將只介紹反函數法（Inversion）以及常用的常態分配隨機變數產生法。

　　就簡單的不連續分配而言，其反函數法相當明顯。只要將隨機變數之可能值，按其機率分配中各可能值機率之比例，分配至各該機率分配之可能值即可。例如，試考慮二骰子投擲一次之總和結果的機率分配。我們知道，擲出 2 點的機率為 1/36（擲出 12 點之機率亦為 1/36），擲出 3 點的機率為 2/36，以此類推。故應以隨機之可能值 1/36 與擲出 2 點相伴，以 2/36 值與擲出 3 點相伴，餘類推。如此，若使用之隨機數為二位數，則選用其 100 個值中的 72 個值，其餘 28 個值之隨機數出現則棄而不用。然後將此 72 個值中之 2 個值（如 00 與 01）指定為與擲出 2 點相伴，將其中 4 個值（如：02、03、04 與 05）指定為與擲出 3 點相伴，以此類推。

　　就較複雜之連續性分配而言，原理仍大致相同，只是程序上稍較複雜而已。第一步為求出其累積分配函數 $F(x) = P(X \le x)$，其中 X 為所涉及之隨機變數。其方法為寫出此函數之方程式，或繪出此函數之座標圖，或列出一個 $F(X)$ 由 0 至 1 中各等距值 x 之表。第二步為產生一介於 0 與 1 之間的隨機亂數，其方法為產生具有所需位數之隨機整數（以零為首位數值且包含零），然後在其前面置一小數點。最後一步為使 $F(x)$ 等於該隨機小數，然後以反函數 F^{-1} 解 x。

　　圖 11–1 中之 x 值即為所求自該機率分配取得之隨機觀察值。此例假定累積分配函數以座標圖中之曲線表示，而所產生之隨機亂數為 0.5269，隨著箭頭向右，然後向下，可以求得隨機變數的亂數。

　　當已知機率分配為非常複雜時，上述程序實係以一離散分配來近似此連續分配，將此分配之可能值分為若干的區間，且同一區間內各點的機率相等。此法最大的危險在於，一般各點的近似結果雖適當，但分配

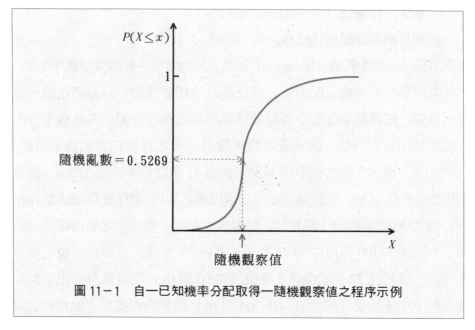

圖 11-1　自一已知機率分配取得一隨機觀察值之程序示例

的兩端卻不然。例如，假定所用者為三位隨機變數亂數，而所用樣本的 $P(X \leq x)$ 值在 0.000 至 0.999 之間。惟有 X 之實際值落於模擬所允許的值域外的罕發事件，才可能對系統有重大的影響。可改進上述程序以資補救，作法如下：凡所產生的隨機亂數（就三位隨機亂數的情形而言）為 000 或 999 時，即產生第二隨機數，以選擇範圍在 0.000000 至 0.000999 或 0.999000 至 0.999999 之間的 $P(X \leq x)$ 之值，更進一步的捕捉模擬機率分佈兩端所可能發生的狀況。

　　若欲產生呈指數分配的隨機變數亂數，則步驟如下：

(一) $f(x) = \dfrac{1}{\alpha} e^{\frac{-x}{\alpha}}$　$x > 0$

(二)求累積分配函數

$$F(x) = 1 - e^{\frac{-x}{\alpha}}　x > 0$$

求其反函數為

$$x = F^{-1}(u) = -\alpha\log(1 - u) \quad 0 < u < 1$$

㈢以亂數產生器（如 LCG 法）產生 (0，1) 均勻分配的亂數，並令其等於 u，代入㈡中之表示式可得隨機變數之亂數（觀察值）X。

但是有很多隨機變數的累積分配函數不易求得反函數，因此便得採用其他的方法，例如有名的常態分配變數產生，即常使用 Box 及 Muller 所建議的方法，其步驟如下：

㈠產生均勻分配的亂數 U_1，U_2

㈡$V_1 = 2U_1 - 1$

㈢$V_2 = 2U_2 - 1$

㈣$w = V_1^2 + V_2^2$

㈤當 $(w > 1)$ 時回到步驟㈠

㈥ $Y = \sqrt{(-2\log w)/w}$

㈦$X_1 = V_1 Y$

㈧$X_2 = V_2 Y$

所得到的 X_1，X_2 均為標準常態分配變數的觀測值。因此此法以兩個 (0，1) 的隨機亂數，產生兩個標準常態分配的亂數。使用時可乘上其標準差，加上所須的常態分配的期望值，即可成為任一種常態分配的隨機變數亂數。換言之，真正待使用的常態分配隨機變數的亂數產生，須使用以上所產生的 X_1，X_2 其中之一代入

$$Y = \mu + \sigma(X_1)$$

才能得到隨機變數亂數 Y，其中 Y 是一常態分佈 $N(\mu, \sigma)$。

第三節　蒙地卡羅法（Monte Carlo method）

　　蒙地卡羅法是利用以上所介紹的隨機變數亂數產生法模擬系統中的隨機變數，並以每次產生的亂數（Variate）視為系統的觀測值，或是一次的**實驗**（Experiment），然後以電腦模擬系統許多次，當做多次的實驗，最後以實驗的過程觀察值，進行統計分析或統計推論，以進一步了解系統的行為並可進行預測。

　　由上所述可見蒙地卡羅模擬法分成三個主要部份：㈠是輸入模式的選擇，㈡系統模擬架構的建立，以及㈢模擬輸出結果的統計分析。

　　輸入模式的選擇，其實正是一般基礎統計學所涵蓋的範疇，亦即取得數據，選定機率分配，估計相關參數，進行**配合度檢驗**（Goodness of fit）等步驟，其目的在於了解系統參數或變數的機率分配，然後由前兩節所述的亂數產生法，產生相對應的實驗值（觀察值）。

　　建立系統模擬架構的部份，視系統而異，可以模擬投資計劃的風險，可以是很複雜的生產製造管理系統，也可以是搬運運輸系統，也可以是單純計算財務分析的系統。市面上有因應不同系統種類而寫成的軟體，可以提供基本的**系統單位**（Module），例如等候系統即是。軟體中，可供使用者指定等候系統中的顧客進入速率、服務速率、服務者的個數等等，以利進一步的分析，而不需分析者撰寫複雜冗長的程式指令。但是當系統特殊或是當面對的問題為嶄新時，分析人員便需自己撰寫程式，以模擬系統的各種內部關係及行為。

　　模擬的結果分析，主要是屬於統計分析部份。常見的問題如：系統是暫態還是穩態？輸出的估計值精確度為何？系統模擬（實驗）的次數應為何？產生的輸出是否有自我相關？以及亂數產生法是否造成輸出的

誤差?……等等。輸出的結果分析牽涉到整個系統模擬的成敗，也與前述的兩個部份息息相關。系統模擬的運作是植基於以上三個部份的成功之上。以下是一個流程圖說明蒙地卡羅法的運作情形。

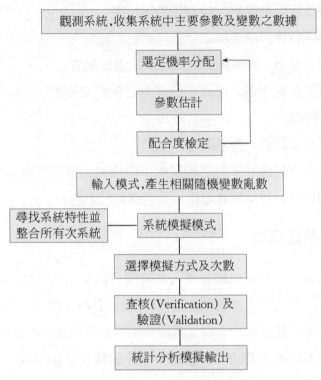

圖 11－2　蒙地卡羅模擬基本架構

　　在稍後的兩節中，將分別討論生產及作業管理問題的程式建立，以及策略管理的模式建構，並分別舉一例說明之。其後則另闢一小節專門介紹如何對系統模擬的輸出結果進行統計分析。

第四節　系統模擬在生產管理之應用

　　蒙地卡羅法在生產及作業管理之應用例子很多，例如：

㈠模擬維護作業，以求出修理員最優人數。

㈡模擬製鋼作業，以權衡作業方法與設施能量及配置之更動。

㈢模擬大規模分銷及存貨控制系統，以改進其設計。

㈣模擬工程計劃控制，如 PERT 等技術。

㈤模擬開發後河流流域之運作情形，以確定足以達到所需防洪與水利發展水準之水壩、發電廠與灌溉工程之最佳配置。

㈥模擬生產線作業，以確定所應有之在製品放置場所的大小。或其他物料流動問題。

㈦模擬港口卸貨及等港的等候問題。

在本節中先討論等候問題的蒙地卡羅模擬，然後再以一陶瓷廠的生產管理問題爲例，討論模式建構以及電腦軟體之應用。

一、等候系統模擬

等候系統中的變量爲顧客進入的時間，以及服務時間，如果能從所收集的數據中，找到適當的顧客進入時間及服務時間的機率分配，則 G/G/1 的輸入模式便已大功告成。爲便於說明起見在此直接舉例說明。

假定顧客到達間隔時間與服務時間分別爲 6 至 24 與 0 至 20 的均勻分配隨機變數，故無解析性結果可用。因此，用蒙地卡羅法加以模擬，以求得所需之資料。

在此以最簡單的 (0，1) 亂數來產生到達時間及服務時間：

隨機數	到達時間	服務時間
0	6	1
1	8	3
⋮	⋮	⋮
9	24	19

就以 G/G/1 系統而言，事件（event）發生於㈠顧客進來時；㈡顧客開始接受服務或者上一個顧客離開的時候，因此我們可以收集到顧客在系統中停留的時間，以及在等候線上等候的時間。計算的方法是以隨機變數的產生來求得下表，在時間 0 時，產生一（0，1）亂數，故下一到達時間根據隨機變數的亂數產生對照表為 24，故寫上 24 為下一個到達時間，然後由於系統中顧客數為 0，故不予產生下一個服務完成時間。在第二列中，選擇下一到達及下一服務完成時間的較小者（＝24），開始計算，則此時系統中顧客數為 1，接著產生兩個隨機數 2 及 6，分別對應

表 11－1　等候系統例中之模擬行程

時　間	系統中顧客數	隨機數	下一個到達	下一個服務完成
0	0	9	24	—
24	1	2, 6	34	37
34	2	4	48	37
37	1	6	48	50
48	2	4	62	50
50	1	1	62	53
53	0	—	62	—
62	1	1, 1	70	65
65	0	—	70	—
70	1	3, 9	82	89
82	2	1	90	89
89	1	4	90	98
90	2	1	98	98
98	2	1, 5	106	109
106	3	6	124	109
109	2	2	124	114
114	1	1	124	117
117	0	—	124	—
124	1	5, 6	140	137
137	0	—	140	—
140	1	9, 3	164	147
147	0	—	164	—
164	1			

下一到達間隔時間 10 及服務時間 13。所以下一個到達時間為 24 + 10 = 34，下一個服務完成時間為 24 + 13 = 37。

　　經由這樣各事件在時間軸上發生先後的記錄，可得各顧客的等候時間以及系統中等候顧客的數目變化情形。表 11 - 1 即是一連串的顧客進入及接受服務的模擬記錄。然後，我們可據此模擬結果，計算有興趣的統計。一般等候系統分析中常見的分析項目包括了：

　　㈠顧客在系統中耗費的平均時間。

　　㈡顧客在等候線上的平均等候時間。

　　㈢平均的等候線長度；也就是在等候線上的平均顧客數。

　　㈣服務者的忙碌率；也就是生產設備的利用率。

　　值得一提的，以上的一次模擬（Realization）只是 G/G/1 等候系統中的一次觀察而已，若要更深一層推論此系統的行為，則需多次的模擬才可。在統計理論中，**中央極限定理**（Central limit theorem）是常用的分析工具以決定多少次模擬才夠。

　　此外，模擬中的系統輸出也因系統本身以及對系統的要求不同，而有不同的分析重點。例如，服務業對於等候時間的長短就較重視，碼頭卸貨則可能對系統中等候的船舶數目有較高的興趣。又如製造業者對系統的穩態分析可能較有興趣，而量販百貨服務業者則對暫態的分析結果興趣較濃。

　　其次，許多生產流程的模擬常是許多等候點所構成的等候網路的模擬，因此可算是本小節所討論的擴充。以下即介紹較大的問題規模及其系統模擬模式。

二、生產管理應用

　　所謂工欲善其事，必先利其器。近來隨著電腦模擬的長足進步，新式的模擬軟體也不斷推出，對於協助使用者建立模擬模式及結果分析，

均有相當大的幫助。這些軟體中有專門性的，如 FACTOR、SIMFAC-TORY、MAST，及 PROMOD 等等，提供了不少專用於生產製程模擬所需的功能，一般如工廠中常用的**模組**（Module）如輸送帶、搬運車、暫存區等，均成為系統模擬軟體的選項之一，使模式建構格外容易。至於其他的一般性模擬軟體如 SLAM、SIMAN，及 GPSS 等亦對模式建構的簡單化有相當的貢獻。

　　這些模擬軟體都將常見的工廠流程及設備佈置考慮在內，然後以圖像（Icon）的型態事先建立成為軟體中的模組，就好像在**菜單**（Menu）上的選項一般。只要在建立模擬模式的過程中需要這些模組，即可以按鈕將該選項以圖像的方式置於模組中，幾乎不需使用者進行程式寫作。其他如**暫存區**（Buffer）的定義、物流的動線、設備的位置以及人員的配置等均可在圖像化的模式中一一組構，如此不僅建構模式的速度加快，由於圖像顯示的關係，決策者也較易察覺模式的正確性及差誤。更有甚者，這些圖像式的模式在系統模擬執行的過程中，能以動畫（Animation）的方式顯示產品的流動，人員的工作情形，以及設備的空置（Idle）等情形。可以說是非常的便利（User-friendly）。

　　以下即以一範例作解說，介紹系統模擬在生產管理決策上的應用。此應用的生產流程為一陶瓷磚瓦的製程，由陶土的攪拌、成型、壓花、陰乾、上釉、烘乾、燒成、以至於包裝，各個流程均可以模擬軟體之模組表示之，整體的流程製造過程，請參見圖 11－3。

　　製造的各設備如真空成型機、壓花機、上釉設備以至於隧道窯，均可以模擬之。生產線也依壓花成型的不同而概分成三條生產線，但在上釉及燒成的過程中則合而為一。同時各重要生產工作設備之前均有暫存區，以模擬等候的情形。設備的利用上限也受到工人上班時數的影響。

　　本模式係以 SIMFACTORY 軟體建構而成，其已為 SIMSCRIPT 之進階版本，能以**圖像**（Icon）的方式協助模式建立。同時針對各流程及設備之模式參數，亦可以交談式的表單輸入。圖 11－4 即是 SIMFAC-

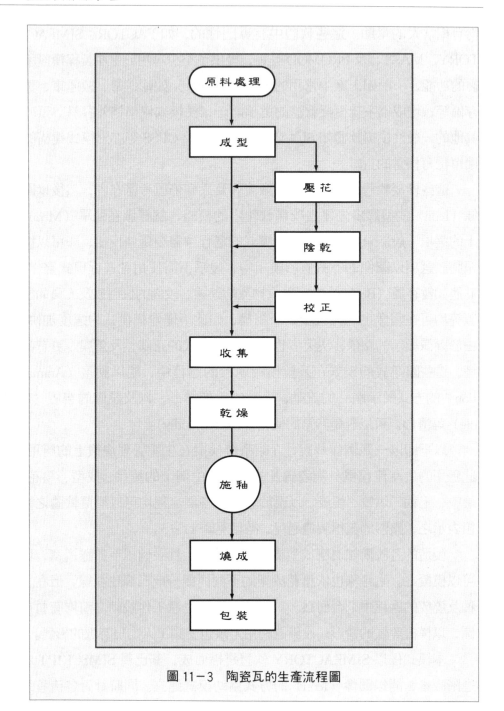

圖 11-3   陶瓷瓦的生產流程圖

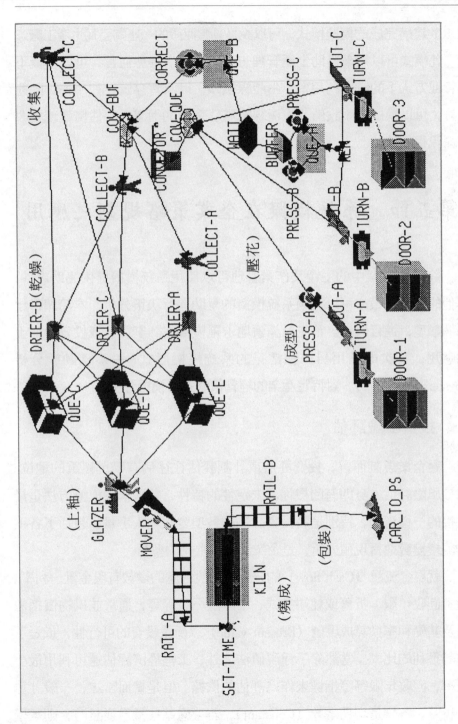

圖 11-4 陶瓷瓦廠生產系統之模擬模式

TORY 建構完成的模擬模式，可以說是具體而微的一座陶瓷瓦生產工廠。

此模式可以用來協助生產管理方面的決策。靜態而言，可以模擬不同管理方式下的設備利用率、生產線瓶頸，以及暫存區之利用率。動態而言，可以模擬增添設備或生產線對整個系統的衝擊，評估擴建或更改生產流程的效益。

第五節　系統模擬在企業策略規劃之應用

除了製造業中的生產及作業管理可以使用系統模擬提供協助之外，其他的企業決策亦可以透過系統模擬的幫助進行決策分析。本節即舉出兩個類型，進行討論。首先討論蒙地卡羅模擬在計劃評估或投資評估上的應用，其次則應用另一種常見的系統模擬形式——系統動態分析 (System dynamics)，對特定產業的經營策略進行模擬分析。

一、投資風險評估

對企業規劃而言，投資評估或計劃評估往往佔有舉足輕重的地位。由於風險評估本身即有隨機性、未定性的特性，蒙地卡羅模擬方法是最直接的一種應用，特別是將投資計劃的各項變數納入考量，包括了各項的隨機變數進行現值分析，是企業決策中常見的型態。

就現金流量 (Cash flow) 的分析，一般考慮的變數有現金量、利率、投資回收年限、折舊或耗竭方式、生產量……等等，通常並以物價指數以及基礎利率換算成現值 (Present value) 以衡量投資的可行性，或是了解其獲利的比率。當然除了淨現值法之外，工程經濟評估還可利用最小利率，回收年限等等指標來作為評估的依據。但是總而言之，一般計算分析時，各變量均為定數 (Constant)，若考慮某些量為變量時，則數學

分析時會複雜許多。舉例來說，利率或是物價指數便常不是個常數，而是隨機變數，一旦將利率視爲變數，則淨現值的計算便牽涉到繁雜的**隨機變數**（Random variable）的數學函數運算，以及加減乘除等等轉換，因此很難準確的以數學式子表示其值。一般簡化的方法是假設現金流量分析中的變數均爲常態分配，然後利用常態分配的特性，估計淨現值的期望值及變異情形。

如果採用蒙地卡羅法，則沒有以上的限制，它可以估計各種經濟評估的指標，同時假設回收金額、利率、折舊殘值、物價上漲……等變數爲任何一種機率分配。其作法爲：

㈠收集眞實數據，了解變數的機率分配型態。例如設物價上漲率爲隨機變數，可以收集過去的物價上漲率資料，其他相同政經條件國家的資料，以便尋找分配函數。

㈡利用統計分析的方法，透過假設檢定及參數估計的步驟，找到適當的機率分配函數，及其所需的參數值。

㈢選擇適當的隨機變數亂數（如反函數法）產生法，產生隨機變數亂數（如物價上漲率＝R_i）。

㈣將㈢所得帶入一般的**現金流量**（Cash flow）分析公式求取淨現值，或是其他評估指標。

㈤重覆步驟㈢及步驟㈣，求得許多**淨現值**（Net present value）之值，加以統計分析，例如求得淨現值的平均數、變異數，或是估計淨現值小於零的機率，以進行風險評估等等。

二、企業策略分析

系統動態學（System dynamics）最早由麻省理工學院所倡導，對於系統間互動關係的模擬分析非常有貢獻。其原理在利用**變量**（Quantity）、**變率**（Rate）以及**影響因素**（Factor）三者之間的互動消長關係建

立模式，進而模擬之。這些系統之間的影響關係並可透過積分或數值計算的方法，模擬各種系統在時間變化過程中的起伏。整個系統模擬的基礎建立在一組聯立的邏輯關係式，與微分方程式上，只要系統中重要的變量之間建立起函數關係，即可進行系統動態的模擬分析。

系統動態分析的先期軟體DYNAMO，近來也已有了新的版本。一如前述的作業管理模擬軟體，新型的軟體STELLA也以圖像（Icon）的方式協助使用者建構模式，幾乎不需要使用者撰寫模式。所有變量─變率─影響因素之間的方程式關係，也可利用交談式的表單視窗輸入，同時不會漏掉任何之參數。

圖11－5即是一以STELLA建構的產業策略模擬模式，完全是以圖像式構成模式，所有程式語言可由軟體自行產生，並供使用者查驗模式的正確性。

圖中有四種圖像，第一種是矩形代表累積量（Stock）；第二種是一箭頭配上一調節閥所構成，表示變率（Rate）；第三種是圓形圖像，表示各種影響因素（Factor）或變數（Variable）；最後則是箭頭，顯示各種定義量之間的影響關係。只要是由箭頭聯結的各種變量均需以函數或方程式的型態定義之。

圖11－5顯示的是未來水泥業的發展策略，其中主要模擬的部份，包括了水泥生產產能的消長、產業東移的程度、進口水泥的佔有率、進口與國產水泥的價格影響機制、水泥的能源耗費以及國內對水泥的需求量等等。此處的系統動態模式可以模擬水泥的消長、競爭態勢以及受到其他非經濟面的影響程度，決策者可將部份因素的變動情形，運用外生變數的給定，進行不同的情境模擬（Scenario analysis），將對產業的經營策略決策過程，造成相當的助益。

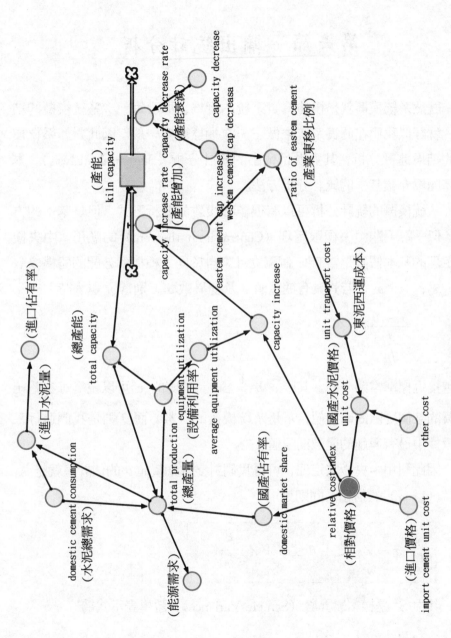

圖 11-5　系統動態學分析水泥產業示意圖

第六節　輸出統計分析

　　既然系統模擬就是模仿眞實系統的行爲，那麼每一次系統模擬的結果，就好似我們在眞實系統中做了一次抽樣調查一般。因此對於系統模擬的結果進行分析，其實就是輸出的統計分析（Statistical analysis）。本節將簡單介紹基本的統計分析方法。

　　系統模擬的統計分析可以有很多種複雜的分析形式，但是基本的方法，似乎離不開中央極限定理（Central limit theorem）的應用。中央極限定理的基本假設是當有 n 個獨立且來自於同一種機率分配的隨機變數 x_1, x_2, $\cdots$, x_n，若其具有期望值 θ 及變異數 σ^2，則當 n 越大時

$$\frac{\overline{x} - \theta}{\frac{\sigma}{\sqrt{n}}},$$

就越接近標準常態分佈。其中 $\overline{x}$ 爲 $\frac{1}{n}\sum_{i=1}^{n} x_i$。此處的 x_i 可以視爲每次系統模擬的某個變數的輸出值，n 是系統模擬的次數，而 θ 則是我們進行系統模擬中最有興趣的變數期望值。

　　因此利用中央極限定理，可得我們對變數期望值 θ 的估計值就是 $\overline{x}$，而其 $(1-\alpha)$ 的信賴區間則是

$$\overline{x} - Z_{\frac{\alpha}{2}}\frac{S}{\sqrt{n}} \leq \theta \leq \overline{x} + Z_{\frac{\alpha}{2}}\frac{S}{\sqrt{n}}$$

其中 S^2 是樣本變異數（Sample Variance），數學表示式爲

$$S^2 = \frac{1}{n-1}(\sum_{i=1}^{n} (x_i - \overline{x})^2)$$

事實上，這裡的 $Z_{\frac{\alpha}{2}}$ 也是近似值，嚴謹一點的做法，應是代入 t 分配的

$(1-\frac{\alpha}{2})$ 百分位數，$t_{\frac{\alpha}{2},n-1}$。而其自由度爲 $(n-1)$。

這種關係式亦可反推系統模擬應執行的次數，換言之，只要給予期望值估計過程中的要求精度——亦即信賴區間的寬度 d，即可反算應有的模擬執行次數 n。

第七節　結　論

隨著電腦發展及普及，系統模擬這項決策工具可能益發受到重視，尤其是當微電腦運算速度更快、模擬軟體功能更多，以及使用者撰寫程式愈少的時候，系統模擬的角色將會愈加吃重。但是它在應用時也有些優缺點，不能盲目的一味執著於系統模擬單項工具。以下即綜合系統模擬的優點及缺點，作爲本章的結語。

系統模擬的優點：

㈠建構模式的過程，有助於深刻了解系統本身。

㈡系統模擬可節省觀察系統行爲的成本及時間。

㈢系統模擬進行中，不致中斷現有系統的運作。

㈣系統模擬比一般數學分析較易爲人接受。

㈤系統模擬提供決策者不同假設狀況（What-if）的預測。

㈥隨著軟體的進步，建構模式及分析結果會更簡便。

系統模擬的缺點：

㈠建構模式可能耗費時日，且無法保證結果有用。

㈡系統模擬提供複雜的數值及邏輯運算，但也可能淪爲黑盒子，所謂「垃圾進垃圾出」即是。

㈢系統模擬的輸出分析須加詮釋，不似數學分析得到正確解。

㈣系統模擬模式的建立並無標準，常會因人而異。

習　題

1.何謂類隨機亂數?

2.何謂 LCG 法?

3.試以 LCG 法寫一亂數產生程式, 其中 $m = 2^{31} - 1$, $a = 16,807$。

4.試以反函數法, 寫一產生隨機變數產生程式, 其中機率密度函數為 $f(x)$。

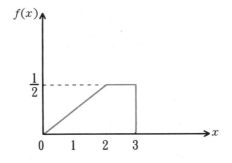

5.將常態分佈之隨機變數產生器, 以高階語言寫成一副程式。

6.何謂 M/M/1? 何謂 M/G/1?

7.寫一程式模擬 M/G/1, 其中間隔進入時間為指數分佈 (期待值為3分鐘), 而服務時間為均勻分佈 (2, 3) 分鐘, 求平均等候時間及平均等候線長度?

第十二章　品質管理

　　品質管理的主要功能當然是如何創造出好品質。但是，什麼是好品質呢？品質的談論對象分爲兩種，第一種爲品級（Product quality），第二種爲製程品質（Process quality）。產品設計的品質水準乃是依據市場區隔之目標而定的。一般平面地所使用的自用腳踏車當然與越野登山用的腳踏車有相當差別，與世界賽車手所騎用之腳踏車自然是更不相同。四、五十萬元可買得到的一般家用小客車，其鋼板的厚度較薄，其車體的烤漆也自然不可能像賓士汽車一樣講究，其高速（每小時 200 公里）行駛之穩定度也不如賓士汽車一樣的平穩。因爲高品質設計的產品通常是定位於市場中的高價位產品。四、五十萬的家用小客車與賓士汽車當然是不同品級的產品。

　　對於任一品級的產品，製程品質都一樣佔有重要的成敗決定地位。不管是賓士汽車或國產裕隆的買用者，都不希望買到瑕疵品。換句話說，製程品質的目標在於透過良好的品質管理來生產、製造零錯誤的產品或提供無誤失的服務。

　　品質管理的目標，乃是透過不斷的品質改善（Quality improvement）來追求品質之最適化，亦即同時擁有高設計品質與高製程品質。因此，品質管理的定義爲，以最經濟、最有效用的方法，去研究、發展、設計、生產、服務令消費者滿意地購買的品質之產品。

　　品質的定義非常多種，在此約略分爲三階段：

㈠達成特定產品規格或服務標準的一致性。

㈡適用性。

㈢在高度競爭的市場售價下，顧客對產品或服務的滿意度。

　　早期的品管可以說是以第一種定義為中心，因此其品管乃相當於品質管制，主要目標是追求「規格或標準」的一致化。後來，逐漸重視產品存在的本質乃是為顧客所用，因此強調其適用性。近年來由製造者的角度來定義品質，改而推向由消費者或顧客的角度來定義品質。因此，現在講求的全面品質管理之概念，乃是以顧客為基本所發展出來的「品質至上」精神。

　　在本章我們將介紹全面品質管理，及為提升全臺灣品質水準為全面品質管理而產生的「國家品質獎」。我們也介紹一些品質管理基本概念，如製品規格、品質成本，以及一些基本品管工具。最後我們也來談談最近幾年的品管新寵 "ISO 9000" 的品質保證制度。

第一節　全面品質管理 (TQM)

　　品質管理的定義已在前面描述過，在此我們進一步地來討論，如何有效率地實行品質管理，必須牽涉企業活動的所有步驟，包括市場調查、研究、開發、產品企劃、設計、生產準備、採購、外包、製造、檢驗、銷售與售後服務，以及教育訓練、人事、財務、會計等，此外也需要經營者、管理者、監督者、作業人員等全體員工的參與與投入，所以品質管理可稱為全面品質管理 (Total Quality Management，簡稱 TQM)。日本人則稱之為全公司品質管理 (Company-wide Quality Control，簡稱 CWQC)，或是全面品質管制 (Total Quality Control，簡稱 TQC)。除了強調全體員工的參與，全面品質管理也重視「不斷的改進與不斷的創新」

來達成對顧客的完全承諾，而「不斷的改進與不斷的創新」則有賴於科學性知識。

全面品質管理的要素可分為兩大類：哲學要素與科學性工具。全面品管的哲學要素包括了以下六點：

(一)顧客至上而來的品質至上想法

意即以提供顧客目前要求的品質及服務為優先考量。因此顧客至上並非追求短期利益，而是依據市場導向的理念來經營企業，不僅對社會善盡職責、貢獻服務，同時也追求企業的長期利益。擴大來想，顧客的定義，不僅指產品的消費者，公司內部的下個製程也是顧客，則企業內部的人際關係會更和諧，工作的品質及服務的品質將會提升。

(二)追求不斷地改善

美國品管大師戴明博士的管理循環，PDCA (Plan：計劃，Do：執行，Check：檢討，Action：改善)。以此管理循環來維持日常事務或改善品質水準。「改善」是強調，若產生不良現象等令人不滿之結果時，應針對不良結果，追究其發生不良之原因，並採取根本之措施，以杜絕不良現象的發生原因，來改善不良現象。而這些新的改善措施將納入下次管理循環的計劃中。

(三)根據事實的想法

利用直覺或經驗來判斷固然重要，但常易發生錯誤，因此觀察事實、衡量（Measurement）一些指標、記錄資料以收集數據（Data），並利用分析方法以做出正確判斷，常成為必要的方法。尤其面對複雜的問題時，以上的簡便方法尚無法提供理想結果時，最好能運用統計方法或是其他管理科學等工具來輔以分析。

(四)組織活動

強調全體員工的參與。以經營者、管理者的真摯承諾與支持來營造一個以顧客為導向、清楚地明定公司品質政策、全員參與的文化，來達

成團隊合作的目標。更進一步引申，品管活動不只是品管部門的工作，而是全體員工的責任。

㈤強調預防的觀念

品質的好壞往往決定於設計，因此設計的品質很重要。一切管理的源頭在於計劃，更深入地說，在計劃中就要存入預防的觀念，事先就對各種可能執行的結果提出各種預防對策，才能使得品管活動推行順利，減少錯誤及誤失。

㈥社會責任

全面品管重視企業的社會責任，要同時作到保護環境、良好的社會關係、以及注重消費者的權益。

爲了落實全面品質管理的精神，經濟部於民國 79 年設立「國家品質獎」。「國家品質獎」爲國內最高的品質榮譽，其設立宗旨爲：「樹立一個最高的品質管理典範，讓企業能觀摩學習，同時透過評選程序，清楚的將這套品質管理規範，成爲企業強化體質，增加競爭力的參考標準」（第六屆「國家品質獎」申請須知，國家品質獎評審委員會編製，p.1）。我國國家品質獎歷屆得獎名單如下：

我國國家品質獎歷屆得獎名單

一、企業獎	二、中小企業獎	三、個人獎
• 德州儀器（第一屆）	• 慶泰樹脂（第三屆）	• 宋文襄（第一屆）
• 中鋼（第二屆）	• 柏林（第四屆）	• 鍾清章（第二屆）
• 國際標準電子（第三屆）		• 鍾朝嵩（第二屆）
• 中華汽車（第四屆）		• 劉漢容（第三屆）
• 泰山企業（第四屆）		• 王治翰（第四屆）
• 美臺電訊（第五屆）		• 白賜清（第五屆）
• 臺中精機（第五屆）		• 羅益強（第五屆）
• 英業達（第六屆）		• 林信義（第五屆）
• 智邦科技（第六屆）		• 謝天下（第六屆）
• 臺灣 IBM（第六屆）		• 盧瑞彥（第六屆）

　　獎項分爲企業獎及中小企業獎（包括製造業及非製造業）以及個人
獎，共三種獎項，而其評審標準也略爲不同。第六屆的評審標準則一併
列於如下各表。主要的評分重點在於品質保證。

表 12-1　企業獎評審標準（製造業）

項　　　目	權重	項　　　目	權重
一、經營理念、目標與策略 ㈠經營理念 ㈡經營目標與執行策略	12%	六、品質保證 ㈠標準化 ㈡設計品質 ㈢進料品質 ㈣製程品質 ㈤儲運品質 ㈥製造設備保養維護 ㈦檢驗儀器設備及檢驗制度 ㈧自動化與合理化 ㈨品質稽核	22%
二、組織與運作 ㈠組織功能與職責 ㈡制度與規章 ㈢溝通與協調 ㈣組織運作彈性	6%		
三、人力發展與運用 ㈠人力計劃 ㈡人力培訓 ㈢人力運用 ㈣激勵措施 ㈤勞資關係 ㈥工業安全與衛生	10%	七、顧客服務 ㈠顧客服務體系 ㈡顧客需求蒐集、分析與處理 ㈢顧客滿意度衡量	10%
四、資訊管理與運用 ㈠外部資訊蒐集、分析及運用 ㈡內部資訊蒐集、分析及運用	8%	八、社會責任 ㈠環境保護 ㈡社會關係 ㈢消費者權益	10%
五、研究發展 ㈠研發單位設置與投資 ㈡研究計劃訂定 ㈢專案管理 ㈣具體成果	10%	九、全面品管績效 ㈠品質改進 ㈡經營成果 ㈢品質榮譽 ㈣自有品牌與形象建立	12%

資料來源：第六屆國家品質獎申請須知，p.11。

表 12-2　企業獎評審標準（非製造業）

項　　　　目	權重	項　　　　目	權重
一、經營理念、目標與策略 ㈠經營理念 ㈡經營目標與執行策略	10%	六、品質保證 ㈠標準化 ㈡設計品質 ㈢原物料及成品品質 ㈣作業程序品質 ㈤儲運品質 ㈥作業設備保養維護 ㈦檢驗儀器設備及檢驗制度 ㈧自動化與合理化 ㈨品質稽核	20%
二、組織與運作 ㈠組織功能與職責 ㈡制度與規章 ㈢溝通與協調 ㈣組織運作彈性	6%		
三、人力發展與運用 ㈠人力計劃 ㈡人力培訓 ㈢人力運用 ㈣激勵措施 ㈤勞資關係 ㈥作業安全與衛生	10%	七、顧客服務 ㈠顧客服務體系 ㈡顧客需求調查、分析與處理 ㈢顧客滿意度衡量 ㈣顧客接觸點服務品質 ㈤顧客後續服務品質 ㈥顧客抱怨處理	16%
四、資訊管理與運用 ㈠外部資訊蒐集、分析及運用 ㈡內部資訊蒐集、分析及運用	8%	八、社會責任 ㈠環境保護 ㈡社會關係 ㈢消費者權益	10%
五、研究發展 ㈠研發單位設置與投資 ㈡研究計劃訂定 ㈢專案管理 ㈣研究發展的內容 ㈤具體成果	8%	九、全面品管績效 ㈠品質改進 ㈡經營成果 ㈢品質榮譽 ㈣自有品牌與形象建立	12%

資料來源：第六屆國家品質獎申請須知，p.12。

表 12－3　中小企業獎評審標準（製造業）

項　　　　目	權重	項　　　　目	權重
一、經營理念、目標與策略 　㈠經營理念 　㈡經營目標與執行策略	15%	四、品質保證 　㈠標準化 　㈡設計品質 　㈢進料品質 　㈣製程品質 　㈤儲運品質 　㈥作業設備保養維護 　㈦檢驗儀器設備及檢驗制度 　㈧自動化與合理化	40%
二、組織運作與人力發展 　㈠組織功能與職責 　㈡制度與規章 　㈢溝通與協調 　㈣組織運作彈性 　㈤人力計劃 　㈥人力培訓 　㈦人力運用 　㈧激勵措施 　㈨勞資關係 　㈩工業安全與衛生	10%	五、顧客服務與社會責任 　㈠顧客服務體系 　㈡顧客需求蒐集、分析與處理 　㈢顧客滿意度衡量 　㈣環境保護 　㈤消費者權益	10%
三、研究發展與資訊管理 　㈠外部資訊蒐集、分析及運用 　㈡內部資訊蒐集、分析及運用 　㈢商品開發 　㈣技術之現況、引進與改良 　㈤具體成果	10%	六、全面品管績效 　㈠品質改進 　㈡經營成果 　㈢品質榮譽	15%

資料來源：第六屆國家品質獎申請須知，p.13。

表 12－4　中小企業獎評審標準（非製造業）

項　　　　目	權重	項　　　　目	權重
一、經營理念、目標與策略 　　㈠經營理念 　　㈡經營目標與執行策略	12％	四、品質保證 　　㈠標準化 　　㈡設計品質 　　㈢原物料及成品品質 　　㈣作業程序品質 　　㈤儲運品質 　　㈥作業設備保養維護 　　㈦檢驗儀器設備及檢驗制度 　　㈧自動化與合理化	40％
二、組織運作與人力發展 　　㈠組織功能與職責 　　㈡制度與規章 　　㈢溝通與協調 　　㈣組織運作彈性 　　㈤人力計劃 　　㈥人力培訓 　　㈦人力運用 　　㈧激勵措施 　　㈨勞資關係 　　㈩作業安全與衛生	10％	五、顧客服務與社會責任 　　㈠顧客服務體系 　　㈡顧客需求蒐集、分析與處理 　　㈢顧客滿意度衡量 　　㈣顧客接觸點服務品質 　　㈤顧客後續服務品質與抱怨處理 　　㈥環境保護 　　㈦消費者權益	15％
三、研究發展與資訊管理 　　㈠外部資訊蒐集、分析及運用 　　㈡內部資訊蒐集、分析及運用 　　㈢研發計劃之訂定 　　㈣專案管理 　　㈤具體成果	8％	六、全面品管績效 　　㈠品質改進 　　㈡經營成果 　　㈢品質榮譽 　　㈣形象之建立	15％

資料來源：第六屆國家品質獎申請須知，p.14。

　　美國於 1987 年由雷根政府簽署同意設立了美國國家品質獎（Malcolm Baldrige National Quality Award）。目前美國國家品質獎分爲製造業、服務業及中小企業三種獎項，但卻運用相同的一套評審標準。美國國家品質獎的評審係按其評審項目（如表 12－5）分別考量其方法（Approach）、執行情形（deployment）與成果（results），予以評分。各評審項目的分數比重，以顧客及作業成果爲主。其歷屆之得獎公司包括一些世界級大公司，因此，美國國家品質獎已逐漸成爲美國人對全面品質管理（TQM）的代名詞。

　　日本的戴明獎則於 1951 年由財團法人日本科學技術連盟（英文簡稱 JUSE）之理事會決議而設置的，用以永遠紀念戴明博士對日本之友誼與其指導統計品管之貢獻，更進一步追求日本品管的不斷進展。四十多年來，獲頒戴明獎的日本企業已有一百多家。戴明獎在日本及全世界已建立起品管的最高信譽，因此戴明獎已對日本品管的普及與發展有巨大貢獻。由於許多非日本企業對戴明獎也有強烈興趣與關心，因此戴明獎委員會於 1984 年設立「戴明獎海外獎」，以便日本以外的國外企業也可以申請戴明獎實施獎。而戴明獎實施獎項考量評審項目的認定基準如表 12－6。

　　除了美國的國家品質獎及日本的戴明獎，還有許多其他國家也紛紛設立國家級品質獎，請參見下表：

那些國家設有國家級品質獎

洲　別	國家或地區
亞　洲	中華民國、日本、韓國、新加坡、馬來西亞。
歐　洲	英國、歐洲、匈牙利。
美　洲	美國、墨西哥。
大洋洲	澳洲。

資料來源：《中衛簡訊》，113 期，p.101，1994。

表 12-5   1994 年美國國品獎評審標準

類別與項目	最高分數	
1.0　領導	95	
1.1　高階管理者之領導		45
1.2　品質管理之領導		25
1.3　社會責任		25
2.0　資訊與分析	75	
2.1　品質與結果資訊的範圍與管理		15
2.2　競爭比較與標竿分析		20
2.3　公司層次的資料分析及運用		40
3.0　品質策略規範	60	
3.1　品質策略與公司績效之規劃程序		35
3.2　品質與績效之計劃		25
4.0　人力資源發展與管理	150	
4.1　人力資源管理		20
4.2　員工參與		40
4.3　員工教育與訓練		40
4.4　員工表現與認定		25
4.5　員工福利與士氣		25
5.0　程序品質之管理	140	
5.1　產品、服務品質之設計與引介		40
5.2　產品、服務之程序管理：生產及服務傳遞		35
5.3　程序管理：企業程序及資源服務		30
5.4　供應商品質		20
5.5　品質評估		15
6.0　品質與作業成果	180	
6.1　產品、服務品質之成果		70
6.2　公司作業之成果		50
6.3　企業程序及支援服務之成果		25
6.4　供應商品質之成果		35
7.0　顧客導向與滿意度	300	
7.1　顧客未來需求與期望的瞭解		35
7.2　顧客關係管理		65
7.3　對顧客之承諾		15
7.4　對顧客滿意之決定		30
7.5　顧客滿意之成果		85
7.6　顧客滿意度之比較		70

資料來源：摘錄於 Malcolm Baldrige National Quality Award 1994 Award Criteria.

表 12-6　戴明獎實施獎勵的檢核表

一、方針	六、標準化
㈠經營及品質、品質管理的方針； ㈡決定方針的方法； ㈢方針內容的妥當性、一貫性； ㈣統計方法的活用； ㈤方針的傳達與普及； ㈥方針及其達成狀況的檢核； ㈦與長程計劃、短程計劃的關聯。	㈠標準的體系； ㈡標準制訂、修訂、廢止的方法； ㈢標準制訂、修訂、廢止的實績； ㈣標準的內容； ㈤統計方法的活用； ㈥技術的累積； ㈦標準的活用。
二、組織及其營運	七、管理
㈠責任權限的明確性； ㈡授權的適切性； ㈢部門間聯繫合作； ㈣委員會活動； ㈤幕僚人員的活用； ㈥品管圈活動的活用； ㈦品質管理診斷。	㈠品質及其關連的成本、數量等之管理系統； ㈡管理點、管理項目； ㈢管制圈等統計手法、想法的活用； ㈣品管圈活動的協助； ㈤管理活動的實況； ㈥管理狀態。
三、教育‧普及	八、品質保證
㈠教育計劃與實績； ㈡品質意識、管理意識、品質管理的理解度； ㈢統計想法及手法的教育與普及狀態； ㈣效果的掌握； ㈤對協力廠等外部廠商的教育； ㈥品管圈活動； ㈦提案改善。	㈠開發新產品的方法； ㈡品質展開與分析、可靠性、設計審查； ㈢安全性、產品責任預防； ㈣製程管理與改善； ㈤製程能力； ㈥量測、檢驗； ㈦設備管理、外包管理、購買管理、服務管理； ㈧品質保證體系及其診斷； ㈨統計方法的活用； ㈩品質評價、稽核； ㈩㈠品質的保證狀態。
四、資訊蒐集、傳達及其活用	九、效果
㈠公司外部資訊的蒐集； ㈡部門間資訊傳達； ㈢資訊傳達速度（應用電腦）； ㈣資訊處理（統計）分析與活用。	㈠效果測定； ㈡有形效果，如品質、服務、交期、成本、利益、安全、環境等； ㈢無形效果； ㈣效果的預測與實績之一致性。
五、分析	十、未來計劃
㈠重要問題與主題的選定； ㈡分析方法的妥當性； ㈢統計方法的活用； ㈣與工程技術的聯貫性； ㈤品質分析、製程分析； ㈥分析結果的活用； ㈦提案改善的積極性。	㈠現狀掌握與具體性； ㈡解決缺點的方策； ㈢今後的推展計劃； ㈣與長程計劃的關聯。

資料來源：《中衛簡訊》，113 期，p.93，1994。

由以上的各個圖表可顯見，不管是美國國家品質獎、日本戴明獎或

是臺灣自己成立的國品獎，都傾向於 TQM 的經營精神。而品質獎的設
立更突顯了品質管理在企業經營的重要性，以及全世界企業競爭中，品
質地位的重要性。

第二節　品質成本（Quality cost）

裘蘭（Joseph Juran）博士於 1951 年的著作《品質管制手冊》（*Quality Control Handbook*）即指出，預防的重要性。品質成本中尤其以預
防成本最具重要性。至於品質成本的定義為：所有製造品質未達百分之
百完美而引起之成本。品質成本約佔銷售額之 15％到 20％之間，足見品
質成本之重要，這裏指的品質成本包括了因瑕疵而再製造之成本、下腳
料成本、重覆服務之成本、檢驗及測試成本、產品保證引發之成本及其
他品質相關之成本。詳細地分類，品質成本通常歸為四類：

㈠鑑定成本（Appraisal costs）

檢驗及測試成本，以及所有為求確定產品或製程之可接受與否而引
發之成本。

㈡預防成本（Prevention costs）

為了避免瑕疵而引發之成本，包括追尋造成瑕疵之原因的成本、消
除造成產品不良之原因的行動成本、重新設計產品或系統之成本、以及
為求減少瑕疵之設備更新成本。

㈢內部失敗成本

瑕疵品的成本，包括下腳料、重新製作及修理之成本。

㈣外部失敗成本

不良品卻送達顧客手中所引發之成本，包括顧客品質保證期內之更
新成本、顧客或商譽之損失成本、處理客戶抱怨之成本、以及產品修理

之成本。

其中預防成本最具影響力，依經驗，每花費一塊錢於預防成本，將可節省十塊錢之鑑定及失敗成本。而依據克勞斯特（Philip Crosby）的看法，一個良好的品質管理工作應將品質成本控制於 2.5%。因此，要透過良好的事前規劃，增加預防成本以減低整體品質成本。可見「預防」之觀念在品質管理之重要性。

第三節　品質管理的一般工具

粗略分類，用於設計品質的常用品管工具為：品質機能展開（Quality deployment function）、田口式方法（Taguchi method）及可靠度分析（Reliability analysis）等。而用於製程品質的常用品管工具則包括抽樣檢驗（Sampling plans）及統計製程管制（Statistical process control）。至於 TQM 鼓吹的不斷品質改善則經常運用 QC 七手法（包括因果關係圖、柏拉圖、檢查表、分佈圖、管制圖、散佈圖與層別法）及標竿管理法（Benchmarking）。限於篇幅，我們僅在此簡介一些簡易的工具及其概念，讀者若對其他未介紹之工具有興趣時，請參見品質管理方面的專書。

抽樣檢驗通常用於原料投入製造之前以及產品產出未送達顧客之前，而製程中所用的檢驗方法則為統計製程管制圖表。抽檢檢驗的頻率高低通常取決於成本之考量。檢驗成本低，檢驗數量則大，例如日常用之螺絲釘；反之若檢驗成本高，檢驗數量則小，例如太空梭零件。換句話說，考量檢驗成本與缺陷品質所引發之成本的權衡得失。

例題一

檢驗的經濟性考量。生產產品 A 的過程，可能產生 3% 的不良品。每個完成品的檢驗費用為 0.5 元，假設百分之百的全數檢驗可以發現所

有不合格品。此產品 A 的不良品若不能在廠內找出,而送出給買方時,每一個不良品將引發 20 元之損失。試問百分之百的檢驗是否合適?

解: 免檢驗之成本為 3% × 20 = 0.6 元,而百分之百檢驗成本為 0.5 × 100% = 0.5 元,因此應採用全數檢驗。

抽樣檢驗則是在整批貨品數量 N,隨機抽取 n 個樣本來檢驗,當 n 個樣本檢驗結果之不良品數小於等於允收數 c 時,就允收整批貨;若抽樣檢驗之不良品數大於允收數 c 時,則拒絕整批貨品。因為由樣本來推論整批貨之不良率,並依據此推論來判定是否允收該批,因此可能冒拒收好批或允收壞批的風險。前者稱為生產者風險,其機率一般以 α 表示,換句話說,這是一批產品品質等於或優於允收水準(Acceptable Quality Level,AQL),但卻被統計上判定為拒絕的機率。後者稱為消費者風險,其機率以 β 表之,是一批產品品質等於或低於不可允收水準(Limiting Quality Level,LQL),卻被接受的機率。其中不可允收水準又稱為 LTPD(Lot Tolerance Percent Defective)或拒收水準(Rejectable Quality Level)。

AQL 及 *LQL* 通常以百分不良率表示。OC 曲線(The Operating Characteristic curve)表示含各種不良率的製品批,於抽樣計劃下,能被允收之機率。通常以橫軸表示不良率 P,縱軸表示允收機率 P_a,則 OC 曲線示意圖如下圖所示。

抽樣數 n、允收數 c、生產者風險之機率 α、消費者風險機率 β、允收水準 *AQL* 及拒收水準 *LQL*,此六個參數是相互影響的。實務上,我們先選定 α、β、*AQL* 及 *LQL*,再來決定 n 及 c。各種抽樣計劃表也大多以此原則來建立的,換句話說,我們選定了 α、β、*AQL* 及 *LQL* 後,由各抽樣計劃表查表可得知 n 及 c。而常見的 MIL－STD－105D 則是以 *AQL* 為主要考量。

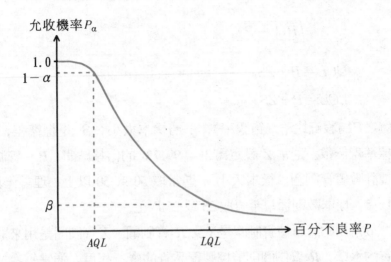

　　抽樣檢驗隨著目的及產品品質特性不同，而有許多種不同類型的抽樣計劃。因種類良多，限於篇幅，有興趣之讀者，請參見「品質管制」之專書。

　　統計製程管制圖（Control chart）主要用來監控製造過程中在製品（Work in process）之品質，也可以說是提供及時的產品品質，以了解剛生產的產品品質是否符合設計規格，同時預知生產過程是否產生位移或變化而使得接下來的產品可能無法符合設計規格。管制圖通常依數據之特性而分為計數值（Attribute measurement）管制圖與計量值（Variable measurement）管制圖。所有計數值是可以計數的數據，例如不良率、不合格數等，而計量值則是可以無限分割的數據，例如重量、長度、溫度等。

　　在服務業，統計製程管制圖經常被用來監控「錯誤率」。例如，醫院的診療錯誤率，利用 P – 管制圖來設定錯誤率之上管制界限（UCL, Upper Control Limit）及下管制界限（LCL, Lower Control Limit）。當定期抽樣的錯誤率無法維持在這上下管制界限內時，我們應當追查錯誤率偏高的原因。也許是因為新手護士而造成偏高的錯誤率，在管理上應再尋求如何消除新手護士的偏高錯誤率。

$$\overline{P} = \frac{\text{所有樣本的瑕疵次數}}{\text{樣本大小} \times \text{樣本組數}}$$

$$S_P = \sqrt{\frac{\overline{P}(1 - \overline{P})}{n}}$$

$$UCL = \overline{P} + ZS_P$$

$$LCL = \overline{P} - ZS_P$$

此處之$\overline{P}$爲瑕疵比率（錯誤率），n 爲樣本大小，S_P 是標準差，而 Z 則是標準差個數。通常 Z 設定爲 3(= 99.7% 的信賴區間)。P – 管制圖即是一種計數值管制圖。樣本大小 n 通常取 50 或 50 以上，理論上期望 nP = 1~5。樣本數則通常希望取 25 或 25 以上。

最常用的計量值管制圖是$\overline{X}$及 R 管制圖。$\overline{X}$管制圖是用來監控製程品質的水準，R 管制圖則監控製程品質的齊一程度。通常每次抽取 4 至 5 個樣品來形成一組樣本，換句話說，樣本大小定爲 4 至 5。因爲樣本大小定爲 4 至 5 時，其度量的變數之平均數呈現近似常態分配。樣本大小若增大，管制界限會靠近中心線，使得管制圖對製程平均值的變異更爲靈敏查知，但是樣本的抽取費用則相對增大。當樣本大小超過 15 以上，應考慮使用$\overline{X}$及標準差管制圖。

爲求設置初始管制圖，通常選取 25 組樣本。樣本數若少於 25 組，就降低管制界限的準確度；而更大的樣本數則延緩管制界限的確立。一旦初始管制圖設置完成，將來則是每隔一段時間抽取 4 至 5 個樣本來計算其平均值，再觀察此組樣本平均值是否座落在管制界限內。至於每隔多長時間抽取一組數據的抽樣頻率（Frequency of sampling）則通常定爲，初期頻率高，隨著製程變異的穩定及變小而降低抽樣頻率。

通常管制界限設定爲離中心線上下三個標準差的位置。依照常態分配理論，我們可以預知有 99.7% 的樣本平均數將落入此管制界限間，所以我們判定若某組樣本平均數落在管制界限外爲異常現象。接著我們定義$\overline{X}$及 R 管制圖。

$$\overline{X}_j = \frac{\sum_{i=1}^{n} X_{ij}}{n}$$

$$\overline{X} = \frac{\sum\limits_{j=1}^{m} \overline{X}_{ij}}{m}$$

$$\overline{R} = \frac{\sum\limits_{j=1}^{m} R_j}{m}$$

$$UCL_{\overline{X}} = \overline{X} 之上管制界線 = \overline{\overline{X}} + A_2 \overline{R}$$

$$LCL_{\overline{X}} = \overline{X} 之下管制界線 = \overline{\overline{X}} - A_2 \overline{R}$$

$$UCL_R = R 之上管制界線 = D_4 \overline{R}$$

$$LCL_R = R 之下管制界線 = D_3 \overline{R}$$

此處之

$\begin{cases} X_{ij} & 第 j 組樣本之第 i 個觀察值 \\ X_j & 第 j 組樣本之平均值 \\ n & 每組樣本之大小 \\ \overline{X} & 樣本平均值之平均值 \\ m & 樣本組數 \\ R_j & 第 j 組樣本之全距 \\ \overline{R} & 樣本全距之平均值 \\ A_2、D_3 及 D_4 之值可由表 12-7 查知。 \end{cases}$

表 12-7　$\overline{X}$ 及 R 管制圖之管制界限因素表

樣本大小（n）	A_2 因素	D_3 因素	D_4 因素
2	1.88	0	3.27
3	1.02	0	2.57
4	0.73	0	2.28
5	0.58	0	2.11
6	0.48	0	2.00
7	0.42	0.08	1.92
8	0.37	0.14	1.86

9	0.34	0.18	1.82
10	0.31	0.22	1.78
11	0.29	0.26	1.74
12	0.27	0.28	1.72
13	0.25	0.31	1.69
14	0.24	0.33	1.67
15	0.22	0.35	1.65
16	0.21	0.36	1.64
17	0.20	0.38	1.62
18	0.19	0.39	1.61
19	0.19	0.40	1.60
20	0.18	0.41	1.59

資料來源：E. L. Grant, *Statistical Quality Control*, 6th ed. (New York: McGraw-Hill, 1988)．

例題二

　　假設我們生產放置底片之塑膠盒，理想的直徑為 2.5 公分，為了管制生產之製程能力，收集了 15 組資料，每組資料包括 5 個數據，完整的數據列示如下。請畫出 $\overline{X}$ 及 R 管制圖，以及將所有管制點畫出。

(1)計算各組平均數 $\overline{X}_j$ 及全距 R_j

組別	每	組	數	據	（公　分）	$\overline{X}$	R
1	2.485	2.471	2.461	2.501	2.532	2.4900	0.071
2	2.478	2.458	2.432	2.491	2.513	2.4744	0.081
3	2.527	2.540	2.531	2.501	2.488	2.5174	0.052
4	2.511	2.497	2.511	2.507	2.493	2.5038	0.018
5	2.505	2.508	2.514	2.512	2.497	2.5072	0.017
6	2.521	2.503	2.518	2.506	2.482	2.5060	0.039
7	2.508	2.492	2.499	2.513	2.489	2.5002	0.024
8	2.560	2.496	2.479	2.492	2.506	2.5066	0.081
9	2.507	2.485	2.482	2.483	2.503	2.4920	0.025
10	2.504	2.489	2.455	2.495	2.502	2.4890	0.049
11	2.503	2.493	2.483	2.485	2.512	2.4952	0.029
12	2.509	2.505	2.479	2.488	2.526	2.5014	0.047
13	2.511	2.508	2.488	2.498	2.515	2.5040	0.027
14	2.498	2.511	2.497	2.482	2.520	2.5016	0.038
15	2.495	2.513	2.495	2.520	2.501	2.5048	0.025

(2)計算平均數及全距之平均數

$$\overline{\overline{X}} = \sum_{j=1}^{15} \frac{\overline{X}_j}{15} = 2.49957 \doteqdot 2.5$$

$$\overline{R} = \sum_{j=1}^{15} \frac{R_j}{15} = 0.0415 \doteqdot 0.04$$

(3)$n = 5$, 查表 12－7 可知

$$A_2 = 0.58, \ D_3 = 0, \ D_4 = 2.11$$

(4)計算管制界限

$$UCL_{\overline{x}} = \overline{\overline{X}} + A_2\overline{R} = 2.5 + 0.58 \times 0.04 = 2.52$$

$$LCL_{\overline{x}} = \overline{\overline{X}} - A_2\overline{R} = 2.5 - 0.58 \times 0.04 = 2.48$$

$$UCL_R = D_4\overline{R} = 2.11 \times 0.04 = 0.08$$

$$LCL_R = D_3\overline{R} = 0 \times 0.04 = 0$$

(5)繪製管制圖

　　由下圖可知第二組樣本在 $\overline{X}$ 管制圖中超出下管制界線；第二組及第八組樣本在 R 管制圖中超出上管制界限。由此可知第二組及第八組樣本之製程皆失去控制，其製程變異應屬非隨機性，須檢視引起變異之原因。

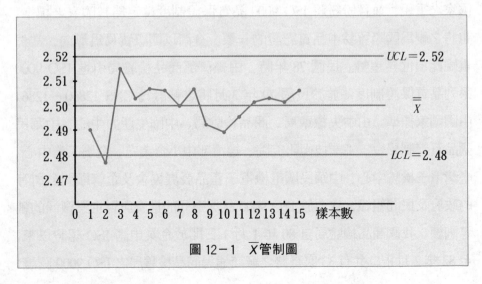

圖 12－1　$\overline{X}$ 管制圖

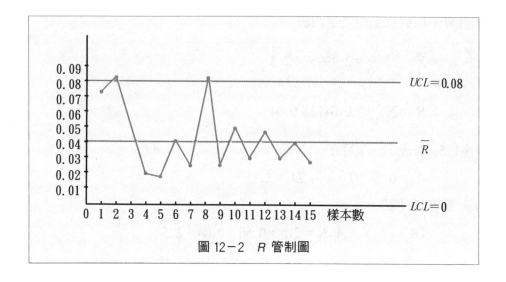

圖 12-2　R 管制圖

第四節　ISO 9000 品質保證制度

　　ISO 9000 系列品質保證制度自 1987 年 3 月由國際標準組織（Inter-national Organization for Standard）制定頒佈後，已廣受世界各主要工業國家之重視，並且紛紛將 ISO 9000 品質保證制度轉定爲其國家之標準，也將之視爲國際貿易中品質認證的一環。臺灣以國際貿易爲導向，當然重視此項世界趨勢。民國 78 年時，由經濟部商品檢驗局引進 ISO 9000 系列品質保證制度，並於民國 79 年 3 月將之轉訂爲 CNS 12860－12864 中國國家標準。由中央標準局、商品檢驗局、中國生產力中心、中華民國品質管制學會、工業技術研究院、經濟部中小企業處、金屬工業中心、臺灣電子檢驗中心、中華民國電機電子產品發展協會及企管顧問公司等的政府及民間組織，致力於 ISO 9000 品保系列的推廣與對企業廠商的輔導訓練。我國商品檢驗局自 80 年 1 月 1 日開放企業申請 ISO 認證以來，至 82 年 2 月止，共有 33 家臺灣之廠商通過商品檢驗局之 ISO 9000 認證；

截至 83 年 2 月止則有 161 家廠商通過商品檢驗局之 ISO 9000 認證；到了 84 年 4 月時通過商品檢驗局 ISO 9000 認證之廠商數又增加到 503 家。可見通過 ISO 認證之廠商數逐年快速增加。足見臺灣企業對 ISO 9000 認證之投入與努力成果。

　　ISO 9000 可溯源自 1959 年美國國防部發佈的品質標準 MIL－Q－9858。它是世界第一份品質標準，也是世界第一份要求供應商提供品質相關成本的文件。英國國家標準組織於 1979 年參考 MIL－Q－9858 而將之擴充，轉定爲 BS－5750 以適用於商業用途。國際標準組織則於 1987 年參考 BS－5750，將之轉定爲 ISO 9000 系列品質保證標準。依據 ISO 組織之規定，每五年會對其發行的標準作一次檢討，重新加以修訂或再加以確認。第一次修訂原定於 1992 年完成，但由於作業的耽誤，延遲到 1994 年 7 月才正式發行。

　　ISO 9000 的內容主要包含五部份。其中 ISO 9001、9002 及 9003 爲三種不同的品質標準系統；而 ISO 9000 及 9004 則爲選用 ISO 系列之指導綱要。詳細地說，ISO 9000 爲品質管理與品質保證標準——選用之指導綱要；1994 年修訂版則增列 ISO 9000－1 來提供如何修改及如何適切選擇 ISO 9001、ISO 9002 或 ISO 9003 品保模式之指導綱要。ISO 9001 品質系統則爲設計、開發、生產、安裝與服務之品質保證模式；用於供應商在設計、開發、生產、安裝與服務期間，保證符合特定要求。ISO 9002 品質系統爲生產、安裝及服務之品質保證模式；用於供應商在生產、安裝及服務期間，保證符合特定要求。ISO 9003 品質系統爲最終檢驗與測試之品質保證模式；僅用於供應商藉最終檢驗及測試，以保證符合特定要求。ISO 9004 爲品質管理與品質系統要項之指導綱要，用來告訴申請者應如何做才符合 ISO 9001/9002/9003 之要求；1994 年新版 9004－1 則更強調流程管理的重要性。事實上追求 ISO 認證並不是唯一的目標，應是透過追求 ISO 認證，提昇企業品質管理的能力。因此，研究 ISO 之條

文時，也應重視 ISO 9004－1 提供各公司如何進行內部品質管理活動的訊息。

　　ISO 9001/9002/9003 大同小異地包含於 20 項條文，這 20 項條文列於表 12－8。另外我們也將 1994 年新版 9004－1 包含之 20 項指導綱要列於表 12－9。

　　ISO 9000 系列的規定本身基本上是朝一般性原則之訂定，以適用於各行各業，雖然大部份的製造業及服務業已陸續採用 ISO 9000 系列之品保標準。ISO 組織仍努力於使其 ISO 9000 系列品保標準擴大適用對象。這也是 ISO 9000 系列能在幾年內廣受世界各國重視及採用的重要原因之一。

　　ISO 9000 之認證制度乃屬於第三者認證。認證共有三種種類：

第一者認證：公司本身稽核自己的品質（系統）。

第二者認證：買方稽核其供應商之品質（系統）。

第三者認證：一個合格、公正的國家或國際標準機構來稽核某公司之品質（系統）。

　　最具客觀之認證為第三者認證。同時也減少買賣雙方之稽核；每一個供應商只需經第三者之認證機構稽核通過即可，不需其每一個買方各別稽核。臺灣除了商品檢驗局扮演的認證機構外，還有許多國際性 ISO 認證機構，例如，SGS、YARSLEY、LLOYD'S、DNVI 及 TUV 等。

　　一般認為 ISO 9000 乃是建立公司品質系統的起步及基礎，一旦建立 ISO 9000 的品質系統之後，可朝 TQM 邁向下一步。所以說，ISO 9000 是一項相當基本的品質管理制度。

表 12-8　ISO 9001/9002/9003 之品質要項

ISO 9001	ISO 9002	ISO 9003
4. 品質系統之要求	4. 品質系統之要求	4. 品質系統之要求
4.1 管理責任	4.1 管理責任	4.1 管理責任
4.2 品質制度	4.2 品質制度	4.2 品質制度
4.3 合約審查	4.3 合約審查	4.3 合約審查
4.4 設計管制	4.4 設計管制（不適用）	4.4 設計管制（不適用）
4.5 文件與資料管制	4.5 文件與資料管制	4.5 文件與資料管制
4.6 採購	4.6 採購	4.6 採購（不適用）
4.7 客戶供應品之管制	4.7 客戶供應品之管制	4.7 客戶供應品之管制
4.8 產品之鑑別與追溯性	4.8 產品之鑑別與追溯性	4.8 產品之鑑別與追溯性
4.9 製程管制	4.9 製程管制	4.9 製程管制（不適用）
4.10 檢驗與測試	4.10 檢驗與測試	4.10 檢驗與測試
4.11 檢驗、量測與試驗設備之管制	4.11 檢驗、量測與試驗設備之管制	4.11 檢驗、量測與試驗設備之管制
4.12 檢驗與測試狀況	4.12 檢驗與測試狀況	4.12 檢驗與測試狀況
4.13 不合格品之管制	4.13 不合格品之管制	4.13 不合格品之管制
4.14 矯正及預防措施	4.14 矯正及預防措施	4.14 矯正及預防措施
4.15 運搬、儲存、包裝、保存與交貨	4.15 運搬、儲存、包裝、保存與交貨	4.15 運搬、儲存、包裝、保存與交貨
4.16 品質紀錄之管制	4.16 品質紀錄之管制	4.16 品質紀錄之管制
4.17 內部品質稽核	4.17 內部品質稽核	4.17 內部品質稽核
4.18 訓練	4.18 訓練	4.18 訓練
4.19 服務	4.19 服務	4.19 服務（不適用）
4.20 統計技術	4.20 統計技術	4.20 統計技術

資料來源：1994 年版 ISO 9001/9002/9003 修訂內容簡介，經濟部商品檢驗局印製，1994。

表 12-9 1994 年版 ISO 9004-1 之指導綱要要項

1994 年版 ISO 9004-1	8. 規格與設計之品質	13. 量測及測試設備之管制
前言	8.1 規格與設計對品質之貢獻	13.1 量測管制
0. 簡介	8.2 設計規劃與目標（專案之確定）	13.2 管制之要項
0.1 概述	8.3 產品試驗與量測	13.3 供應商之量測管制
0.2 組織目標	8.4 設計之鑑定與確認	13.4 矯正措施
0.3 達成組織／顧客需求與期望	8.5 設計審查	13.5 外界測試
0.4 利益、成本及風險	8.6 最終設計審查與產品生產	14. 不合格品之管制
1. 適用範圍及場合	8.7 上市準備之審查	14.1 概述
2. 參考資料	8.8 設計變更管制	14.2 鑑別
3. 定義	8.9 設計合格性之再鑑定	14.3 隔離處理
3.1 概述	8.10 設計型態管理	14.4 檢討
3.2 組織	9. 採購品質	14.5 處理
3.3 顧客	9.1 概述	14.6 行動
3.4 社會需求	9.2 規格、圖樣與採購訂單之要求事項	14.7 再發防止
3.5 品質計劃	9.3 可接受供應商之選擇	15. 矯正措施
3.6 產品	9.4 品質保證之協議	15.1 概述
3.7 服務	9.5 查證方法之協議	15.2 職責之指派
4. 管理階層責任	9.6 解決品質糾紛之條款	15.3 重要性之評估
4.1 概述	9.7 進料檢驗計劃與管制	15.4 可能原因之調查
4.2 品質政策	9.8 採購相關之品質記錄	15.5 問題之分析
4.3 品質目標	10. 流程品質	15.6 原因消除
4.4 品質系統	10.1 流程管制規劃	15.7 製程管制
5. 品質系統要素	10.2 流程能力	15.8 永久性之變更
5.1 應用範圍	10.3 搬運	16. 生產後活動
5.2 品質系統之結構	11. 流程管制	16.1 儲存
5.3 品質系統之文件處理	11.1 概述	16.2 交貨
5.4 品質系統之稽核	11.2 物料管制、可追溯性與識別	16.3 安裝
5.5 品質管理系統之審查與評估	11.3 設備管制與維護	16.4 服務
6. 品質系統之財務考量	11.4 流程管制之管理	16.5 售後監督
6.1 概述	11.5 文件	16.6 市場回饋
6.2 品質系統活動之財務報告方法	11.6 流程變更管制	17. 品質文件與記錄
6.3 報告	11.7 查證狀況之管制	17.1 概述
7. 行銷之品質	11.8 不合格物料之管制	17.2 品質記錄
7.1 行銷需求	12. 產品驗證	17.3 品質記錄管制
7.2 產品規格界定	12.1 進廠物料與零件	18. 人事
7.3 顧客回饋資訊	12.2 流程中之檢驗	18.1 訓練
	12.3 成品查證	18.2 資格認定
		18.3 激勵
		19. 產品安全
		20. 統計方法之應用
		20.1 應用
		20.2 統計技術

資料來源：顏立盛，〈從新版 ISO 9004-1 談品質管理發展方向〉，《品質管制月刊》，第 30 卷，第 12 期，pp.29-45，1994。

第五節 結 論

　　從品質管理的發展歷史，我們可以看出，每個公司因其本身的現階段表現及需要之不同，所著重的品管工具及品管理念也將隨之調整。

　　品質管理表現較差之公司，應強調其內部人員各種品管工具之教育訓練，進而推行 5S、品管圈或提案制度等來加強部門內及部門間之溝通，以逐漸建立全公司性之品質意識。品質管理逐漸上軌道之後可以考慮以 ISO 9000 之品保制度為規範來建立公司的品質系統。最後可以推動 TQM 制度，並藉由追求國家品質獎來提昇公司整體的品管功能。

習　題

1.品質的定義為何？品質與品級有何不同？

2.全面品質管理的哲學要素包含那些項目？

3.什麼是 PDCA？

4.請由文獻中（《品質管制月刊》或《中衛簡訊》等）找尋最近六屆來的我國國家品質獎得獎企業介紹，你最欣賞那一個企業？為什麼？

5.試比較美國國家品質獎、日本戴明獎及我國國家品質獎之異同。

6.品質成本在品質管理中扮演的角色為何？

7.試定義 OC 曲線？其用途為何？

8.假設學生餐廳每週做一次問卷以瞭解學生用餐滿意情況，以下為 20 週來之各週不滿意數及固定的受調查人數為 500 人。

週	1	2	3	4	5	6	7	8	9	10
不滿意人數	20	15	18	17	12	11	13	14	16	18
週	11	12	13	14	15	16	17	18	19	20
不滿意人數	19	21	15	12	8	10	11	17	15	13

(1)試建立一個 95.5% 的可靠度 P－管制界線。

(2)對以上 20 週之調查結果，有何意見？

9.ISO 9000 對臺灣企業的重要性為何？

10.ISO 9000 與 TQM 的異同？兩者間的關係為何？

第十三章　可靠度及風險分析

　　風險分析（Risk analysis）及可靠度分析（Reliability analysis），一般都分在不同的章節敍述，因前者討論可能的損失程度，而後者則討論系統正常運作的機率。在應用上，風險分析多著重於災害的評估以及保險的精算及認證上；而可靠度分析則側重於工程系統的合乎設計要求與否，常為軍事工程、精密工業所應用。但是，歸根究底而言，兩者的理論基礎均植於應用機率模式及統計方法之上。風險分析是以邏輯或工程上的推理而求取各種災害或誤失的發生機率，並將這些災害或誤失的程度，與人員、財物的損失聯結在一起。而可靠度分析則欲求工程或精密系統在各個時間符合設計（顧客或使用者）的要求的機率。因此兩者的目的有些差異，但兩者所用的分析步驟及架構極為類似；所以，本章將就其兩者所共通的計量方法加以討論。

　　首先，介紹風險分析及可靠度分析的定義。風險（Risk）是：「引起損失（人命、財物、……）的可能性或機率」。至於風險分析自然是分析系統（生產系統、經營企業、建築物、運輸系統……等等）的風險。一般企業常用到風險分析的情況，是有關投資計劃評估，或企業進行策略規劃的時候，藉以了解不同的措施所可能帶來的後果或代價。特別是當決策所須資訊不明或不定時，因應而生的決策都或多或少有出差錯的機會，因此相關的後果預測及分析，也就愈發顯得重要了。

　　可靠度（Reliability）的簡單定義則是：「在特定時間內，達到系統

某種運作要求的機率」。因此可靠度分析即求出各系統的運作機率的學問，例如機具的可靠度，將影響整個生產製造的流程規劃及控制。此外，可靠度的討論，也往往離不開系統的可用度（Availability）及維修度（Maintainability）。一般談到可靠度，多是指產品的可靠程度，顧名思義，也就是將產品的好壞特別以可靠度的方法表達出來，這種定義方式對於現今許多高單價及講求售後服務的產品而言，顯得十分重要。

本章將就可靠度及風險分析進行討論，前三節探討可靠度的重要性，其與一般品質的觀念的關係，然後介紹可靠度的數學方法，以及可用度及維修度的原理。後兩節則以風險分析為主，介紹風險分析的重要性，以及一般風險分析常用的計量方法。

第一節　品質與可靠度

所謂「品質」，以簡單的定義而言，就是產品的好壞程度。當產品使用起來令消費者「滿意」，則我們稱此產品為品質佳的產品，但究竟什麼樣的產品會令人滿意呢？我們可以就下列三個面向加以討論。

㈠達到基本機能（Function）

例如燈泡，如果買來的燈泡一經通電之後即亮，則我們可稱此燈泡具有相當的品質，也就是滿足基本照亮的機能。

㈡機能充分發揮

以燈泡的例子而言，除了它會亮之外，最好能達到一定的亮度，不要有忽明忽暗，或是逐漸暗淡的趨勢。產品的機能充分發揮代表產品的品質確保，而且背後顯示了產品設計的考慮週全，而不是僅止在短時間內，符合基本要求而已。

㈢使用時間更長

產品充份發揮表示產品具有相當的品質，但產品更要能經得起時間的考驗。以燈泡為例，其壽命須能延長，否則僅是照明度夠，使用者卻須三天兩頭的購置新燈泡，也無法令消費者滿意，達到高品質的要求。

事實上，傳統的品質概念主要是以前二項為考慮的重點，比較不負責任的產品供應者僅令產品達到基本機能，即算是符合了品質的要求。比較優良的產品品質則著重機能的充份發揮，就許多製造產品的業者而言，已經不容易。傳統的品質管制及產品設計等均須實現，方能使產品的機能更臻完美。然而，近年來更以第三個角度衡量產品的品質優劣，也就是所謂的可靠度。

這種趨勢的增強是有其淵源的，首先消費者的要求日益增高是一主因，由於技術及工業的長足進步，使得產品的可靠度成為製造業者不得不講求的重點。一個製造業者如果僅能滿足產品的機能，而不去考慮其服務壽命的話，他就失去了競爭的機會。此外，隨著產品型態的改變，以及行銷方法的翻新，幾乎所有產品（除了消耗性產品）都實行了售後服務或所謂的保固年限，這樣的措施同時使產品的製造者要重新考慮產品可靠度的問題，因為可靠度差的產品，在保固年限中損壞的比例增加，則其間的維修及零件成本仍要由製造者負擔。因此與其製造次佳的產品卻負擔售後服務的成本，還不如製造可靠度較佳的產品。

第三個令產品可靠度益發受到重視的，勿寧說是環境保護的考慮，製造可靠度高的產品，減少廢棄物的產生，使得地球資源耗竭漸緩，也是所謂永續發展的方式（Sustainable development）。由於工商發展迅速，人類在過去一個世紀中，加速使用資源，以更低的價格及更快的速度消耗資源，值此永續發展，綠色產品呼聲愈高的時代，設計及製造高可靠度的產品，也是回應的一種方式。

綜而言之，傳統的品質管制（Quality control）的方式，常僅能就產品的機能進行要求，而未能對產品壽命或可靠度有所貢獻。因此近來，

均以品質保證（Quality assurance）的觀念著手品質的提升，說穿了也就是可靠度的提升。品質保證的觀念，即是從顧客的需求出發，在產品設計、零件選擇、製程改善、售後維修……等多方面進行品質及可靠度的提升。

第二節　可靠度分析方法

可靠度分析一般可分成兩個層次，首先是所謂組件可靠度（Reliability of component）。也就是將產品拆解成若干不同的零件或組件，先就這些組件的可靠度進行研究，然後再探討整個系統、整個產品的整體可靠度，也就是系統可靠度（System component）。組件可靠度分析的方法，其實就是統計分析，本節將介紹常用的可靠度分析名詞及數學表示方式。至於系統可靠度分析，較為複雜，可採行的方法也較多，本節僅介紹塊狀圖法（Block diagram），以作為系統可靠度分析的基礎。

在此，假設產品的機能只以兩個狀態（State）表示，也就是「好」和「壞」兩種，因此所謂的產品壽命或產品的可靠度，就可由此產品維持「好」的時間長短表示。如此簡化的結果，可以一隨機變數 x，表示產品或組件的壽命，而其機率分配為 $f(x)$，同時其累積分佈函數，則以 $F(x)$ 表示，其中

$$F(x) = \int_{-\infty}^{x} f(t)dt$$

一般的可靠度函數（Reliability function）$R(x)$ 即為

$$\boxed{R(x) = 1 - F(x)}$$

其代表的意義為此產品在時間等於 x 時仍為「好」的機率。另外一項可

靠度分析常用的函數是失效率（Hazard function）$h(x)$：

$$h(x) = \frac{f(x)}{R(x)}$$

其代表的意義為任一時間 x 之下，瞬時損害的產品數與存活產品之比值。若將失效率乘上片斷時間 dx，即可清楚了解其實用的意義，

$$h(x^0)dx = \frac{f(x^0)dx}{R(x^0)} = \frac{P(x^0 \leq x \leq x^0 + dx)}{P(x \geq x^0)}$$

上述的表示式實為一條件機率式，也就是在存活條件下可能損害的機率。舉一例而言，常見的電子產品壽命均以指數分配表示其壽命機率分配，因此

$$f(x) = \lambda e^{-\lambda r}$$

$$F(x) = 1 - e^{-\lambda r}$$

而可靠度函數則為

$$R(x) = 1 - F(x) = e^{-\lambda r}$$

至於失效率則是一常數。為可靠度分析中頗為特別的例子。

$$h(x) = \frac{f(x)}{R(x)} = \lambda$$

　　一旦各個組件的可靠度由以上的統計分析求出之後，即可進行系統可靠度分析，在此以塊狀圖法（Block diagram）說明。塊狀圖法與電路的通路原理非常類似，利用一個方塊表示某一個次系統（Subsystem）發揮功能的事件（Event），然後將各次系統以線聯結起來，聯結的方式則頗似電路串聯及並聯的方式。例如有一個刹車系統，是由踏板、油路、刹車片、輪胎所構成的，因此整個系統便由四個串聯的次系統（或稱組件 Component）所組成。

——｜ 踏　板 ｜——｜ 油　路 ｜——｜ 煞車片 ｜——｜ 輪　胎 ｜——

　　因爲這四個組件均無備份（Redundant），因此任何一個的損壞或無法正常運作，將使得此刹車系統失效。若此四種組件正常的機率分別爲 R_1、R_2、R_3，及 R_4，則整個系統的正常機率爲四者的乘積 $R_1 \cdot R_2 \cdot R_3 \cdot R_4$。這個機率亦可解釋成一四組件串聯的電路維持通路的機率。當然在可靠度分析中，可定義 T_1，T_2，T_3，T_4 爲表示各組件壽命的隨機變數，並將相對的累積機率分配函數 $F_i(T)$ 估計出來，然後求 $R_i(T) = 1 - F_i(T)$ 是爲各組件的可靠度函數（Reliability function）。系統在時間 T 時的正常機率便可計算 $R_1(T) \cdot R_2(T) \cdot R_3(T) \cdot R_4(T)$。若此系統中除了踏板外，油路、刹車片、輪胎各有四套，且爲簡化起見，假設任一套正常，則汽車即正常，則塊狀圖可繪成

若其組件的對應可靠度（系統符合要求的機率）爲：R_1（踏板）；R_{12}，R_{13}，R_{14}（左前）；R_{22}，R_{23}，R_{24}（右前）；R_{32}，R_{33}，R_{34}（左後）；以及 R_{42}，R_{43}，R_{44}（右後）；其刹車整體符合要求的機率爲

$$R_1 \cdot [1 - (1 - R_{12}R_{13}R_{14}) \cdot (1 - R_{22}R_{23}R_{24}) \cdot$$
$$(1 - R_{32}R_{33}R_{34}) \cdot (1 - R_{42}R_{43}R_{44})]$$

這裡的機率 R_i 亦如前之討論，可爲時間的函數，也就是組件可靠度函數。

　　綜合言之，塊狀圖可將組件與系統的關係以方塊及連線組合表示。除了以上所舉的例子，因邏輯關係而構成的系統也可以塊狀圖表示，因爲邏輯上的「或」可以並聯，「且」則可以串聯表示，將組件與系統之間的因果關係以塊狀圖建立起來。因此方塊亦可表示事件的發生，而建立

風險評估的塊狀圖。

求取系統狀態機率的方法，(在此僅定義系統有兩種狀態：失效及正常，或稱未發生及發生)，則一如上述利用串、並聯的關係求得。當組件串聯時，整個系統形成通路的機率為

$$\text{系統的 } R = \prod_{i=1}^{n} R_i$$

n 是組件的數目。當組件並聯時，則系統的機率為

$$\text{系統的 } R = 1 - \prod_{i=1}^{n} (1 - R_i)$$

再舉例，若飛機上兩翼各有兩具引擎，當任一邊的引擎都壞掉時，則飛機的飛行便會失控而造成重大災害。假設從左端起，引擎分別編號為1，2，3，4。只要兩邊都有一個（含）以上的引擎正常，則飛行仍能維持。此一飛行系統的邏輯塊狀圖如下：

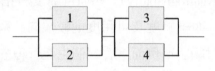

其相對的正常飛行機率為

$$[1 - (1 - R_1)(1 - R_2)][1 - (1 - R_3)(1 - R_4)]$$

另一有趣的例子，是一種 n 中取 k(k out of n) 的系統，系統中 n 個組件（事件）只要有 k 個組件正常則整個系統即將表現正常。例如當 $k = 3$，$n = 4$ 時，則其塊狀圖為

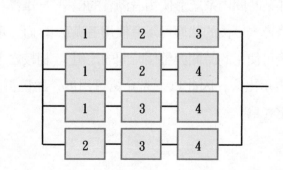

而其系統機率為

$$1 - (1 - R_1R_2R_3)(1 - R_1R_2R_4)(1 - R_1R_3R_4)(1 - R_2R_3R_4)$$

當然，較複雜的系統狀態機率，不易由串並聯公式求得，一般以最小路徑（Minimal path）或最小切割（Minimal cut）等觀念求取狀態對應機率的上下限。而上下限的逼近程度，則視演算法（Algorithm）的好壞，以及分析者的計算機 CPU 時間限制而定，本章將不予討論。

第三節　維修度及可用度

維修度（Maintainability）及可用度（Availability）兩者均是與可靠度分析息息相關的觀念，一般將三者相提並論，簡稱之為 RAM（Reliability, Availability, Maintainability）。然而可靠度所指的較偏向特定的產品或是特定的設備；而維修度及可用度則較偏向於系統整體的分析，因此在本節獨立出來討論。舉例而言，一個生產管理經理，除了要知道各生產設備的可靠度之外，亦須了解整個生產線的可用度及維修問題，進而規劃維修或檢修的時程，甚至指派維修小組之任務。否則生產管理的種種努力，如即時生產、生產平穩化……等，極易陷為烏有。同時，可靠度分析較接近工程師的職責；而可用度及維修度直接牽涉企業的成本，一般生產管理者亦應隨時留意。

可靠度是「某時間內系統令使用者滿意的機率」；維修度則是指「系統經由何種維修方式之後的狀態可以令使用者滿意」；而可用度則是「考慮維修方式之後可使用的時間與整個時間的比值」。相較之下可用度的定義較易以數學表示出來，因此以下先介紹可用度，然後再討論維修度。一般可用度的定義為：

$$A = \frac{\text{MTBM}}{\text{MTBM} + M}$$

MTBM（Mean Time Between Maintenance）是維修之間的平均可使用時間，而 M 則是維修的時間。M 可以是純粹修理損壞部份的時間，也可以包括預定的維護時間，文書來往及調度人員的時間，甚至等候新零件的時間。當然，更複雜的系統，MTBM 可能是不易估計的常數，而維修時間 M 也不是常數，可用度的估計便需更複雜的統計方法。

維修度可以拆開來說，維護與修理。更進一步地還有等候新組件的後勤支援問題。在此僅介紹兩種維修度的考慮因素：預先維護檢修及修理損壞部份。

預先檢修（Preventive maintenance）是所有重要的系統都會採取的維修方式，如核能電廠、戰鬥機、大型電腦……等等。由於系統的突然損壞將造成不可彌補的損失，一般寧可定期或不定期的停機進行檢修維護，以期使系統的功能運作更易於掌握。但是如何訂定預先檢修的週期及策略，也是個重要課題。舉電力事業爲例，各種電力機組的維修，便多以預先維修的方式使系統保持最佳狀態。事實上，由於臺灣用電情形受季節影響很大，幾乎所有用電在 7 到 8 月都會達到顛峰，因此發電機組的檢修，均可排定在冬季，目的即在於夏季用電時能充分供應，提高夏季供電系統的可靠度及可用度。

至於修理損壞（Corrective maintenance），使系統再度正常運作的維修較爲常見。但值得注意的是，維修時是局部更換損壞、或造成問題的零件，還是更換相關的次系統，抑或是整個系統的更換，常因系統性質及重要性而異。其間的差異將與成本及分析方法有關，在此無法詳述。然而在較新的產品設計觀念中，即傾向將修理的方便性考慮進去，使得維修的時間及成本均能降低。舉例而言，汽車等產品的保險絲盒即是基

於此考慮的代表，設計時將所有汽車電路有關的保險絲，均置於方便檢修的位置，同時彙集在一起，可使維修度增加，相關的時間及成本也因而降低。

　　事實上，開發中國家受制於已開發國家的牽制要素中，也包含了維修度及可用度的問題。技術成熟的已開發國家在出售產品（如生產設備、先進武器、或超級電腦），或技術轉移時，其中的維修經驗常秘而不宣，使得購得的產品或設備，在開發中國家使用時，無法達到充分的產能或預期的壽命。這也是我們應注重維修度及可用度分析的原因之一。

第四節　風險分析之要素

　　風險分析（Risk analysis）探討風險的種類、大小，一般又稱風險評估，所謂的「評」是評斷（Evaluation），而所謂的「估」，可以是估計（Estimation）的意思。前者的含意有綜合評判嚴重性的傾向，後者較著重風險的定量化。我們可以下表詳細顯示風險評估的重要環節，以及結

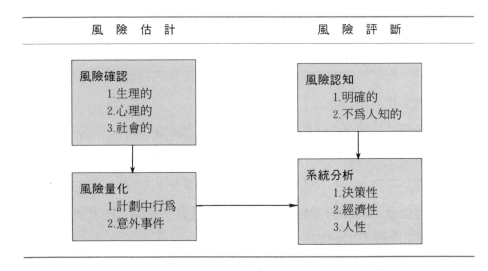

構流程。

換言之，風險分析必須由幾個環節所共同構成：

㈠風險確認

風險是造成損失的可能情況，至於何謂「損失」，則須進一步確認。有對財物的，也有對人類的，其中特別是造成對人類的傷害或損失，是風險分析的關注焦點。因此可分生理上的、心理上的傷害及損失，此外又有社群整體所遭受的傷害或損失，也應格外重視。

㈡風險量化

其實主要就是發生造成損失的事件的機率，但是這些事件中有發生機率高的，甚至是預期中的風險，例如搭乘運輸工具遭受車禍的可能性。亦可能是天災、不可預測的事件發生，所造成的損失，例如地區大地震的發生，從而造成災難式的後果。

㈢風險認知

有些風險其實早已為眾人所熟知，雖然這些風險有待進一步估計，但是群眾對之較為熟稔。換言之，這類的風險對人類生活的衝擊已被侷限住了。反之，人類較不熟知的風險，除了較不易估計之外，它一旦發生，所造成的衝擊也相對有擴大的效果。

㈣系統分析

系統分析的作用在於將上述的風險種類、量化程度以及認知程度作綜合考慮。從發生的事件、發生的機率、事件的後果（Consequence），以及所造成的衝擊，進行正式、一貫性的分析。分析的方式可以取決於三個角度；首先是決策性的，將風險分析的結果與我們日常生活或是管理行為中的決策作密切的交流。其次風險分析可以經濟的角度進行，諸如賠償、保險等環節均是相關的衍生物。最後則是以人性效用角度（Utility）來分析，將人類對於不同事件、不同價值的看法，融入風險分析之中，完成整體的風險分析。

如果進一步審視風險的特性，則可以 1993 年《美國科學》雜誌(*Scientific American* , 269, (1), 32–41)，所介紹的風險空間（Risk space）說明不同風險的歸類及特性。風險空間由兩個向度所構成，一個說明風險是否可預期；另一則顯示風險是否可為人類所控制。

所謂的**可預知風險**（Observable），是指為人熟知的風險，在現今科學上已知的風險。不可預知的風險則包括未知的風險、新的風險型態、其時間效應並不清楚的風險，以及科學上尚未確認的風險。例如 DNA 技術所造成的可能風險，即傾向不可預知的風險；而一般車禍則是較可預知的風險。

至於**可控制風險**（Controllable），是指不致命的風險、不致造成大幅度災難的，對下一代的影響有限的風險，易於減少的風險。而所謂不可控制的風險，是指一些造成致命傷害的風險，產生大幅度災難性的風險，對以後人類傷害日劇的風險，以及無法減少的風險皆是。舉例而言，核子武器可能造成的風險即是不可控制的；而搭乘電梯的風險，則較屬可控制的風險範圍。

對於企業的決策者而言，以上討論的風險分析的要素也許不盡在考慮範圍之內，但是分析的架構及分析方式，卻是相類的。只是一般的企業決策者主要考慮的是金錢或物品的損失，而非危及人命的風險。如果將前述一般性的風險分析步驟移植應用到管理決策中，所考慮的重點即有些不同。

(一)風險確認

需取決於管理者分析的應用對象。如果以海外投資為例，則投資的資本、所購買的設備，或是雇用的人員安全均是關切的範圍。然而企業決策的風險分析，有其積極面，是與一般風險分析不同的地方。因為企業以獲利為主要功能，只要獲利程度不足，也算是另一種「損失」，因此，企業決策中的風險，並不只是消極的考慮人員或是財物的損失，積

極地評估危及投資報酬率的因素，也是風險評估的功能所在。

(二)風險量化

需將所有影響因素的發生可能性，估計出來。以海外投資為例，如所在國的政治穩定度、經濟成長率、關稅制度、匯兌……等都是重點。在進行系統風險分析之前，務必將這些影響因素的可能性，一一調查清楚。

(三)風險認知

企業決策的風險認知取決於企業型態及特性。對相關風險的認知，有助於正確的風險分析。然而這部份不易掌握，同樣的風險，不同的企業，不同的決策者，有不同的認知及感受。這種差異可以類比於「嗅覺」。嗅覺的強弱及正確與否決定了企業對風險的認知。各個行業的認知也會有些不同，而這也正是企業管理中，建議謹慎多角化擴張的原因之一，除了資訊收集不易外，不同行業對風險認知的差異也是值得注意的。

(四)系統分析

企業決策的風險分析，絕大部份是以財物的損失為定義對象，因此風險分析其實是成本—效益分析（Cost-Benefit analysis）的一個環節。不可諱言的，風險分析極易受到忽視，其原因是在不充份的資訊下所完成的風險分析，多不受到企業決策者的肯定。決策者寧可運用簡單的情境分析（Scenario analysis），將幾個可能性較高或後果較為嚴重的狀況分析一下，即行作下決策。這種現象原是無可厚非的。然而一旦資訊較為充足，系統性的風險分析仍有其價值及必要性。

下一節即是介紹常用的系統分析方法：事件樹法及故障樹法。這兩種方法對於釐清多種事件發生的風險分析，頗具功效，可以做為管理決策分析的基本工具。

第五節　事件樹及故障樹分析

　　討論故障樹之前，本節先介紹決策樹或事件樹（Event tree）在求取系統狀態機率時的應用。事件樹，顧名思義是呈一個樹狀的分析工具，從樹根、樹幹而分叉成為樹枝，表示了在不同狀態下的事件發生情形，例如事件 A 的可能狀態有 $A1$ 及 $A2$，事件 B 有 $B1$ 及 $B2$ 兩種可能，則事件樹可繪成：

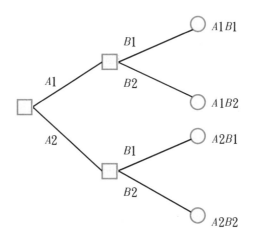

　　事件樹的展開，可以是可能發生的先後，或狀態的從屬關係由左而右呈樹形展開。若 A，B 為獨立事件，則 $P(A1B1) = P(A1) \cdot P(B1)$，$P(A1B2) = P(A1) \cdot P(B2) \cdots$ 等，可以求得所有系統可能狀況的對應機率。

　　一旦求得各種事件的發生機率之後，即當進行後果分析（Consequence analysis），也就是評估各種可能狀況下人命、財物的損失程度及型態。同時了解事件的可能性及其所造成的傷害或損失，才算是完成了風險分析的兩大主體部份。

　　故障樹在邏輯上適與事件樹相反，事件樹的樹枝開展是表示某事件發生條件下的另一事件發生可能。但是，故障樹適為顛倒，故障樹的最末端為事件，然後從樹枝倒回到樹根，然後逐步分析因果關係以及條件關係，樹根部份為所欲了解系統的狀態，而分叉部份則表示邏輯上事件之間的關係。舉例來說，A 的發生必需 B 或 C 發生，而 C 事件的發生則必需 D 及 E 同時發生。因此故障樹可畫成：

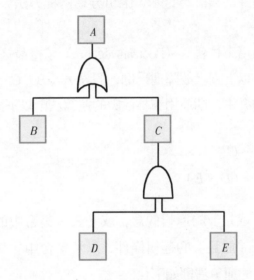

這裡邏輯上的「或」與「且」由兩種符號表示。

或(OR)　　　　　且(AND)

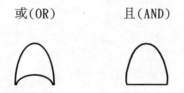

　　當然，系統的模式建構時，最低層（分枝末梢）為真正考慮會發生的事件，至於 C 則只是虛擬（Dummy）的事件，暫且用以表示事件 D 及事件 E 同時發生的情形。

　　故障樹開發的程序，可以注意下列幾點：

㈠對於系統的最終事件（根部）需加以定義，就風險分析而言，何種事件會造成重大損失、災害，應加以確認。

㈡故障樹繪出之後，可先就邏輯的週延性方面對其加以評估，在此階段可以發現故障樹建構的缺點或錯誤。

㈢量的評估可求取最終事件的數量資訊，例如故障率、修復率等事件發生機率。

就系統機率的評估與計算，基本上可分為兩種方法：㈠分析方法以及㈡蒙地卡羅法

分析方法是利用布林代數（Boolean algebra）求得最終事件機率的理論解。舉例而言，以上圖之故障樹為例，假設 A、B、C、D、E 均為布林代數代表事件的發生，則運用布林代數的運算法則以下式表出：

$$A = B + C$$
$$A = B + (D \cdot E)$$

這裡 "＋" 代表「或是」的邏輯觀念，或者表示集合中的「聯集」。而"·" 相乘符號代表「並且」的邏輯條件，以及集合中「交集」的概念。附帶地，布林代數的運算法則如下：

㈠ 同一律
$$x_1 + x_1 = x_1$$
$$x_1 \cdot x_1 = x_1$$

㈡ 吸收律
$$x_1 \cdot (x_1 \cdot x_2) = x_1 \cdot x_2$$
$$x_1 + (x_1 \cdot x_2) = x_1$$

㈢ 分配律
$$x_1 + x_2 \cdot x_3 = (x_1 + x_2) \cdot (x_1 + x_3)$$

由此我們可以布林代數表示事件之間的邏輯條件關係，並化簡成一個式子，此式的左端則爲代表最終事件的布林代數，然後利用此式計算機率。但要注意在計算前故障樹中不可有重複事件，否則將產生錯誤結果。

計算機率時，亦可分爲兩個法則以茲遵守

$$P(\prod_{i=1}^{n} x_i) = \prod_{i=1}^{n} P(x_i)$$

這裡 x_i 爲布林代數，因此 $P(x_i)$ 表示相對應的事件發生的機率，若各事件之前爲「且」的邏輯關係的話，則上式即爲最終事件的機率。當事件之間與最終事件的關係爲「或」時，則最終事件之機率計算爲

$$P(x_1 + x_2) = P(x_1) + P(x_2) - P(x_1) \cdot P(x_2)$$

$P(x_1)$ 及 $P(x_2)$ 分別爲事件 x_1，x_2 之發生機率。對於很小的機率 $P(x_1)$ 及 $P(x_2)$，則上式的近似式爲

$$P(x_1 + x_2) = P(x_1) + P(x_2)$$

至於以蒙地卡羅模擬法，來求取故障樹中的最終事件發生機率，其實是一估計值。當故障樹結構複雜且不易表示成數學函數時，可以利用模擬法求之。其步驟如下：

㈠將事件之條件關係，或因果關係確定。

㈡繪製成故障樹，此處與前述不同的是，事件可以重複出現在故障樹中，分析時祇要在後續步驟中記住即可。

㈢以隨機亂數產生器，根據各事件之發生機率，產生各事件發生與否的狀態組合。

㈣以㈢中所有事件狀態，代入故障樹的邏輯關係中，判定最終事件是否會發生。

㈤重複㈢及㈣步驟 n 次，然後統計最終事件發生的次數除以 n，即為最終事件發生的機率。

蒙地卡羅法，是估計最終事件發生機率的近似法。模擬的次數越多，其估計值就越準確。但是，值得注意的是，各事件與最終事件之間的條件成立關係，或是因果關係的確認影響實為重要。如果故障樹在質的評估沒有做好，那麼在量的評估時，不論是以分析法或是模擬法，都將虛廢功夫，得不到正確的結果。

最後，要強調的是，塊狀圖在直覺上與電路設計中的通路觀念較類似，所以常用來模擬系統中組件之間的直接關係（例如物理接觸的電路板）。而且多為工程師及可靠度分析師所採用。而故障樹則由邏輯的條件關係或是因果關係建立起來，常用來從事分析災害的可能性（例如核能電廠之風險），多為風險分析師及保險分析者所喜用。

事實上，兩種方法常常可以互通，特別是串聯與「並且」可以直接互換；並聯與「或者」可以互換。以下就舉幾個塊狀圖與故障樹相等的例子，以顯示本章中談論的兩種方法，實是互為表裡的。

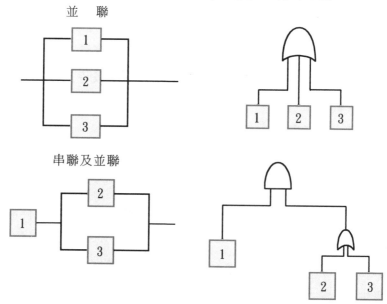

4 中取 3 系統（3 out of 4）

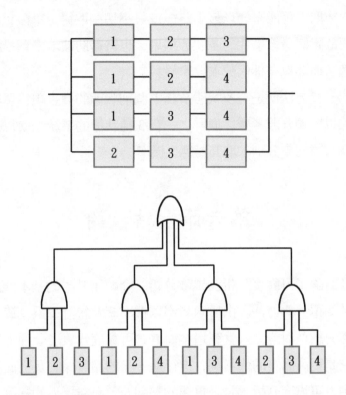

　　塊狀圖利用組件與系統之間的關係，描繪一個類似通路的圖形，然後計算系統的狀態機率，但是本章中只提到 2 種系統狀態，即「通」與「不通」（或者說發生與不發生）。同樣地，故障樹也是相同，將一般事件與最終事件以邏輯的因果關係連繫起來，並求出最終事件的發生機率，其最終機率的狀態也是只有兩個：發生與不發生。如果考慮多狀態的系統的風險或是可靠度時該怎麼辦，本章並未探討。多狀態系統的例子很多，例如電力系統可以是㈠全負載，㈡限電，㈢跳電；核能電廠的評估可以有㈠無危險，㈡輕微輻射外洩，以及㈢嚴重災害……等等，均可能有兩種以上的系統狀態結果。

　　評估多狀態系統的方法有很多，但基本上有兩個途徑：

　　㈠將模式定義複雜化，例如將塊狀圖中的方塊定義為多狀態，故障

樹中的事件變成多種事件。如此則分析手法更加複雜，塊狀圖的多狀態系統機率求取，可能需要以最小路徑或最小切割取得上下限，而不是理論值。而故障樹最終事件的多狀態機率，也需藉助蒙地卡羅模擬法來求得估計值，而非以布林代數求數學解。

　　㈡另一種方法便是將多狀態系統中個別狀態的發生視爲單一獨立事件，而加以單獨分開考慮，換言之，有 3 種狀態的系統，就以 3 個塊狀圖或 3 個故障樹來分別求取其對應之機率。

第六節　結　論

　　本章討論了可靠度分析及風險分析，介紹了其中的基本觀念，基本原理以及簡單分析方法。由於兩者都以機率學及統計學爲基礎，因此合併在一處介紹並討論之。就製造業而言，可靠度代表了一種方興未艾的趨勢，它是更高品質的代名詞，推行進一步的品質保證及全面品質管理的過程中，可靠度分析應是一重要的墊腳石，而非擾人的絆腳石。至於風險分析更是可以應用在各個企業決策的過程中，雖然資訊的完整性不足，以及風險的認知不一致常導致風險分析的缺陷，但我們似不必因噎廢食，只要繼續增進管理決策的專業知能，應能克服這些困難，使風險分析的功能更上一層樓。

　　在一般的生產管理或作業管理的教科書中，並未列入可靠度分析及風險分析。在這裡，本書特討論這兩者，並彰顯此兩項系統分析學問的重要性及實用性。不論是品質管理、生產規劃、設施選址、計劃管理乃至於一般企業決策中均能以靈活運用可靠度分析及風險分析，使得決策更爲有價值，企業經營更爲成功。

習　題

1.何謂風險？風險分析須具備何種要素？

2.何謂可靠度函數？何謂失效率函數？

3.以下列之塊狀圖，列出系統可靠度。

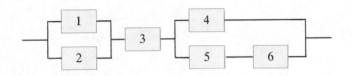

4.何謂維修度？何謂可用度？試以學校的電燈照明系統討論其
　應用。

5.風險估計應注意哪些事項？

6.風險可分為幾種種類？

7.何謂布林代數？是否可以布林代數求解第 3.題之可靠度。

8.風險分析可以應用在哪些企業決策問題中？

9.在不確定狀況下，如何進行風險評估？

第十四章　專案管理

　　一般企業中除了維持運作的功能組織，如人事、財務、行銷及生產等之外，尚有專案（Project）的形成，使能推動特殊的任務或開發新型的產品。如果簡單地給專案下一個定義：在特定的目的下以及一定的時間內，所從事的活動，就是專案。其中的關鍵詞是「特定的目的」以及「一定的時間」，一旦此目的圓滿達成的時候，一個專案也就隨告終結。例如開發新型產品的專案，進行的過程中，為了研發成功的產品須網羅工程、設計、及行銷的人員，共同工作。俟開發完全則整個專案不復存在，專案形成的團隊也告解散。專案管理即是針對以上所述的專案所進行的管理。

　　專案管理（Project management）並不是經常性的管理行為，其管理的特性也有異於一般的企業功能部門中的常設性管理，以下即臚列幾點專案管理的特性：

　　㈠專案管理者常獨立於一般企業中指揮系統之外，由於專案進行中的特殊目的，專案管理者可以掌握、調度一些不同功能的人員或資源，使得專案在一定時間內得以完成。

　　㈡專案管理者可能扮演較簡單的「協調者」的角色，使專案工作人員各司其職；也可能扮演較強勢的經理人的角色，擔負協調、指揮、獎懲等不同的任務。

　　㈢相較之下，企業組織可有無窮的壽命，而專案則有一定的完成時

間，因此專案管理責任重大，須在時間的壓力下完滿進行。一個健全的企業，理應有一連串的專案，持續的接連執行，負責解決問題或創新研究，以保持企業活力及適應力。

㈣專案管理者與一般功能型部門經理之間可能存有衝突，由於角色不同、任務不同，本就造成兩者的差異，如果又有資源運用上的衝突，則須有相當的智慧方能化解兩者之間的差異性。

㈤專案的發生可能在於企業中的任一層次，高層次的專案也許是特別助理所主持，負責重點投資案的評估，反之低層次的專案，可能只是一個品管圈，負責解決製造品質上的一個小問題。專案的性質不同，其管理的重點也有所不同。起自研發部門的專案，可能協調的工作較多，而有關行銷方面的專案，可能又須側重於專案管理者的創造力及想像力。

綜合言之，專案管理與一般功能部門中的管理不太相同。專案管理者所扮演的角色也與一般部門主管的角色有異，一個財務經理可以只關心財務業務是否順利進行，一個專案管理者卻須針對特定目的而設的專案，負起成敗之責，其中可能有研發、成本、人員管理等不同的問題，須待管理者面對。仔細分析起來，專案經理所扮演的角色可依權責的深淺分成四個層次。首先是「督促」的角色，使得專案的工作得以加速進行，而不致推托延擱；再則是「協調」的角色，使專案進行中，不同部份工作之間的不協調及不合作的現象消弭，同時消除人員及工作上的衝突，使得步調一致；再其次是扮演「計劃、組織、領導、控制」的角色，更進一步的擔負專案的各種管理工作，權責增大，同時角色也更加複雜；最後，專案管理者可能扮演「全方位管理者」的角色，除了以上的角色之外，同時還負起成敗的全部責任，將專案的組織變成利潤中心，使得專案的各種效益及評價更加獨立，管理工作的優劣得失也愈形彰顯。一個好的專案管理者須能了解他扮演的角色，並在以上討論的不同角色中，選擇適當的角色，完成專案的特定目的。事實上，這是非常不容易的，

有的時候需要充份的經驗、專業知識，及溝通能力方能造就一位優秀的專案管理者。

第一節　專案的生命週期

　　專案是為了特定目的而生，又需在一定的時間內完成的，因此它的演進過程常可與有機生物體的生命類比，因此稱為專案的生命週期(Life cycle)。就像一般商品也有所謂的生命週期一樣，將產品的構思設計一直到被取代的過程分成 5 個階段：構思設計、引介、成長、成熟、結束。每個階段都有其特徵，了解不同階段的過程，有助於對商品研發及行銷的管理，因此可稱為生命週期分析。事實上，生命週期的意義除了類比於生物體的生、老、病、死之外，更像我們所說的起、承、轉、合，它說明了任何一件事物的興起至沒落是有其階段性的，我們研究生命週期，並不是以宿命的角度，而是要充份了解其背後的動力，造成不同階段演進轉化的動力，使之幫助我們在不同階段中能掌握事物的內在動力及驅力，進而做好規劃、控制的工作。

　　在專案管理中明瞭生命週期也是基於以上的想法。了解不同的生命週期的階段中，人員的工作、資訊的傳送、風險的估計均有其不同的特性，因此能掌握進度、成本以及專案的成功程度。在專案初起步的時候，由於是在萌芽、適應時期，人員可能有適應的問題，適應彼此，適應專案管理者的管理風格；成本的花費不會太大，但是工作摸索的成份較多，同時失敗的風險也較大。待專案起飛階段，此時成本花費也許大增，人員也急於解決問題，激出創意的點子；但此時溝通也格外重要，以免迷失專案的方向及定位。到了專案成熟期，可能一切主要問題俱已克服，成本開支也正常化，不致有太大的起伏，人員已熟悉工作內容及其環境；

此時，除了面臨專案成果的評估之外，有遠見的管理者應開始想到下一階段，甚至下一個專案的開始。最後在結尾的階段，專案的主要任務均已完成，其成果可能也將移轉至其他常設性的組織執行；管理者除了要謹慎收尾、確保戰果之外，可能要安排專案人員的去留，成本的結算，以至於新專案的起步等等。

雖然專案的生命週期可以概分成以上的階段，但也並非所有專案都有一樣的過程，事實上，每一種專案的生命週期形態都不一樣。也許是階段特性不同，也許是階段歷經的時間不同……不一而足，因此專案管理者須針對不同的專案，了解其獨特性，分析其生命週期，方能有助於整個方案進行時，資訊、人員、成本、進度的管理與掌握。

第二節　專案的組織形態

專案在執行之前，首先要考慮專案內部的人員及組織形態，以及專案組織與原有企業組織之間的關係，組織形態的適切與否可能是專案成功與否的第一個關鍵，需加謹慎考慮。一般而言專案的組織可有三種形態、分別是純專案形態、附屬在功能部門之下的形態、以及矩陣式的形態。以下即就此三者加以討論。

一、純專案組織

純專案組織獨立存在於一般組織之外，甚至根本不隸屬任何組織，其中的成員的工作性質可能就一直是專案式的，這些工作人員全職全薪的為專案工作，也將一個專案接著一個專案的持續工作下去。由於後工業時代來臨的年代裡，這種類型的專案有增多的趨勢，例如軟體寫作者、發明設計者……等均以這種專案形態，正在市場上立足。這種專案的優

缺點則如下所列：

優點：

　　㈠專案經理獨攬大權，工作人員也只受經理的指揮，整個專案管理的指揮權不會紊亂。

　　㈡由於組織並無干擾，不僅指揮體系有條理，資訊傳遞及溝通也較單純。

　　㈢由於工作人員多為專任專職，因此士氣及經驗最佳，有助於專案圓滿完成。

缺點：

　　㈠由於各專案獨立存在，因此資源、設備均須具備，可能造成資源浪費及閒置。

　　㈡專案人員與外界之溝通不利，須格外加強對外資訊收集或研討。

　　㈢專案人員可能擔心是否專案會持續不斷，因而引起額外的心理壓力。

二、附屬功能部門下之形態

　　相對於純專案組織，另一個較極端的組織形態是將專案附屬於功能部門之下。例如研發的專案就附屬於技術部門之下；而行銷推出新產品的專案可隸屬於企劃部門等等。這種專案組織形態也有其優缺點。

優點：

　　㈠專案執行過程所累積的經驗及知識，易於傳承。

　　㈡人員無危機感，即使專案結束，仍能留在該功能部門，甚至獲得升遷。

　　㈢功能部門的專業知識有助於專案問題的解決，有時甚至可得到專案人員之外的知識輔助。

缺點：

　　㈠專案中非關該部門的問題較不易解決，須待跨功能部門的協調，

方可能解決。

㈡專案人員的工作動機一般較弱。

㈢外界的要求及批評較不易為專案人員接受。

三、矩陣式組織形態

如果揉合以上兩種組織形態，結合純專案組織及功能部門組織兩者，就得到所謂的矩陣式的組織。換言之，組織間的形態可以類比於矩陣的特性，功能性的部門關係是縱向的（Column），而專案的組織關係則是橫向的（Row），兩者合而成為矩陣（Matrix）式的組織形態。在這樣的專案工作人員中，有來自各個功能部門的專家，進行任務編組，形成專案小組。舉例而言，構成新產品研發專案中，可以包含不同部門的人員，其中可以有技術人員負責硬體的設計，有生產部門的人員負責生產可行性評估，有行銷人員從事市場接受性的研判……等等。此種專案組織形態的優缺點則歸納如下。

優點：

㈠專案與功能部門間橫向的連繫增強。

㈡專案經理由於並不隸屬功能部門，故需獨自負起成敗之責。

㈢資源重複及閒置現象可以減少。

㈣人員仍有功能部門做為專案結束後的歸屬，而不致煩惱專案結束之後何去何從。

缺點：

㈠工作人員需聽從兩個上司，造成指揮隸屬關係的紊亂，所謂的考績及升遷權責究竟誰屬，成為工作人員的困擾。

㈡專案經理群可能與功能部門主管，可能在人員及經費等資源上進行角力，可能危及整個企業組織。

㈢專案管理者角色複雜，不易覓得適當人選，此人選必須有豐富經

驗方能使各方徵調而來的人員信服，他必須善於協調，方能折衝於不同功能部門主管之間。其次管理者個人的升遷也可能是一問題。

第三節　專案分工體系

任何一個重要的專案執行，都要重視分工的問題，除了上述的專案組織形態之外，分層分工可能是決定專案成敗的最重要考量。當然，此處也包括了專案分工金字塔的最頂端，也就是專案經理的重要性。一般而言，管理者需能將一個專案分成不同的小專案（Subproject），然後再將這些小專案分成若干任務（Tasks），最後再區分成各種項目的工作。如此如樹枝狀的分層分工有助於適才適性的指派人員，並且形成工作小組以及連繫溝通的系統，同時有助於進度控制，績效評估以及成本控制。否則權責不清分工不明，抑或是疊床架屋，終將導致專案的失敗。

分層分工又稱爲工作分解（Work breakdown structure），執行時不是易事，有些原則可茲遵守：

㈠各小項工作可獨立進行爲原則。

㈡工作規模不致太大，以人員可掌握爲最佳。

㈢除了分工，還要授權。

㈣各種工作都有進度以及評量的方式。

㈤要充分提供所需的資源。

分層分工之後需詳列架構從屬關係，必要時應提供給專案中的所有工作人員，使其知道從事的工作在整體架構中的位置，並有助於協調及相互溝通。一般分層分工的表示法有兩種，第一種是條列式的，利用一系列的數字或編號了解分工從屬關係，請見以下示意範例。

```
1.0…………
  1.1……
    1.1.1……
    1.1.2……
    1.1.3……
  1.2……
```

其次則是利用圖形方式顯示工作分解的情形，下圖即是一說明圖形，圖形狀似顛倒的樹枝分叉圖，越下面的即是越詳細的分工情形，因此整體看起來應是上尖下寬，類似金字塔的。

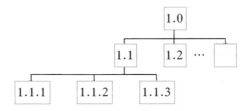

正確的分工架構是專案成功的先決因素，同時可以解決下列幾個專案管理的決策問題。

㈠有助於分層負責的架構建立。

㈡可以用於估計個別工作的成本，以及加總成本。

㈢區別工作的性質，是技術性、數據處理或是其他。

㈣有助於風險評估。

㈤有助於進度掌握。

㈥有助於人員及資源的調度。

㈦有助於決定檢核點，或特定專案規劃的時程。

㈧有助於分析資訊流程，以及資料共享的範圍。

事實上，專案管理的各個環節必須以分層分工架構為中心，務必做好分層分工的分解步驟，將整體專案暫分成若干可管理、易管理的小工

作，然後運用一般管理的組織、領導、計劃、控制等步驟逐步完成工作。這樣分層分工的最好例子即在營造業的經營上，當大型土木營造工程施工時，常將營建工程分成若干小工程，俗稱大包、小包，使之易於進行。由於規模不致太大，成本、人員及進度的計劃、調度及控制也較合宜。

第四節　專案計劃與控制

　　前面幾節敍述的多是從定性的討論切入專案管理，其中包含了生命週期分析，組織與領導的層面。從本節開始則較著重於定量的層面，探討專案管理中計劃（Planning）、排程（Scheduling）及控制（Control）的學問，在專案的計劃與控制方法中，勢必要介紹**關鍵路徑法**（Critical path method）以及**計劃評核法**（Program evaluation and review technique）。這兩種方法均起源自 1950 年代，最初應用在軍方的計劃執行控制上，其中包括如飛彈的發展、製程安排及維修排程的應用。

　　但是在介紹關鍵路徑法及計劃評核法之前，在此介紹另一個廣泛應用於專案時程規劃及控制的方法，也就是**甘特圖法**（Gantt chart）。甘特圖法雖無複雜的計算及應用技巧，但是由於其簡明圖示的優點，甚受人喜用。其使用於計劃規劃及控制的程度，尤甚於關鍵路徑法及計劃評核法。

　　甘特圖其實就是柱狀圖法，將分工分解之後的各個工作以柱狀圖的方式畫在時間軸上，顯示各工作的時程及進度，即稱為甘特圖。在使用的時候，相當簡便，但也有一些值得注意的事項。首先專案規劃及控制的先前工作，就是做好分層分工，甘特圖的應用也不例外，成功的分層分工，才能使甘特圖發揮應有的功效。為了做好規劃及控制，分層分工應注意：

　　㈠每項工作要有明確的定義，對於工作的開始及結束不能含混不清。

各項工作所須的時間也須正確估計。

㈡各項工作應是獨立的，工作的開始、執行以至於結束，應不受其他工作的影響。

㈢各項工作之間的先後次序應相當明確，在執行的先後次序上，要切實遵循。

在繪製甘特圖時將時間置於橫軸，各工作則一般依先後次序由上而下，然後將各工作的開始時間到預定結束時間之間以一柱狀圖顯示。以下即是一簡單的範例。其中，工作 A 為最初要開始的工作，而工作 B 及 C 則須待 A 結束後方能開始，因此圖中的 B 及 C 的開始執行時間是一樣的。最後工作 D 則須待 B 及 C 都結束之後，才能開始，因此在圖中由於 C 較晚才完成，因此 D 工作的開始時間是緊接著 C 的結束時間的。

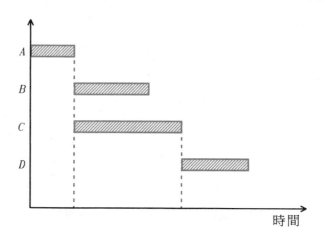

一般的甘特圖可以如上圖所示，以簡單的柱狀圖顯示專案進行的時間及先後次序，有助於進度的控制，甚至成本核算及人員的調度。其次甘特圖也有變化形式。舉例而言，在眾多工作當中，可以選擇標示專案階段性的工作當作標示工作，英文直譯是里程碑（Milestone），里程碑工作的選定及標示有助於專案規劃及控制的釐清。因此可以在甘特圖上以不同顏色或形狀顯示出來，一方面有別於其他的工作，一方面也較為醒

目。第二個例子，是待關鍵路徑分析完之後，可將甘特圖中各工作的寬裕時間標明，將更有助於專案進度的控制。以上圖中 A，B，C 及 D 四項工作，其中 B 工作的完成到 D 工作的開始尚有餘裕，因此這段空檔就是 B 的寬裕時間，B 工作可以略有遲延的情形而不致危及全部專案的完成，反之 C 工作則不能有一刻的遲延，否則將拖延整體專案的完成。

一、關鍵路徑法

關鍵路徑是最廣泛使用於專案規劃及控制的觀念及方法。此觀念對於專案的時程規劃及進度控制特別重要。所謂關鍵路徑就是在眾多專案的分工工作中找到的關鍵工作的集合，這些關鍵工作是不能有一刻的耽擱的，它們的進度直接影響到整體專案的進度與完成時間；反之，不在關鍵路徑上的工作，則多多少少存有寬裕時間，它們的進度較有彈性，容或有些許耽擱，也不致直接對專案完成時間有所衝擊。尋找關鍵路徑消極地對時程進度的控制及掌握有幫助，同時積極地對規劃也有助益，可以計算整體專案的完成時間，甚至藉由對關鍵路徑上工作的嚴密控制，可以提前完成，使專案的執行更有效率。

關鍵路徑也對專案管理中資源的掌握有所幫助，使得人員、設備的調度及共享更有效率。最基本的應用，就是令關鍵路徑上的工作，在資源，人員的使用上具有優先權。而寬裕時間愈多的工作所享用資源的優先權則可較低。

關鍵路徑的求取有幾個步驟，以下即就這幾個步驟加以討論，並舉一例說明之。

(一)分層分工

將專案中依分工分解（Work breakdown structure）的原則，細分到相當的層次，分工的詳細程度不能太粗略，也不能太瑣細。同時確認各工作是否定義清楚，執行的方式、所需的資源及人員是否明確，執行時

間是否可以估算出來。在此僅需估算各工作最可能完成的需要時間。

(二)執行次序建構網路

這部份與前述的甘特圖法步驟即有較大的不同，須依據各工作之間先後的順序或次序排列，然後繪製工作網路圖。工作之間的先後次序，有的是根據邏輯次序，例如先聘雇，然後才有指定人員工作；有的則是根據工程原理，例如先開挖，然後才進行支撐或結構體施工……等等，全需依據各個專案的本質不同而排定，這部份的工作是需要較多的專業知識方能為功的。其次的建構網路圖，則是以工作為節點，將先後次序關係視為節線所建立的，以下即以一範例作說明。

下表為各工作的名稱，共有七個工作，分別以 A、B、C、…、G 等表示，同時，表中顯示各工作之前需先完成的工作，例如 D 在開始之前需先完成 A 工作。第三行則表示各工作預估所需的工作時間。

工作編號	先前工作	預估時間
A	—	2
B	—	6
C	—	4
D	A	3
E	C	5
F	A	4
G	B，D，E	2

上表中的工作 A，B，C 則並無先前工作，在構建工作網路時，一般可虛設一節點表示專案的起始，同時在最後虛設一節點顯示專案的結束。其他的工作則分別以節點表示之，然後利用所知的先後次序關係繪出節線。下圖即是根據上表的資訊所繪製的工作網路圖，其中節點以一圓圈表示，圓圈之內標明工作編號及預估時間，節線則以單向箭頭表示執行的次序。

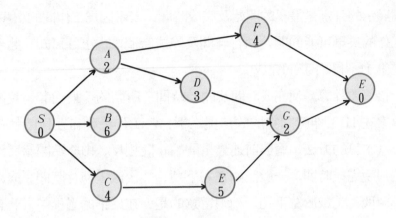

(三)決定最早開始時間及最晚開始時間

運用順勢推演的方式由起點逐次向後推算最早開始時間，將之記錄在圓圈的左上角，然後加上執行時間成為最早完成時間，並記錄在右上角。值得留意的是，在計算最早開始時間時，若有兩個以上的先前工作，需將其較大的最早完成時間視為最早開始時間。舉例而言，工作 D 的最早開始時間，由於其先前工作只有一個，也就是工作 A，因此 A 的最早完成時間 2，就是 D 的最早開始時間。反之，工作 G 有 3 個先前工作，分別為 B，D 及 E，因此這三個工作的最早完成時間（5，6，9）中最大的，即為工作 G 的最早開始時間。下圖即為最早開始時間及最早完成時間的計算範例。

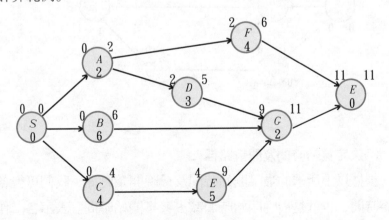

上圖顯示的分別是最早的開始及完成時間，表示因為工作間的次序限制，各工作的最早可能的開始執行時間及完成時間。由上圖可知，此專案可以在第 11 個工作時間完成。

接著要計算最晚完成時間及開始時間，所謂的「最晚」是說要讓整體專案在 11 工作時間完成的前提之下，各工作最晚需在何時執行的意思。其求算的方法，適與前述最早開始時間相反，由終點開始反溯各工作的最晚完成時間，一般記錄在右下角，然後減去執行時間，成為最晚開始時間，記載於左下角。稍須留意的是，在反推的過程中，若有兩個以上的工作是該工作的後續工作時，則應取其中較小的最晚開始時間，做為該工作的最晚完成時間。例如工作 A 有兩個後續工作 D 及 F，而其最晚開始時間分別為 (6, 7)，因此在選取較小值 6 之後，A 的最晚完成時間即為 6，而最晚開始時間為 (6-2) 等於 4，此數字的意義為，當工作 A 在第 4 工作時間開始的狀況下，整體專案仍能在第 11 工作時間準時完成。

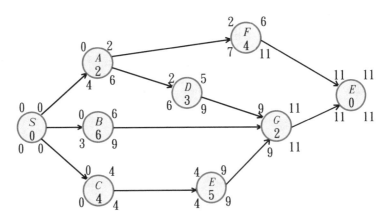

(四)決定寬裕時間及關鍵路徑

根據以上所求的最早開始時間及最晚開始時間，我們可得各工作的寬裕時間，也就是最晚開始時間減去最早開始時間。表示各工作具有的

彈性及容許延擱的時間。根據上圖可得工作 A，B，C，D，E，F，G 工作的寬裕時間分別是：

$$4, 3, 0, 4, 0, 5, 0$$

其中工作 F 的寬裕時間最多，其值爲 5，顯示即使工作 F 耽擱 5 天，仍不致影響整體進度。反之，具有寬裕時間爲零的工作包括了 $C - E - G$，這三項工作不能有所延誤，否則將直接影響專案的完成時間，因此 $C - E - G$ 即構成關鍵路徑，在圖上適足在起點 S 到終點 E 之間形成一條路徑，故以名之。在進行專案規劃及控制時，應格外留意關鍵路徑上各工作的執行情況，以利整體專案的進度掌握。

二、計劃評核法

計劃評核法與關鍵路徑法均起源自 1950 年代，也都廣爲專案管理者使用，其間的差別有兩點，第一，計劃評核術對各工作的執行時間有三種估計值：分別是最可能的執行時間、悲觀的執行時間、以及樂觀的執行時間；而關鍵路徑法則只需一個執行時間的估計值。其次，兩者的差異在於機率及風險觀念的導入，計劃評核法利用機率理論做爲假設，可以進一步推論專案的完成時間以及其可能的機率。以下即就計劃評核法的各步驟加以討論，同時推廣前述的例題，進行解說。

㈠分層分工並根據工作先後次序構建工作網路

此部份與關鍵路徑法雷同，適度的分工分解之後，建立工作先後關聯的網路圖。

㈡估計各工作之執行時間

在此需要三個估計值，分別以 a，b，m 表示：

a　樂觀地執行時間，也就是最快速度下、無任何耽誤之下的執行時間。一般概念上，可以假設此工作的執行時間只有比 1% 還小的機率會比此值還小。

$\Big\{$
b 　悲觀的執行時間，也就是較慢的速度下，最長的執行時間。一般可以認為比此值還要大的執行時間只有 1%以下的機率。

m 　最可能的執行時間：如果以機率密度函數觀之，此執行時間即是發生峰態（Mode）的地方，表示最可能的執行時間。

此三者的估計，亦可由專家判斷法提供。其分析的結果也常令人滿意。同時此三種執行時間的意義，頗符合一般的判斷方式，將事件以最有可能、最悲觀及最樂觀的方式進行估計，並表示出來，應是計劃評核法的優點之一。

㈢計算工作時間期待值

此部份是根據貝他分配（Beta distribution）的假設，推導而來，但是計算式子卻頗簡易，將執行時間的期待值 ET 表示為

$$ET = \frac{a + 4m + b}{6}$$

其中 a，b 及 m 分別為前述的樂觀、悲觀及最有可能發生的執行時間。

㈣利用各 ET 求取關鍵路徑

至此步驟，除了計算工作時間期待值的計算之外，均與關鍵路徑法雷同，因此以前小節所介紹的方式計算出關鍵路徑即可。

㈤計算各工作的變異數 σ^2

利用前述的 a 及 b，即可計算變異數。

$$\sigma^2 = \frac{(b-a)^2}{6}$$

㈥計算各專案完成時間的對應機率

基本上，計劃評核法是利用統計學上中央極限值的原理，求取關鍵路徑上的變異數，間接求得機率值。其中又可細分成幾個步驟。

1.將關鍵路徑上的各項工作時間的變異數累加起來，得到 $\sum \sigma_{cp}^2$。

2.假設關鍵路徑的完成時間 D，為一常態分配，其期待值為各關鍵

工作的期待值之和，易言之即為此專案的最早完成時間 T_E，因此有標準常態分配 Z

$$Z = \frac{D - T_E}{\sqrt{\sum \sigma_{cp}^2}}$$

3. 即求標準常態分配 Z 之值所對應的機率，即可得在特定時間（如 D）內，專案完成的機率。在此以前述之例作示範說明。

工作編號	a	m	b	σ^2
A	1	2	3	0.667
B	3	6	8	4.167
C	2	4	7	4.167
D	1	3	5	2.667
E	3	5	7	2.667
F	3	4	6	1.500
G	1	2	3	0.667

表中的最可能執行時間仍如前述，因此所得的關鍵路徑，仍然是 $C - E - G$，而最早完成時間 T_E 等於 11，因此要計算的主要是各工作時間的變異數，計算結果列於上表中的最後一行，選取工作 C，E，G 的變異數相加。

$$\sum \sigma_{cp}^2 = 4.167 + 2.667 + 0.667 = 7.5$$

因此，常態分配的表示式是

$$Z \sim \frac{D - 11}{\sqrt{7.5}}$$

假設 $D = 15$，則 Z 值等於 1.46。若查常態分配的累積機率表可得知，此專案在 15 個工作時間完成的機率大約是 0.94。也就是有百分之九十四的機率會在 15 工作時間內完成此專案。

由於計劃評核法可以估計完成時間的相對應機率，因此也可做為風

險評估的依據，專案管理人可以了解此件專案完成時間提前的可能性，以及延誤的可能性。

以上介紹的專案規劃及控制方法，包括了甘特圖法，關鍵路徑法及計劃評核法，均是靜態的分析方式。在實用上，隨著專案的進行，由於已完成或已延誤的工作，可獲得較新的資訊，將隨時作更新，隨時進行最新的分析。換言之，專案的規劃及控制應該是動態的。昨日的關鍵路徑，其實不見得是明日的關鍵路徑，只要非關鍵路徑的寬裕時間被用罄，隨時都得更新計算關鍵路徑。因此本節介紹的幾種方法，須隨時靈活運用，隨時更新資料，隨時都可能需要進行再計算。

此外，在實用上，關鍵路徑法及計劃評核法也有不少的限制，須得謹慎使用。舉例而言，有關於各項工作為獨立的假設，便常易出錯，因為某甲工作的延誤，常與另一某乙工作的延誤同時發生，其間有著共同的影響因子，例如天候或是原料瑕疵即是。因此與其說關鍵路徑或計劃評核法是解題的方法，毋寧說是解題的基本觀念較佳，其間的運用，不能一成不變，須依狀況而有修正才對。

第五節　專案進度與成本分析

前節所討論的，主要的焦點在於時間的控制以及進度的掌握，但是專案的進行中，成本的分析也很重要，消極而言，根據各工作的分解分工，可以明瞭隨著專案的進度，會有成本的累加現象，因此可以將時間的耗費與成本的耗費，相互參照，成為進度掌握及成本分析的對照。

積極而言，則將成本預算視為資源，可以投入成本，加速專案的進行，或使之較為順利。這也就是所謂時間與成本間的互動，如何尋找時間及成本的最佳運用點，也是專案管理的最高藝術之一。以淺顯的語句

化成問句就是，工程是否有延誤？此延誤造成的損失有多大？可否趕工加速完工？趕工的代價多大？該就哪些工作項目進行趕工？

要回答這些問題誠非易事，在此應用前述的關鍵路徑觀念，作一簡短討論及示範。要了解如何才能趕工，其步驟如下：

㈠衡量預算，或不趕工的機會成本。

㈡確認關鍵路徑、關鍵工作以及其他工作的寬裕時間。

㈢在關鍵工作中選取欲趕工的工作項目，同時試算其他關鍵工作的趕工代價。為求安全起見，每次趕工縮短的時間不要太大，以免其他工作成為關鍵工作而致錯誤計算。

㈣回到步驟㈠，逐步尋求趕工的項目及所花費的成本。

舉例而言，下表為前節範例之專案資料，其中最後兩行，分別假設為趕工的幅度，也就是縮短時間的上限，其次則為趕工縮短一個工作時間單位所需的成本。以下即假設有 10 萬元的預算，希望以最具效益的方式，將整體專案的完成時間縮短。

工作編號	預估時間	寬裕時間	可縮短時間	趕工單位時間成本（萬元）
A	2	4	0	—
B	6	3	2	3
C	4	0	1	2
D	3	4	1	1
E	5	0	2	3
F	4	5	1	2
G	2	0	0	—

首先，由於關鍵工作為 C，E，G 三項，其中工作 G 無法縮短時間，故不予考慮。因此僅就 C 及 E 考慮，發現工作 C 縮短一個工作時間僅須 2 萬元，較 E 之花費較少，因此可以 2 萬元的代價，將工作 C 縮短一天。而由於只縮短一天，關鍵路徑仍維持不變。但是工作 C 已不能

再縮短，因此將錢花在工作 *E* 的縮短工期上，工作 *E* 容許縮短兩天，由於不影響關鍵路徑，因此以 6 萬元的代價，將工作 *E* 縮短兩天的執行時間，至此已用了 8 萬元，將專案完成時間縮短了三天。現在，雖然經費仍餘 2 萬元，但是工作 *B* 的寬裕時間已消失，因此須重新計算關鍵路徑，然後才決定將此經費用於何項工作的趕工作業上。

第六節　結　論

　　本章討論專案管理的生命週期分析，組織型態以及各項專案規劃及控制的數量方法。最後，則要強調領導人及團隊合作的重要性，它們沒有在專節中被討論，並非由於其不重要，其實是由於其難度及不易言傳的特性，由於企業的專案設立，多數是因應非常態的問題發生，或是解決所謂的「疑難雜症」而生，因此不易找到放諸皆準的法則。問題的解決，猶賴專案領導人的經驗及創造力，以及整體團隊的集思廣益，方能竟功。「道可道，非常道」，沒有長篇論述的，不見得不重要，在此結語當中，要特別將專案管理中專案領導人及團隊合作的重要性提出來，希望能如畫龍點睛一般，使本章有關專案管理的介紹更加鮮活。

習　題

1.何時需要專案管理？一般中小企業需要專案管理嗎？

2.專案管理者的角色為何？與一般管理者的角色有何不同？

3.何謂生命週期分析？

4.專案組織有哪些型態？各有何優缺點？

5.何謂矩陣式組織？其特色為何？

6.何謂 WBS？在專案管理中有何重要性？

7.何謂關鍵路徑？如何以數學規劃法求取關鍵路徑？試以混合整數規劃求解第四節中例題之關鍵路徑。

8.計劃評核法之起源？其重要性？

9.關鍵路徑法及計劃評核法有何異同？

10.如何掌握專案中之成本？與一般企業成本控制有何不同？

第十五章　作業策略

依 Henderson (1989) 的觀點而言，策略的源頭來自於生命本身。早於 1934 年，有「數學生物學之父」之稱的高斯 (G. F. Gause) 教授提出了「競爭排斥原理」(Principle of competitive exclusion)：沒有任何兩種生物以相同方式共同生存。進一步地說，當兩種生物在沒有任何限制條件下，共同競爭同一種資源時，其中一種生物最終會被取代而消失。因此，依照達爾文的「物競天擇」的進化論，某些種類生物將消失於地球，只有能適應周遭環境的生物才能存活下來。因此每種生物都被環境所驅策，去發展一個有利於自己的範疇及一些有用之資源，來形成具有獨自特色的能力。雖然上述之進化過程費時數百萬年，若生物努力追求某種策略，則可增進此進化過程的演變速度。

策略乃是直接辨認及評估某種狀態，及針對其面對之狀態發展一套計劃來創造、促進或整合其自身的競爭能力及優勢。因此，企業應將其擁有之資源用來建立自身的能力或是推行具有提昇附加價值的產業活動。而這些發展過程的敏感度是企業能否持續欣欣向榮的關鍵因素。發展過程應努力的方向包括：㈠在新產品或新服務的研究與發展，㈡新生產製造技術的發現及引用，㈢銷售區域的重整以擴增新市場。

一般企業首先決定其公司策略 (Corporate strategy)，再決定其事業單位策略 (Business strategy)，再發展各功能性策略 (Functional strategy)，包括作業策略、行銷策略、財務策略、人力資源策略及工程策略

等。本章首先介紹兩種策略觀,再介紹公司策略、事業單位策略及作業策略之相關性。繼而在第二節深入探討作業策略的重要議題,第三節描述作業策略的演進歷史,第四節討論作業策略的內容,最後討論實踐作業策略的注意事項。

第一節　企業策略與作業策略之關係

Stonebraker 及 Leong (1994) 認為策略包含兩種觀點:靜態的及動態的。靜態觀主張維持現有優勢,動態觀則計劃如何透過改善來求取其獨特的能力及完成公司設定之目標。靜態觀認為應該在組織保護下的穩定環境中來實行策略的推展工作,例如銀行業者,櫃臺的出納員執行其出入帳等工作(銀行之核心服務之一),而與政府或社區的互動工作則由公關人員負責以減少對銀行核心服務之干擾。動態觀則強調動態的過程來建立策略的定義及作好策略管理,因此其過程包含了一系列的調適活動。這一系列的調適活動則分為三種層面:個人的、群體的及環境的。對個人而言應當了解:㈠競爭行為是一種互動的系統,㈡預測一個策略性行為所帶來的影響,㈢具有對可以提供永久性承諾的資源的辨認能力,㈣能相當正確的預測各資源運用所伴隨的風險度,㈤採取行動的意願。

一個公司由許多成員組成,每個成員對上述五項因素的認知不盡相同,這樣一群人的互動才形成公司策略的發展。因此公司的策略可說是來自各不同功能性領域的人員參與的綜合結果。影響公司策略形成的主要貢獻者包括各種成員,因此策略所包含的一系列活動是群體性的調適活動。

策略的決定當然也受公司外在環境的影響。市場競爭者的多寡、產品或服務變動的快慢、製程的難易程度及變化快慢都會影響企業的策略。

當市場競爭愈激烈、產品或服務變化愈快、製程愈複雜、製程的變化愈快，則企業面對的外在環境之不確定性愈高，自然增加企業策略製定過程的困難度。

策略應是綜合運用上述兩種觀點，既要能夠穩定地推行一些活動，又能不斷地追求公司應變能力的提昇。

有了策略的基本觀念之後，接下來應認識企業策略及事業策略對作業策略之影響。企業策略本身即是模糊不清的，因此企業策略也可說是企業的哲學或任務。而企業策略的最基本要求當然是「企業的存活能力」。依 Steiner 及 Miner (1977) 的觀點，企業策略的演進分為三階段：傳統的、制衡的及社會經濟的。直到 1930 年代初期，傳統的企業策略要求企業努力於有效率地使用公司之資源，在可被接受的價格下，生產出所需要的產品或服務；因此其主要目標為追求利潤的最大化。在第二階段的制衡期，股東、顧客、公司員工及大眾消費者的聲音也逐漸受到重視，因此公司策略便致力於平衡各種不同群體的利益及看法。而第三階段的社會經濟學派則強調，公司所面對的實質環境與社會環境都應該放入管理決策的考量之一。雖然「安全產品」、「公平雇用制」、「合理利潤」及「健康環境」等訴求常被拿來當作是社會經濟學說的哲學之一，但是社會經濟學說並沒有一致的看法。而各種不同的訴求使得企業策略的訂定難以確定其努力方向，但也保留策略訂定的彈性。不管將來社會經濟學說的發展為何，企業策略畢竟走向「追求永續經營之路」。

事業單位的策略主張以 Porter (1980) 的論點最著名。Porter 認為企業的策略重點在於市場（Market）競爭，因此主張採用以下三種主要策略：**成本領導**（Cost leadership）、**產品差異化**（Product differentiation）及**市場優勢**（Focus）。

(一)成本領導

採取低成本、高標準化、現貨供應及製程標準化等方式來達到成本

領導。

㈡產品差異化

製造高品質產品及容易引入之製程來達到產品差異化。

㈢市場優勢

因成本的優勢或運送速度的快速或是產品的個人化等方式來達成分隔目標市場。

這三種策略都強調製程技術、產品或服務本身及市場目標的重要性，因此產品或服務的附加價值就能導向獨特的商業特色。這三種策略與四種作業競爭優勢具有密切關係。成本領導的策略需要作業流程的運作平穩以達到低成本而且穩定產品品質。產品差異化的策略則需藉作業流程的運作來達到高品質，但不失作業流程的彈性。市場優勢需靠作業流程的努力以達到在成本、品質、彈性或運送速度等設定之目標。

事業單位策略也可以從其產品轉換過程的水平或垂直整合角度來定義。以下四種整合與具增加附加價值的產品轉換過程直接相關：

㈠單一焦點系統

強調單一或少數之產品或服務、製程技術及競爭市場。例如，代工工廠只從事各零件之組合，但自己不生產組合所需之任何零件或設備。

㈡垂直整合系統

向上、下游產業伸展。例如上述之零件組合工廠還往下游擴展其經銷網路。

㈢水平整合系統

橫向、相關產品、製程技術或市場之拓展。例如食品業者既生產速食麵，也生產利樂包裝之速食餐。

㈣水平多角化

將不相關產品或服務、製程技術及市場合併。例如臺塑橫跨塑膠業、醫療業及教育界。

上述四項整合都與作業相關。至於組織性或財務性的整合策略則不在此討論之。如何將上述四種整合與 Porter 主張的三種策略聯合運用，則有賴於各功能部門的整合與分析。這樣的分析工具主要爲 Wheelen 及 Hunger (1987) 所宣稱的 SWOT 分析，亦即分析公司內在的強弱（Strengths and weakness）及公司外在環境的利弊（Opportunities and threats）。限於篇幅，有興趣之讀者請自行參閱有關文獻。

依照 Richardson、Taylor 及 Gordon 在 1985 年的研究顯示，作業策略若能與企業策略及其事業單位策略相互配合，公司的成功機會通常較高，公司的獲利率也較好。三者之間的界線並不易劃分清楚，事實上也不必要完全劃分清楚，反倒是應該互相配合及互不矛盾。

首先有的疑慮是，應調適作業策略以配合事業單位策略呢？還是事業單位策略應受限於作業能力呢？傳統上認爲作業策略應搭配企業策略。最近十年的看法逐漸改變，於 1985 年 Hayes 主張作業應扮演具有**獨特優勢**（Distinctive competence）及**技術核心**（Technical core）的角色，因而作業策略爲事業單位策略的根本基礎。再加上 Swamidass 及 Newell (1987) 的實證研究顯示，當作業部門經理在公司決策中扮演的角色愈重要時，公司的經濟表現愈好。因此，作業策略在這十年來也快速地發展，以及較廣泛的受到重視。

第二節　作業策略的重要議題

㈠作業部門的功能雖說應扮演獨具優勢及技術核心的角色，但是其重要性則隨著公司本質及外在環境而變化。例如高度競爭的汽車製造業，顧客對價格及品質的要求愈來愈高，不再只是財務及行銷上的優勢就能滿足顧客需求，而是需要好的作業特色才能滿足顧客的貨真價實、增長

的保證期及增多的保證項目、自由退貨的政策及高品質功能性設計等的要求。反之進口化妝品，其重點主要在於行銷上的廣告及促銷手法，作業功能則難顯其重要性。

㈡不同的產業，其作業策略重點不同。例如航空業作業策略重點在於品質保證，汽車業作業重點在於追求高品質的同時還要降低庫存量。

㈢每個公司必需決定其產品或服務種類。有的公司只生產少數一、兩種產品或服務，有的選擇多樣性、具顧客化特質的多種產品路線。因此其市場也可能不同。少樣產品的公司之作業重點在於大量生產、低成本、高效率排程、良好存貨管理、產能管理等，甚至是透過科技來提高產品附加價值。多樣化產品的公司之作業重點則在於作業彈性以應付多變的產品組合。

㈣在不同生命週期的階段，對同一公司而言仍要採取不同作業策略。例如成長期的作業重點在於提高生產力以增加產量。而成熟期的作業重點則在於翻新修改現有產品，以便增加公司產品與眾多競爭者的產品差異性，同時機器設備等也可能面臨汰舊換新的決策時點。

第三節　作業策略的角色演進

作業策略在十九世紀及二十世紀前期並不受重視，直到 1969 年 Skinner 首度提出〈製造——公司策略遺失的一環〉一文中，將策略的觀念應用於製造作業上，強調經由分析競爭情況與公司優劣，並配合公司策略來界定生產及作業任務，及訂出一套可衡量的作業目標，依此作為作業體系與體制決策的指導。

於 1984 年 Hayes 及 Wheelwright (1984) 又進一步將製造策略（Manufacturing Strategy）在公司扮演的角色分為四階段，如表 15－1 所示。

第一階段的角色最被動而消極，到第四階段則採主動積極的角色扮演。

　　第一階段中的製造策略只是被要求不要把事情搞砸了。通常邀請外來的專家來解決策略性的製造相關議題。內部人員只是負責採用瑣碎的管理控制系統來監控製造成果，追求製造的彈性及保持反應力。因此製造功能只是扮演被動的角色，而且製造的技術被認為可以向外購得（聘請外界專家），對公司的競爭能力影響很小。許多消費品製造廠及服務業公司隸屬此型。

表 15-1　製造策略的角色演進

第一階段：追求製造負面影響之最小化——內部中立

第二階段：與競爭對手同步——外部中立

第三階段：提供企業策略的有力支持——內部支援

第四階段：以製造為競爭利基——外部支援

　　第二階段的製造角色要求能達到同產業實務的表現，因此在員工僱用、設備採購、產能的增加等方面著手來達成上述目標。但是追求製造能力改善的方法，除了像第一階段的方式——依靠外來專家，還同時發展內部的研發（R&D）能力。但是資源的投資、產能的增加等決策都不是主動出擊，而是當現有製造能力發現缺陷而為求彌補時，才不得不採取的提昇製造功能的措施。

　　第三階段的製造投資乃是經過慎重選擇以配合企業策略的需要，因此製造策略經過規劃而且被努力實踐之。而且這些製造策略也能被製造部門人員所瞭解，製造能力在長期發展中逐漸提昇來配合企業整體策略之推行。不同於第二階段的防衛觀點，第三階段視技術提昇為應付企業策略變動及競爭局勢變化的必然工具。亦即從消極走向積極。同時製造部門經理也不再只是看製造部門的內部管理，而是逐漸從整個公司策略

的角度來看待自己製造部門所追求的競爭優勢。甚至有些製造部門經理還晉陞至總經理職位。

第四階段是最主動出擊的角色扮演。要能預知新製造實務及技術的衝擊，以便調整及規劃製造優勢，例如追求低成本策略、高品質策略或是不斷創新以保持新產品領先。因此在這階段中，製造部門不僅重視其結構性的設備、廠房及產能，還強調其軟體方面及管理面的體質改進，以便追求不斷的改善及取得競爭優勢。因此在長期規劃中，製造功能往往在公司需要之前，已經具備能力來主動為公司爭取競爭優勢了。

而這四階段之間不一定是完全互相排斥。例如產能的決策已是第二階段，但是員工的雇用也許還在第一階段。對同一種製造決策（例如員工政策），這四個階段是逐漸由第一階段演進到第二階段，不可能從階段一直接跳到階段三的。也就是說其進展是漸進的。而這些演進過程中，從第三階段進展到第四階段是最費時、費力而困難的，但是第四階段的達成也往往帶來最大的回收效益。

Chase 及 Hayes (1991) 也針對服務業提出四階段服務作業策略演進。各階段的演進關係與 Hayes 及 Wheelwright (1985) 的主張很類似，但是更深入介紹各階段在「服務品質」、「後勤作業」（Back office）、「顧客特質」、「新技術引進」、「員工雇用」及「第一線管理工作」等方面的變化。

Roth 及 Velde (1991) 則將 Hayes 及 Wheelwright (1984) 的主張應用於服務業銀行的實務中，透過實證研究來解釋四階段的服務作業策略如何扮演行銷的利器。第一階段的出入口旋轉門（Revolving doors）只是控制內部作業性的問題，所提供的服務是每家銀行都具備的基本要求，因此對顧客而言沒有（或少有）附加價值可言，在行銷市場上不具有防止其他銀行介入的進入障礙。在第二階段的每日最低需求（Minimum daily requirement），作業功能要能達到維持現有顧客，避免顧客的不滿意。第三階段的出入口守護（Gateways），其作業功能不僅要能維持現有市場佔

有率，還要達到市場區隔的效用。因此能吸引新顧客來開發新市場。第四階段的金手銬（Golden handcuffs），其作業能力要能提供高度進入障礙，因此要能與顧客維持良好關係（Relationship），甚至不斷提昇對現有客戶的服務，以確保現有客戶的留存，甚至招來好口碑而由舊客戶引介新客戶。其結論為——相對於製造業的關鍵成功因素（Critical success factors），品質、運送能力、彈性及成本，銀行業的服務作業策略的關鍵成功因素包括服務品質、便利性、高價值服務（High value service）及價格。另外銀行業的服務作業策略還要加強與客戶的關係。

第四節　作業策略的內容

可分為兩大學派來看，第一種學派主張作業策略的內容乃是相當於定義競爭優先順序（Competitive priority），因此包含成本（Cost）、品質（Quality）、運送（Delivery）及彈性（Flexibility）。或是 Gavvin（1992）主張策略競爭內容為品質、生產力（Productivity）及新產品和新製程（New products and processes）。第二種學派決策領域（Decision area）主張作業策略的內容包含與作業有關的一些決策變數，例如 Skinner（1969）主張的決策變數包括：㈠廠房及設備，㈡生產計劃及控制，㈢組織及管理，㈣勞工及職員，㈤產品設計及工程。關於決策變數的內容及種類，Leong 等人（1990）曾經整理了四種不同主張，並依硬體、軟體加以分類，如表 15－2。雖然四種主張不盡相同，但也是大同小異。

第一種學派主張作業功能可以提供的競爭策略，在於決定其競爭優先順序。而各競爭優先順序扮演的角色分述如下：

㈠成本

產品的生產及配送或是服務的送達，若能以最低成本或最少浪費來

表15-2　作業策略的內容

	Skinner (1969)	Hayes 及 Wheelwright (1984)	Buffa (1984)	Fine 及 Hax (1985)
硬體	·廠房及設備	·產能 ·廠房設施 ·技術 ·垂直整合	·產能及佈置 ·產品及製程技術 ·對待供應商之策略 　及垂直整合	·產能 ·廠房設施 ·製程及技術
軟體	·生產計劃及控制 ·組織 ·勞工及職員 ·產品設計及工程	·生產計劃及控制 ·品質 ·組織 ·勞動力 ·新產品發展 ·成果評估系統	·作業決策的複雜性 ·勞動力及工作設計 ·生產系統的定位	 ·產品品質 ·人力資源 ·新產品觀

資料來源：Leong, G. K., D. L. Snyder., and P. T. Ward., "Research in the Process and Content of Manufacturing Strategy", *Omega*, V.18, No.2, pp.109－122, 1990.

完成，則增加公司在市場上的成本利基。

㈡**品質**

在同一市場區隔下，若產品品質或服務品質能維持其符合規格或標準的一致性，則必能提高顧客滿意度。

㈢**運送**

若能符合產品的交貨日期或是夠快的速度來及時答覆或解決顧客提出之要求或訂單，也是作業功能增加公司的競爭特色之一。

㈣**彈性**

作業上若能對產品或服務或製程等的快速變化，作出及時的應變措施（不管是產品組合的變化或是產量上的變化），也是公司的競爭優勢之一。

第二種學派的作業策略內容為作業決策領域，一些決策變數之意義簡述如下：

(一)產能

產能的決策包括擴充的數量、時機及型式。基本上產能的決策與製造技術、廠址選擇、製程選擇及整個系統的整合都互相影響，而且也影響固定成本及每作業項目的單位加工時間。因此產能的決策會影響產品品質、彈性及運送速度等。

(二)設施

包括工廠及設備的規模、地點、佈置及物料搬運系統。因為設施的選擇應能配合製造作業的需要、物料及資訊的流動。或是對服務業而言，設施要能促進與顧客的互動，以提昇顧客的好感等。

(三)技術

包括設備的選擇、自動化程度及產品的選擇。在產品選擇方面可以選擇標準化產品或是顧客化產品，則生產技術及自動化程度也將隨之變動。技術的來源又可分為自行研發與向外購買技術，這些決策都需與企業其他決策互相配合。

(四)垂直整合

包括整合的方向、範圍及各製程的平衡性。垂直整合是企業作業功能上的製程定位問題，相當於行銷功能上的產品定位問題。

(五)生產計劃

包括了存貨決策、加班政策、臨時工雇用、顧客參與、外包決策等綜合問題。一般可分為兩極化策略系統，一個為固定產量策略 (Level strategy)，另一個為追逐產量策略 (Chase strategy)。製造業通常選用固定產量策略，利用存貨來應付需求的不穩定性。服務業往往難以貯存服務，而必須多加利用加班或雇用臨時工來應付需求的變動性。實務上，大部份的公司採用上述兩種策略的組合，以因應環境的快速變化。

(六)品質及顧客服務

品質或是顧客的服務滿意度，除了有形產品尚可事後管制外，還是

強調事前的規劃及設計。其次是近年廣受歡迎的品質保證制度——ISO 9000，提供一套以顧客為導向的品質系統管理指引。更突顯了品質在公司競爭力的扮演角色。

(七)勞動力

員工的技術水準、工資政策、工作設計等。目前的勞工政策走向多能工及鼓勵員工不斷改善其本身的作業，因此組織中更強調資訊的流通與共享。而勞動力的價值也逐漸在提昇中。

(八)新產品發展

公司的產品研究與發展（R&D）一定要能配合企業策略、投資人及高階管理者之偏好。但又同時要能鼓勵研發人員的創造力來達成企業的設定目標。尤其在現代產品生命週期愈來愈短的時代，新產品發展的作業功能就愈重要。

第五節　實踐作業策略的注意事項

身為一個作業經理也同時扮演著管理策略者的角色，因此必須定義其公司的作業策略，也要實踐推動其訂定的作業策略。Stonebraker 及 Leong (1994) 認為此時考量的四項因素包括：㈠影響性評估，㈡時間因素的影響，㈢作業決策的整合，㈣優勢作業的選擇。

換句話說，製定作業策略時首先需具有一些工具來評估各種活動的影響力及同時能忍受伴隨之高度不確定性。其次要能清楚的劃分各時程的長短及彈性，以決定長、中、短期各時期應採行的不同活動。再其次要能將廣泛且長期性的公司事業計劃轉換成具重點性、特定性及可執行的一般日常作業計劃，以達整合作業決策之功能。進一步地說，作業策略一定要能與各功能性領域的策略互相搭配。

最後要能決定競爭的作業優勢，亦即清楚地決定產品技術、產量及市場的最佳組合。公司的有限作業資源要能有效運用，以達成市場的競爭利基。因此公司要評估現有作業資源的優勢，以及改變作業資源運用所伴隨之風險與預測之效益。在維持現況與改變計劃之間不斷地取捨。而其中最重要的取捨考量標準應是「**維持彈性**」，以應付多變的企業經營環境。「彈性」的考慮方向有六種，包括數量、產品組合、產品修改、製程設置（Set-up）的變化、排程及創新（請參閱 Gerwin, 1987）。

第六節　結　論

作業策略雖然早於 1969 年由 Skinner 首先提出其對企業經營之重要性，但是在近十年來才廣受重視與討論。同時也反應出作業功能在企業扮演的角色逐漸受到器重，由消極的「不出紕漏」的角色期待，走向「主動出擊」的競爭力來源。尤其面對全球市場的多變化，且變化快速的時代，再加上高成本時代的壓力，「彈性」的競爭力更突顯其重要性。而彈性之達成往往又倚重於作業功能的發揮。因此，作業策略將成為作業管理經理人不可或缺的專業知識之一。

習　題

1. 「競爭排斥原理」與策略的關係?

2. 企業策略的角色為何? 試舉例說明之。

3. 事業單位的策略優勢為何? 作業策略的優勢又為何? 兩者間有何相關性?

4. 製造策略的角色演進分為那些階段?

5. 製造策略的內容，若以硬體及軟體來區分，各包含那些決策領域?

6. 彈性在作業優勢所扮演的角色為何?

7. 假設你是一家新銀行經理，在現今臺灣的新銀行快速增加的情況下，試討論貴銀行應採行的作業優勢為何?

8. 訪問當地的速食連鎖店經理，分析他們的作業策略。

第十六章　生產作業管理之新趨勢

　　在本書最後一章內，我們要探討生產作業管理之新趨勢，做為本書的總結。首先我們討論資訊科技對生產作業管理的六大影響。其次，產業國際化也是一個相當重要的課題。在第三節裡，讓我們檢視環保課題的挑戰與走勢。最後在第四節裡，擁抱電腦網路，開創更美好的明天。

第一節　資訊科技的影響

　　明日的產業一定是要靠資訊科技的投資，明日產業的新趨勢則是著重在㈠消費者的服務，㈡品質，㈢成本，㈣彈性，㈤創新，㈥時間。

　　資訊科技如何影響生產作業管理呢？這可根據以上六大趨勢來說明它的影響力於下：

一、增進消費者的服務

　　消費者的服務是產業間區分高低的主因之一，而這場戰爭的勝負則決定於如何把附加價值服務於消費者身上。這些還包括特殊的包裝，運送，收費方法等。運用電腦科技可以把附加價值服務增進到相當完美的程度。

二、改善產品品質

資訊科技第二個重要的影響力則是改善產品品質。透過資訊管理決策系統，產業可以加速運作更精確而且客觀的生產過程問題分析，導向更完美的產品品質。其他的還包括支援全方位品質管理，建立品質資訊系統等。

三、降低生產成本

藉著新的電腦科技，配合生產需求預測、庫存管理、生產計劃控制、整個生產成本及產品供應成本都會明顯的下降。再加上電腦網路的運用，物料需求計劃，產銷通路的成本更能明顯的降低。

四、增加彈性作業

資訊管理決策系統的運用使得製造規劃，原料採購（原料的形狀、尺寸、規格等）和倉儲運輸每一個階段作業都得以增加彈性。這同時彈性作業並帶動產品和生產過程的密切配合，組織設計的靈活化，及經理人新角色和新責任。

五、增進產品及服務創新

電腦科技整合生產製造，帶來更多的產品創新。例如藥品生化界有很多製藥廠商（包括杜邦、默克等）已經採用電腦設計新藥品的開發。另一方面，在美國銀行服務業電子付費的趨勢日新月異。首當其衝的是，自動櫃員機幾乎取代銀行出納員的地位。其次，電子智慧卡降低銀行放款服務的需求。最後，E-Cash 交易正逐漸淘汰現有的紙幣制度。

六、縮短作業時間

時間就是金錢。透過新的資訊科技，產品開發和產品的製造是可能

同時進行的。產品開發週期及決策時間等可以明顯的縮短。

第二節　產業國際化

檢視產業國際化之發展趨勢，根據策略專家波特（Porter）的理論，國際競爭的歷史可以分成三個階段。

一、1950 年代以前──國際貿易期

在工業革命成功之後，各國生產力大增。在原有國內市場已呈飽和的情況之下，開始尋求海外市場，另一方面亦期望鞏固大量而價廉的原料之來源。

二、1960 年代──海外投資期

在海外投資熱潮中，歐美等先進國家由於生活水準提高，工資不斷上漲，在勞力密集產業中，顯然已失去競爭條件。於是到新興開發中國家投資裝配廠，便成為許多歐美公司之典型策略。

三、1970 年代以後──全球競爭期

在 1970 年代，各國關稅障礙逐漸減少。國際運輸成本下降，各國企業行銷系統日漸類似，再加上技術之改進以及大量的研發經費，皆成為促進產業走向全球化的趨向。這個階段有四項重要特徵：

㈠國家間的相似性提高，消費者的品味逐漸相容。

㈡關稅障礙逐漸消失，產品流通更為便捷。

㈢流通的全球資本市場，使得國際間之資金調度毫無障礙。

㈣科技整合造成產品創新更突破，經濟生產量更為擴大。

　　從以上三個階段看來，我國產業邁向國際化是一定的趨勢。我們應瞭解到國際化絕不應以外銷金額之增加作為首要目標，也不應只考慮將生產工廠出走移向東南亞地區。產業國際化不是一個口號，它的真正意義在於企業家應有國際化的視野與使命，應以全球市場為目標，期能在全球市場中佔有一席之地。

　　在第五章裡介紹過 ISO 9000 系列，自 1987 年至今，已獲包括我國在內的 90 幾個國家採用並納為國家標準。ISO 9000 從昔日僅是歐洲共同體的國家貿易往來的必要條件，在產業國際化的潮流中，ISO 就是未來國際貿易的證書。因此在可預見的未來，為了取信於消費者，更多的國家將如過河卒子別無選擇地爭得此一認證。

第三節　環保課題

　　環保在過去一直被視為作業成本之一。自 1970 年代歷經「寂靜的春天」、「成長的極限」，及二次石油危機以來，各國的環保署及相關法規陸續成立。

　　另一方面，環保課題也逐漸從地方性、局部性演變成全球性。聯合碳化公司在印度波帕的農藥氣體外洩，車諾比爾核電廠的意外災難，愛克森石油公司在阿拉斯加的洩油事件，這一切都更提昇全球產業就環保問題的重視。

　　在今天，「污染」成為「無效率」的代名詞。環保課題是生產作業管理無法逃避的一環。企業會因其工廠設施，產銷過程而擴充或喪失市場。環保和作業流程的每一項功能活動，從產品設計、生產到行銷，及使用後的處置都息息相關。國際間即將開始實施的 ISO 14000（國際環境管理標準）即是一個對企業組織及產品做出很精確的要求，其內容包括環境

組織管理系統，環境稽核，環保績效評估，產品生命週期分析及環保標章等等。ISO 14000 將「環保品質」就像「產品品質」一樣建立一個全球的標準，能遵行的公司產品服務將可以在全球市場通行無阻。ISO 9000 系列重點放在「顧客滿意」，ISO 14000 系列則著重在「環境保護」。

　　全球環保已成為企業遊戲規則之一，已儼然成為以外貿為命脈的臺灣企業無法拒絕的改革。無法遵行者，即可能在全球競爭的戰場中遭到淘汰出局的命運。

　　企業畢竟是優勝劣敗，環保課題的三個新趨勢是㈠減少廢料，㈡污染預防，及㈢環境設計。很多企業主已認清事後處理的成本太高，必須從源頭產品開發設計及生產流程中重新思考，這才可以達到降低成本又對環保有益的效果。

　　波特（Porter）延續其國家競爭力的理論架構，推論在環保法規較嚴的社會中，其企業未來的競爭力也會較強勁。他從資源生產力（Resource productivity）的觀點，整合環保與競爭優勢間的張力關係，將環保從企業的附加成本轉變成創新的利器。製造業及服務業透過較佳的原料與能源，再加上人力資源的創新，將可抵銷為環保所付出的成本。從環保的改善帶來生產過程的利益和高品質低成本的產品服務，將可以打開環保與企業間的僵局。韓國三星集團把自身的環保標準訂得比國家標準要高出三至五成，在不久的將來，在韓國即可突出其競爭的優勢，這個真是我們的一個借鏡。

第四節　擁抱電腦網路

　　國際網際網路（Internet）在跨出國防、學術使用範疇，進入工商應用後，獲得市場機制充分激勵，其發展已形成一股燎原之勢。

　　網路從生產過程中把時間、距離和空間消除。一個公司透過電腦網路來從事營運的能力越來越大。假設有那些公司還不能體認這一點，將來的遠景將會很黯淡，甚至整個產業將會重組或消失掉都有可能。英國從 1995 年 7 月開始實施電子荷包系統（E-Cash），美國德國許多銀行也已普遍流行。電子荷包是在銀行金融卡上加裝入積體電路（IC），透過讀取資訊，取代現金紙幣的功能。假如國內有些銀行還不開始實施電子商業化，恐怕為時已晚。

　　許多企業都已從建立好的電腦網路中獲益。例如網路型公司可以設在任何地區，24 小時全天候做生意，而且不論最佳資源擺在那裡，同時可以大量節省辦公室租金成本。另外，網路可以降低零售商與總公司的存貨，減少存貨成本，迅速滿足消費者服務，建立良好的供應商關係。

　　但是問題是管理者能打破機器時代的舊習俗，舊袍服，而迅速的擁抱網路時代嗎？ 例如：

　　㈠能與員工分享銷售資訊，及工廠現場生產資訊嗎？

　　㈡能透過電子郵件來簽訂合約嗎？

　　㈢能允許員工在電腦終端機上直接填寫出差費用申請表嗎？

　　㈣能允許工廠員工在電子郵件自由反映他們的心聲嗎？

　　㈤能用網路聯繫供應商，真正建立及時化存貨嗎？

　　我國 Internet 的發展，配合產業活力，腳步並不落外人之後，特別在亞太營運中心，國家資訊通信基礎建設等強勢帶動下，先行呈現「地球村」的圖象。在網路時代所面臨的是沒有界限的明日世界。過去的經驗並不一定是作業的準則，沒有一個企業是永遠會生存下來的，國界不一定就是地理界限，員工不再是順從與忠誠的。處在這個新世界，管理者更需要新視野、新語言、新工具與新責任。

第五節　結　論

　　目前我們生產作業管理之意識形態的底線仍然是「經營看結果」，生產過程再好，不賺錢就是罪惡。面對跨世紀的挑戰，我們的製造業及服務業不但只是一個理性的經濟實體，也應該是一個人文的社會機構，在經濟及非經濟層面上都會有一定程度的影響。我們的企業究竟是要來發展出一個什麼樣的消費型貌、工作倫理、雇用關係、服務品質，及生活環境給我們的下一代？

　　由於資訊科技的進步，以知識密集為核心資源的新產業族群的興起，使得傳統的許多生產作業管理受到強大的衝擊。沒有認清資訊科技的影響及國際化的新趨勢，或者沒有做好環保習題的製造業和服務業，可能會在新的遊戲規則下淘汰出局。

習　題

1. 列舉明日產業的六大趨勢。

2. 舉例說明資訊科技如何增進消費者的服務？

3. 舉例說明資訊科技如何增進產業的產品創新？

4. 舉例說明資訊科技如何增進服務業的服務創新？

5. 什麼是 ISO 9000 系列與 ISO 14000 系列最大的不同點？

6. 列舉國際競爭的三個階段。

7. 全球競爭期有那四項重要特徵？

8. 假設你是一家當地茶園的經營者，探討環保三個新趨勢對你茶園作業管理的影響。

9. 進入網路首頁 http：//www. gardenweb. com. 假設你是一家園藝店的經理，試列舉電腦網路對你園藝店的正負影響。

10. 假設你是一家兒童零食食品公司的經理，你認為針對學齡兒童，建置網路首頁有何策略性的重要嗎？解釋你的理由。

參考文獻

第一章

Chase, R. B., and Aquilano, N. J., *Production and Operations Management*, Chicago, IL:Irwin, 1995.

Lin, B., and Clousing, J., "Total Quality Management in Health Care:A Survey of Current Practices", *Total Quality Management Journal*, Vol.6, No.1, pp.69 – 78, 1995.

Lin, B., Vassar, J. A., and Martin, C. L., "Strategic Implications of the Service Factory for Small Manufacturers", *Human Systems Management*, Vol.14, No.3, pp.219 – 226, 1995.

Rifkin, J., *The End of Work*, New York, NY:Tarcher/Putnam, 1995.

Shani, A. B., and Mitki, Y., "Reengineering, Total Quality Management and Sociotechnical Systems Approaches to Organizational Change", *Journal of Quality Management*, Vol.1, No.1, pp.131 – 145, 1996.

Stevenson, W. J., *Production/Operations Management*, Chicago, IL:Irwin, 1996.

第二章

高 強，《作業研究於管理之課程規劃》，行政院國科會專題研究計劃成果報告，NSC 84 – 2416 – H – 006 – 009, 1995。

葉若春,《線性規劃》, 中興管理顧問, 1986。

Bazaraa, M. S., J. J. Jarvis, and H. D. Sherali., *Linear Programming and Network Flows*, John Wiley & Sons, 2nd ed., 1990.

Dantzig, G. B., "Maximization of a Linear Function of Variables Subject to Linear Inequalities", in T. C. Koopmans (ed.), *Activity Analysis of Production and Allocation*, John Wiley & Sons, New York, pp.339 – 347, 1951.

Hillier, F. S., and G. J. Lieberman., *Introduction to Mathematical Programming*, McGraw-Hill, 1991.

Ledbetter, W. N., and J. F. Cox., "Are OR Techniques Being Used", *Industrial Engineering*, pp.19 – 21, Feb. 1977.

Morgan, C. L., "A Survey of MS/OR Surveys", *Interfaces*, Vol.19, No.6, pp.95 – 103, 1989.

Schrage, L., *LINDO:user's manual*, The Scientific Press, 1991.

Williams, H. P., *Model Building in Mathematical Programming*, John Wiley & Sons, 3rd ed., 1994.

第三章

Goicoechea et al., *Multiobjective Decision Analysis with Engineering and Business Applications*, Wiley, 1982.

Hwang, C. L., and A. S. Masud., *Multiple Objective Decision Making Methods and Applications*, Springer-Verlag, 1979.

Ignizio, J. P., *Goal Programming and Extensions*, Heath, Lexington, 1976.

Lee, S. M., *Goal Programming for Decision Analysis*, Auerback Publishers, Philadelphia, 1972.

Srinivasm, V., and A. D. Shocker., "LP Techniques for Multi-Dimensional Analysis of Preferences", *Psychometrika*, Vol.38, No.3, pp.337 – 369, 1973.

Steur, R. E., *Multiple Criteria Optimization*, Wiley, 1986.

Yu, P. L., *Multiple Criteria Decision Making*, Plenum Press, New York, 1985.

Zeleny, M., *Multicriteria Decision Making*, McGraw-Hill, 1982.

第四章

張有恒,《儲運管理》, 華泰書局, 民 82 年。

Askin, R. G., and Standridge, C. R., *Modeling and Analysis of Manufacturing Systems*, Wiley, 1993.

Francis, R. L., and White, J. A., *Facilities Layout and Location : An Analytical Approach*, Prentice-Hall, 1987.

Tompkins, J. A., and White, J. A., *Facilities Planning*, Wiley, 1984.

第五章

Askin, R. G., and Standridge, C. R., *Modeling and Analysis of Manufacturing Systems*, Wiley, 1993.

Ford, L., and Fulkerson, D., *Flows in Networks*, Princeton University Press, 1962.

Phillips, D. T., and Garcia-Diaz, A., *Fundamentals of Network Analysis*, Prentice-Hall, 1981.

第六章

陳玉枝,《醫院電腦化作業研討會講義》, 嘉義基督教醫院, 1994 年。

Bowan, E. H., "Production Planning by the Transportation Method of Linear Programming", *Journal of the Operational Research Society*, pp. 100 – 103, Feb. 1956.

Bunnag, P., and S. B. Smith., "A Multifactor Priority Rule for Jobshop Scheduling Using Computer Search", *IIE Transactions*, 17, 2, pp. 141 – 146, 1985.

French, S., *Sequencing and Scheduling: An Introduction to the Mathematics of the*

Job-shop, John Wiley & Sons, 1982.

Huarng, F., "Integer Goal Programming Model for Nursing Scheduling: A Case Study", In: Multiple Criteria Decision Making Proc. of the International Conference on MCDM, Hagen, Germany, *Lecture Notes in Economic and Mathematical System*, Springer Berlin, 1995.

Lundrigan, R., "What is this Things Called OPT?", *Production and Inventory Management*, 27, pp.2–11, 1986.

Panwalker, S. S., and W. Iskander., "A Survey of Scheduling Rules", *Operations Research*, 25, 1, pp.45–61, 1977.

Plenert, G., and T. D. Best., "MRP, JIT, and OPT:What's Best?" *Production and Inventory Management*, 27, pp.22–28, 1986.

Singhal, K., "A Generalized Model for Production Scheduling by Transportation Method of LP", *Industrial Management*, 19, 5, pp.1–6, 1977.

第七章

Box, G. E. P., and Jenkins, G. M., *Time Series Analysis*, Holden-day, 1977.

Pindyck, R. S., and Rubinfeld, D. L., *Econometric Models and Economic Forecasts*, McGraw-Hill, 1991.

SAS, *SAS/ETS Manual*, 1986.

Vandaele, W., *Applied Time Series and Box-Jenkins Models*, Academic Press, 1983.

第八章

Ammer, D. S., *Materials Management*, Homewood, Illinois: Richard D. Irwin, 1974.

Chase, R. B., and N. J. Aquilano., *Production and Operations Management*, 7th ed., Irwin, 1995.

第九章

Fogarty, D., and Hoffmann, T., *Production and Inventory Management*, South-Western Publishing, 1983.

Peterson, R., and Silver, E. A., *Decision Systems for Inventory Management and Production Planning*, Wiley, 1984.

Tersine, R. J., *Principles of Inventory and Material Management*, Elsevier, 1982.

第十章

Blanchard, B. S., and W. J. Fabrycky., *Systems Engineering and Analysis*, Prentice-Hall, 1990.

Hall, R. W., *Queuing Methods for Services and Manufacturing*, Prentice-Hall, 1991.

Jackson, R. R. P., "Design of An Appointment System", *Operational Research Quarterly*, Vol. 15, pp. 219 – 224, 1964.

Katz, K. L., B. M. Larson and R. C. Larson., "Prescription for the Waiting-in-line Blues: Entertain, Enlighten, and Engage", *Sloan Management Review*, pp. 51 – 52, Winter 1991.

Maister, D. H., "The Psychology of Waiting in Lines", *Harvard Business School Note 9 – 684 – 064*, pp. 2 – 3, 1984.

Wolf, R. W., *Stochastic Modeling and the Theory of Queues*, Prentice-Hall, 1989.

Worthington, D. J., "Queuing Models for Hospital Waiting Lists", *Journal of Operational Research Society*, Vol. 38, No. 5, pp. 413 – 422, 1987.

第十一章

Banks, J., and Carson, J. S., *Discrete-Event System Simulation*, Prentice-Hall, 1984.

Hoover, S., and Perry, R., *Simulation: A Problem Solving Approach*, Addison-Wesley, 1989.

Law, A., and Kelton, W., *Simulation Modeling and Analysis*, McGraw-Hill, 1991.

Pritsker, A. A., *Introduction to Simulation and SLAM* II, Systems Publishing, 1986.

第十二章

Juran, J., *Quality Control Handbook*, 3rd ed., McGraw-Hill, 1979.

第十三章

Barlow, R. E., Proschan, F., and Hunter, C., *Mathematical Theory of Reliability*, Wiley, 1965.

Blanchard, B. S., and Fabrycky, W. J., *Systems Engineering and Analysis*, Prentice-Hall, 1990.

Henley, E. J., and Kumamoto, H., *Reliability Engineering and Risk Assessment*, Prentice-Hall, 1981.

第十四章

Cleland, D., and King, W. R., *Systems Analysis and Project Management*, McGraw-Hill, 1983.

Kerzner, H., *Project Management for Executives*, Van Nostrand Reinhold, 1984.

Moder, J., Davis, E. W., and Phillips, C., *Project Management with CPM and PERT*, Van Nostrand Reinhold, 1983.

第十五章

Buffa, E. S., *Meeting the Competitive Challenge: Manufacturing Strategies for US*

Companies, Homewood, Ill. : Dow, Jones and Irwin, 1984.

Fine, C. H., and A. C. Hax., "Manufacturing Strategy : A Methodology and An Illustration", *Interfaces*, Vol. 15, No. 6, pp. 28 – 46, 1985.

Gerwin, D., "An Agenda for Research on the Flexibility of Manufacturing Processes", *International Journal of Operations and Production Management*, Vol. 7, No. 1, pp. 38 – 49, 1987.

Hayes, R. H., and S. C. Wheelwright., *Restoring Our Competitive Edge*, New York : John Wiley and Sons, 1984.

Henderson, B. D., "The Origins of Strategy", *Harvard Business Review*, pp. 139 – 143, November-December 1989.

Leong, G. K., D. L. Snyder., and P. T. Ward., "Research in the Process and Content of Manufacturing Strategy", *Omega : International Journal of Management Science*, Vol. 18, No. 2, pp. 109 – 122, 1990.

Porter, M. E., *Competitive Strategy: Techniques for Analyzing Industries and Competitors*, New York : Free Press, 1980.

Richardson, P. R., A. J. Taylor., and R. J. M. Gordon., "A Strategic Approach to Evaluating Manufacturing Performance", *Interfaces*, pp. 15 – 27, November-December 1985.

Steiner, G. A., and J. B. Miner., *Management Policy and Strategy.*, New York : Macmillan Publishing Co., Inc., 1977.

Swamidass, P. M., and W. T. Newell., "Manufacturing Strategy, Environmental Uncertainty, and Performance: A Path Analytic Model", pp. 509 – 524, *Management Science*, April 1987.

Wheelen, T. L., and J. D. Hunger., *Strategic Management*, Reading, Mass : Addison-Wesley Publishing Co., 1987.

Stonebraker, P. W., and G. K. Leong., *Operations Strategy*, Allyn and Bacon, 1994.

第十六章

Amstrong, A., and Hagel, J., "The Real Value of On-Line Communities", *Harvard*

Business Review, Vol.74, No.3, pp.134−141, 1996.

Lin, B., and Dwyer, D. S., "New Product Development in the Information Age:Pharmaceutical Industry", *Journal of Business & Industrial Marketing*, Vol.10, No.3, pp.6−17, 1995.

Lin, B., and Schneider, H., "Artificial Intelligence Systems in Manufacturing: An Overview and Research Perspective", *Human Systems Management*, Vol. 13, No.4, pp.283−293, 1994.

Porter, M. E., "Competition in Global Industries:A Conceptual Framework", in M. E. Porter(Ed.), *Competition in Global Industries*, Boston, MA:Harvard Business School Press, 1986.

Porter, M. E., and van der Linde, C., "Green and Competitive:Ending the Stalemate", *Harvard Business Review*, Vol.73, No.5, pp.120−134, 1995.

Wallace, T. F., *World Class Manufacturing*, Essex Junction, VT:Omneo, 1995.

附　錄

一、常態分佈機率表

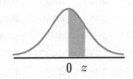

0　z

z	.00	.01	.02	.03	.04	.05	.06	.07	.08	.09
0.0	.0000	.0040	.0080	.0120	.0160	.0199	.0239	.0279	.0319	.0359
0.1	.0398	.0438	.0478	.0517	.0557	.0596	.0636	.0675	.0714	.0753
0.2	.0793	.0832	.0871	.0910	.0948	.0987	.1026	.1064	.1103	.1141
0.3	.1179	.1217	.1255	.1293	.1331	.1368	.1406	.1443	.1480	.1517
0.4	.1554	.1591	.1628	.1664	.1700	.1736	.1772	.1808	.1844	.1879
0.5	.1915	.1950	.1985	.2019	.2054	.2088	.2123	.2157	.2190	.2224
0.6	.2257	.2291	.2324	.2357	.2389	.2422	.2454	.2486	.2517	.2549
0.7	.2580	.2611	.2642	.2673	.2703	.2734	.2764	.2794	.2823	.2852
0.8	.2881	.2910	.2939	.2967	.2995	.3023	.3051	.3078	.3106	.3133
0.9	.3159	.3186	.3212	.3238	.3264	.3289	.3315	.3340	.3365	.3389
1.0	.3413	.3438	.3461	.3485	.3508	.3531	.3554	.3577	.3599	.3621
1.1	.3643	.3665	.3686	.3708	.3729	.3749	.3770	.3790	.3810	.3830
1.2	.3849	.3869	.3888	.3907	.3925	.3944	.3962	.3980	.3997	.4015
1.3	.4032	.4049	.4066	.4082	.4099	.4115	.4131	.4147	.4162	.4177
1.4	.4192	.4207	.4222	.4236	.4251	.4265	.4279	.4292	.4306	.4319
1.5	.4332	.4345	.4357	.4370	.4382	.4394	.4406	.4418	.4429	.4441
1.6	.4452	.4463	.4474	.4484	.4495	.4505	.4515	.4525	.4535	.4545
1.7	.4554	.4564	.4573	.4582	.4591	.4599	.4608	.4616	.4625	.4633
1.8	.4641	.4649	.4656	.4664	.4671	.4678	.4686	.4693	.4699	.4706
1.9	.4713	.4719	.4726	.4732	.4738	.4744	.4750	.4756	.4761	.4767

2.0	.4772	.4778	.4783	.4788	.4793	.4798	.4803	.4808	.4812	.4817
2.1	.4821	.4826	.4830	.4834	.4838	.4842	.4846	.4850	.4854	.4857
2.2	.4861	.4864	.4868	.4871	.4875	.4878	.4881	.4884	.4887	.4890
2.3	.4893	.4896	.4898	.4901	.4904	.4906	.4909	.4911	.4913	.4916
2.4	.4918	.4920	.4922	.4925	.4927	.4929	.4931	.4932	.4934	.4936
2.5	.4938	.4940	.4941	.4943	.4945	.4946	.4948	.4949	.4951	.4952
2.6	.4953	.4955	.4956	.4957	.4959	.4960	.4961	.4962	.4963	.4964
2.7	.4965	.4966	.4967	.4968	.4969	.4970	.4971	.4972	.4973	.4974
2.8	.4974	.4975	.4976	.4977	.4977	.4978	.4979	.4979	.4980	.4981
2.9	.4981	.4982	.4982	.4983	.4984	.4984	.4985	.4985	.4986	.4986
3.0	.4987	.4987	.4987	.4988	.4988	.4989	.4989	.4989	.4990	.4990

Source: Paul G. Hoel, *Elementary Statistics* (New York: John Wiley & Sons, 1960), p.240.

二、常態分佈累積機率表

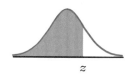

z

z	G（z）	z	G（z）	z	G（z）
−4.00	0.00003	−1.30	0.09680	1.40	0.91924
−3.95	0.00004	−1.25	0.10565	1.45	0.92647
−3.90	0.00005	−1.20	0.11507	1.50	0.93319
−3.85	0.00006	−1.15	0.12507	1.55	0.93943
−3.80	0.00007	−1.10	0.13567	1.60	0.94520
−3.75	0.00009	−1.05	0.14686	1.65	0.95053
−3.70	0.00011	−1.00	0.15866	1.70	0.95543
−3.65	0.00013	−0.95	0.17106	1.75	0.95994
−3.60	0.00016	−0.90	0.18406	1.80	0.96407
−3.55	0.00019	−0.85	0.19766	1.85	0.96784

−3.50	0.00023	−0.80	0.21186	1.90	0.97128
−3.45	0.00028	−0.75	0.22663	1.95	0.97441
−3.40	0.00034	−0.70	0.24196	2.00	0.97725
−3.35	0.00040	−0.65	0.25785	2.05	0.97982
−3.30	0.00048	−0.60	0.27425	2.10	0.98214
−3.25	0.00058	−0.55	0.29116	2.15	0.98422
−3.20	0.00069	−0.50	0.30854	2.20	0.98610
−3.15	0.00082	−0.45	0.32636	2.25	0.98778
−3.10	0.00097	−0.40	0.34458	2.30	0.98928
−3.05	0.00114	−0.35	0.36317	2.35	0.99061
−3.00	0.00135	−0.30	0.38209	2.40	0.99180
−2.95	0.00159	−0.25	0.40129	2.45	0.99286
−2.90	0.00187	−0.20	0.42074	2.50	0.99379
−2.85	0.00219	−0.15	0.44038	2.55	0.99461
−2.80	0.00256	−0.10	0.46017	2.60	0.99534
−2.75	0.00298	−0.05	0.48006	2.65	0.99598
−2.70	0.00347	0.00	0.50000	2.70	0.99653
−2.65	0.00402	0.05	0.51994	2.75	0.99702
−2.60	0.00466	0.10	0.53983	2.80	0.99744
−2.55	0.00539	0.15	0.55962	2.85	0.99781
−2.50	0.00621	0.20	0.57926	2.90	0.99813
−2.45	0.00714	0.25	0.59871	2.95	0.99841
−2.40	0.00820	0.30	0.61791	3.00	0.99865
−2.35	0.00939	0.35	0.63683	3.05	0.99886
−2.30	0.01072	0.40	0.65542	3.10	0.99903
−2.25	0.01222	0.45	0.67364	3.15	0.99918
−2.20	0.01390	0.50	0.69146	3.20	0.99931
−2.15	0.01578	0.55	0.70884	3.25	0.99942
−2.10	0.01786	0.60	0.72575	3.30	0.99952
−2.05	0.02018	0.65	0.74215	3.35	0.99960
−2.00	0.02275	0.70	0.75804	3.40	0.99966

−1.95	0.02559	0.75	0.77337	3.45	0.99972
−1.90	0.02872	0.80	0.78814	3.50	0.99977
−1.85	0.03216	0.85	0.80234	3.55	0.99981
−1.80	0.03593	0.90	0.81594	3.60	0.99984
−1.75	0.04006	0.95	0.82894	3.65	0.99987
−1.70	0.04457	1.00	0.84134	3.70	0.99989
−1.65	0.04947	1.05	0.85314	3.75	0.99991
−1.60	0.05480	1.10	0.86433	3.80	0.99993
−1.55	0.06057	1.15	0.87493	3.85	0.99994
−1.50	0.06681	1.20	0.88493	3.90	0.99995
−1.45	0.07353	1.25	0.89435	3.95	0.99996
−1.40	0.08076	1.30	0.90320	4.00	0.99997
−1.35	0.08851	1.35	0.91149		

Source: Bernard Ostle, *Statistics in Research*, 2nd ed. (Ames: Iowa State University Press, 1967).

行政學	張潤書	著	政治大學
行政學	左潞生	著	前中興大學
行政學	吳瓊恩	著	政治大學
行政學新論	張金鑑	著	前政治大學
行政學概要	左潞生	著	前中興大學
行政管理學	傅肅良	著	前中興大學
行政生態學	彭文賢	著	中央研究院
人事行政學	張金鑑	著	前政治大學
人事行政學	傅肅良	著	前中興大學
各國人事制度	傅肅良	著	前中興大學
人事行政的守與變	傅肅良	著	前中興大學
各國人事制度概要	張金鑑	著	前政治大學
現行考銓制度	陳鑑波	著	
考銓制度	傅肅良	著	前中興大學
員工考選學	傅肅良	著	前中興大學
員工訓練學	傅肅良	著	前中興大學
員工激勵學	傅肅良	著	前中興大學
交通行政	劉承漢	著	前成功大學
陸空運輸法概要	劉承漢	著	前成功大學
運輸學概要	程振粵	著	前臺灣大學
兵役理論與實務	顧傳型	著	
行為管理論	林安弘	著	德明商專
組織行為學	高尚仁、伍錫康	著	香港大學
組織行為學	藍采風廖榮利	著	美國印第安那大學臺灣大學
組織原理	彭文賢	著	中央研究院
組織結構	彭文賢	著	中央研究院
組織行為管理	龔平邦	著	前逢甲大學
行為科學概論	龔平邦	著	前逢甲大學
行為科學概論	徐道鄰	著	
行為科學與管理	徐木蘭	著	臺灣大學
實用企業管理學	解宏賓	著	中興大學
企業管理	蔣靜一	著	逢甲大學
企業管理	陳定國	著	前臺灣大學

企業管理辭典	廖文志、樂　斌	譯著	臺灣工業技術學院
國際企業論	李　蘭　甫	著	東　吳　大　學
企業政策	陳　光　華　國	著	交　通　大　學
企業概論	陳　定　宏	著	臺　灣　大　學
管理新論	謝　長　宏	著	交　通　大　學
管理概論	郭　崑　謨	著	中　興　大　學
企業組織與管理	郭　崑　謨	著	中　興　大　學
企業組織與管理（工商管理）	盧　宗　漢	著	中　興　大　學
企業管理概要	張　振　宇	著	中　興　大　學
現代企業管理	龔　平　邦	著	前逢甲大學
現代管理學	龔　平　邦	著	前逢甲大學
管理學	龔　平　邦	著	前逢甲大學
管理數學	謝　志　雄	著	東　吳　大　學
管理數學	戴　久　永	著	交　通　大　學
管理數學題解	戴　久　永	著	交　通　大　學
文檔管理	張　　翊	著	郵　政　研　究　所
事務管理手冊	行政院新聞局	編	
現代生產管理學	劉　一　忠	著	舊金山州立大學
生產管理	劉　漢　容	著	成　功　大　學
生產與作業管理（修訂版）	潘　俊　明	著	臺灣工業技術學院
生產與作業管理	黃峰蕙、施勵行、林秉山	著	中　正　大　學
管理心理學	湯　淑　貞	著	成　功　大　學
品質管制（合）	柯　阿　銀	譯	中　興　大　學
品質管理	戴　久　永	著	交　通　大　學
品質管理	徐　世　輝	著	臺灣工業技術學院
品質管理	鄭　春　生	著	元　智　工　學　院
可靠度導論	戴　久　永	著	交　通　大　學
人事管理	傅　肅　良	著	前中興大學
人力資源策略管理	何永福、楊國安	著	政　治　大　學
作業研究	林　照　雄	著	輔　仁　大　學
作業研究	楊　超　然	著	臺　灣　大　學
作業研究	劉　一　忠	著	舊金山州立大學
作業研究	廖　慶　榮	著	臺灣工業技術學院
作業研究題解	廖慶榮、廖麗滿	著	臺灣工業技術學院
數量方法	葉　桂　珍	著	成　功　大　學
系統分析	陳　　進	著	聖　瑪　利　大　學
系統分析與設計	吳　宗　成	著	臺灣工業技術學院
決策支援系統	范懿文、李延平、王存國	著	中　央　大　學

秘書實務	黃正興	編著	實踐管理學院
市場調查	方世榮	著	雲林技術學院
國際匯兌	林邦充	著	長榮管理學院
國際匯兌	于政長	著	東吳大學
國際行銷管理	許士軍	著	高雄企銀
國際行銷	郭崑謨	著	中興大學
國際行銷（五專）	郭崑謨	著	中興大學
行銷學通論	龔平邦	著	前逢甲大學
行銷學（增訂新版）	江顯新	著	中興大學
行銷學	方世榮	著	雲林技術學院
行銷管理	郭崑謨	著	中興大學
行銷管理	郭振鶴	著	東吳大學
關稅實務	張俊雄	著	淡江大學
實用國際行銷學	江顯新	著	中興大學
市場學	王德馨、江顯新	著	中興大學
市場學概要	蘇在山	著	
投資學	龔平邦	著	前逢甲大學
投資學	白俊男、吳麗瑩	著	東吳大學
投資學	徐燕山	著	政治大學
海外投資的知識	日本輸出入銀行海外投資研究所	編	
國際投資之技術移轉	鍾瑞江	著	東吳大學
外匯投資理財與風險（增訂新版） ——外匯操作的理論與實務	李麗	著	中央銀行
財務報表分析	洪國賜、盧聯生	著	淡水工商管理學院
財務報表分析題解	洪國賜	編	淡水工商管理學院
財務報表分析	李祖培	著	中興大學
財務管理	張春雄、林烱垚	著	政治大學
財務管理	黃柱權	著	前政治大學
公司理財	黃柱權	著	前政治大學
公司理財	文大熙	著	
商業自動化	王士峯 王士紘	編著	中國工商專校 淡江大學

三民大專用書書目——經濟·財政

經濟學新辭典	高 叔 康	編	
經濟學通典	林 華 德	著	國際票券公司
經濟思想史	史 考 特	著	
西洋經濟思想史	林 鐘 雄	著	臺 灣 大 學
歐洲經濟發展史	林 鐘 雄	著	臺 灣 大 學
近代經濟學說	安 格 爾	著	
比較經濟制度	孫 殿 柏	著	前政治大學
經濟學原理	歐 陽 勛	著	前政治大學
經濟學導論（增訂新版）	徐 育 珠	著	南康乃狄克州立大學
經濟學概要	趙 鳳 培	著	前政治大學
經濟學	歐陽勛、黃仁德	著	政 治 大 學
通俗經濟講話	邢 慕 寰	著	香 港 大 學
經濟學（上）（下）	陸 民 仁	編著	前政治大學
經濟學（上）（下）	陸 民 仁	著	前政治大學
經濟學概論	陸 民 仁	著	前政治大學
國際經濟學	白 俊 男	著	東 吳 大 學
國際經濟學	黃 智 輝	著	東 吳 大 學
個體經濟學	劉 盛 男	著	臺 北 商 專
個體經濟分析	趙 鳳 培	著	前政治大學
總體經濟分析	趙 鳳 培	著	前政治大學
總體經濟學	鍾 甦 生	著	西 雅 圖 銀 行
總體經濟學	張 慶 輝	著	政 治 大 學
總體經濟理論	孫 震	著	工 研 院
數理經濟分析	林 大 侯	著	臺灣綜合研究院
計量經濟學導論	林 華 德	著	國際票券公司
計量經濟學	陳 正 澄	著	臺 灣 大 學
經濟政策	湯 俊 湘	著	前中興大學
平均地權	王 全 祿	著	考 試 委 員
運銷合作	湯 俊 湘	著	前中興大學
合作經濟概論	尹 樹 生	著	中 興 大 學
農業經濟學	尹 樹 生	著	中 興 大 學
凱因斯經濟學	趙 鳳 培	譯	前政治大學
工程經濟	陳 寬 仁	著	中正理工學院

銀行法	金 桐 林 著	中 興 銀 行
銀行法釋義	楊 承 厚 編著	銘傳管理學院
銀行學概要	林 葭 蕃 著	
商業銀行之經營及實務	文 大 熙 著	
商業銀行實務	解 宏 賓 編著	中 興 大 學
貨幣銀行學	何 偉 成 著	中正理工學院
貨幣銀行學	白 俊 男 著	東 吳 大 學
貨幣銀行學	楊 樹 森 著	文 化 大 學
貨幣銀行學	李 穎 吾 著	前臺灣大學
貨幣銀行學	趙 鳳 培 著	前政治大學
貨幣銀行學	謝 德 宗 著	臺 灣 大 學
貨幣銀行學——理論與實際	謝 德 宗 著	臺 灣 大 學
現代貨幣銀行學（上）（下）（合）	柳 復 起 著	澳 洲 新 南 威爾斯大學
貨幣學概要	楊 承 厚 著	銘傳管理學院
貨幣銀行學概要	劉 盛 男 著	臺 北 商 專
金融市場概要	何 顯 重 著	
金融市場	謝 劍 平 著	政 治 大 學
現代國際金融	柳 復 起 著	澳 洲 新 南 威爾斯大學
國際金融——匯率理論與實務	黃仁德、蔡文雄 著	政 治 大 學
國際金融理論與實際	康 信 鴻 著	成 功 大 學
國際金融理論與制度（革新版）	歐陽勛、黃仁德 編著	政 治 大 學
金融交換實務	李 麗 著	中 央 銀 行
衍生性金融商品	李 麗 著	中 央 銀 行
財政學	徐 育 珠 著	南 康 乃 狄 克 州 立 大 學
財政學	李 厚 高 著	蒙 藏 委 員 會
財政學	顧 書 桂 著	
財政學	林 華 德 著	國際票券公司
財政學	吳 家 聲 著	財 政 部
財政學原理	魏 萼 著	中 山 大 學
財政學概要	張 則 堯 著	前政治大學
財政學表解	顧 書 桂 著	
財務行政（含財務會審法規）	莊 義 雄 著	成 功 大 學
商用英文	張 錦 源 著	政 治 大 學
商用英文	程 振 粤 著	前臺灣大學
商用英文	黃 正 興 著	實踐管理學院

實用商業美語 I ——實況模擬	張 錦 源校訂 本局編輯部譯	政 治 大 學
實用商業美語 II ——實況模擬	張 錦 源校訂 本局編輯部譯	政 治 大 學
實用商業美語 III ——實況模擬	張 錦 源校訂 本局編輯部譯	政 治 大 學
國際商務契約——實用中英對照範例集	陳 春 山 著	中 興 大 學
貿易契約理論與實務	張 錦 源 著	政 治 大 學
貿易英文實務	張 錦 源 著	政 治 大 學
貿易英文實務習題	張 錦 源 著	政 治 大 學
貿易英文實務題解	張 錦 源 著	政 治 大 學
信用狀理論與實務	蕭 啟 賢 著	輔 仁 大 學
信用狀理論與實務	張 錦 源 著	政 治 大 學
國際貿易	李 穎 吾 著	前臺灣大學
國際貿易	陳 正 順 著	臺 灣 大 學
國際貿易概要	何 顯 重 著	
國際貿易實務詳論（精）	張 錦 源 著	政 治 大 學
國際貿易實務	羅 慶 龍 著	逢 甲 大 學
國際貿易實務新論	張錦源、康蕙芬 著	政 治 大 學
國際貿易實務新論題解	張錦源、康蕙芬 著	政 治 大 學
國際貿易理論與政策	歐陽勛、黃仁德編著	政 治 大 學
國際貿易原理與政策	黃 仁 德 著	政 治 大 學
國際貿易原理與政策	康 信 鴻 著	成 功 大 學
國際貿易政策概論	余 德 培 著	東 吳 大 學
國際貿易論	李 厚 高 著	蒙藏委員會
國際商品買賣契約法	鄧 越 今編著	外 貿 協 會
國際貿易法概要	于 政 長 著	東 吳 大 學
國際貿易法	張 錦 源 著	政 治 大 學
現代國際政治經濟學——富強新論	戴 鴻 超 著	底特律大學
外匯、貿易辭典	于 政 長編著 張 錦 源校訂	東 吳 大 學 政 治 大 學
貿易實務辭典	張 錦 源編著	政 治 大 學
貿易貨物保險	周 詠 棠 著	前中央信託局
貿易慣例——FCA、FOB、CIF、 CIP等條件解說	張 錦 源 著	政 治 大 學
貿易法規	張 錦 源 白 允 宜編著	政 治 大 學 中華徵信所
保險學	陳 彩 稚 著	政 治 大 學
保險學	湯 俊 湘 著	前中興大學

保險學概要	袁 宗 蔚 著	前政治大學
人壽保險學	宋 明 哲 著	銘傳管理學院
人壽保險的理論與實務（增訂版）	陳 雲 中 編著	臺 灣 大 學
火災保險及海上保險	吳 榮 清 著	文 化 大 學
保險實務	胡 宜 仁 主編	景 文 工 商
保險數學	許 秀 雄 著	成 功 大 學
意外保險	蘇 文 斌 著	成 功 大 學
商業心理學	陳 家 聲 著	臺 灣 大 學
商業概論	張 鴻 章 著	臺 灣 大 學
營業預算概念與實務	汪 承 運 著	會 計 師
財產保險概要	吳 榮 清 著	文 化 大 學
稅務法規概要	劉 代 洋 著	臺灣工業技術學院
	林 長 友	臺 北 商 專
證券交易法論	吳 光 明 著	中 興 大 學

三民大專用書書目 —— 心理學

心理學	劉 安 彥	著	傑克遜州立大學
心理學	張春興、楊國樞	著	臺 灣 師 大 等
怎樣研究心理學	王 書 林	著	
人事心理學	黃 天 中	著	淡 江 大 學
人事心理學	傅 肅 良	著	前中興大學
心理測驗	葉 重 新	著	臺 中 師 院
青年心理學	劉 安 彥	著	傑克遜州立大學
	陳 英 豪	著	省 政 府

三民大專用書書目 —— 美術

廣告學	顏 伯 勤	著	輔 仁 大 學
展示設計	黃世輝、吳瑞楓	著	
基本造形學	林 書 堯	著	臺灣藝術學院
色彩認識論	林 書 堯	著	臺灣藝術學院
造 形（一）	林 銘 泉	著	成 功 大 學
造 形（二）	林 振 陽	著	成 功 大 學
畢業製作	賴 新 喜	著	成 功 大 學
設計圖法	林 振 陽	編	成 功 大 學
廣告設計	管 倖 生	著	成 功 大 學
藝術概論	陳 瓊 花	著	臺 灣 師 大
藝術批評	姚 一 葦	著	國立藝術學院
美術鑑賞（修訂版）	趙 惠 玲	著	臺 灣 師 大
舞蹈欣賞	平 珩	主編	國立藝術學院
戲劇欣賞 —— 讀戲、看戲、談戲	黃 美 序	著	淡 江 大 學
音樂欣賞（增訂新版）	陳樹熙、林谷芳	著	臺灣藝術學院
音 樂	宋 允 鵬	著	
音 樂（上）（下）	韋瀚章、林聲翕	著